Erdgeschichte

von

Klaus Schmidt

Dritte, überarbeitete Auflage

Mit 100 Abbildungen und 16 Tabellen

1978

Walter de Gruyter · Berlin · New York

SAMMLUNG GÖSCHEN 2616

Dr. *Klaus Schmidt*
o. Professor am Geologischen Institut
der Universität München

CIP-Kurztitelaufnahme der Deutschen Bibliothek

Schmidt, Klaus
Erdgeschichte. – 3., überarb. Aufl. – Berlin,
New York : de Gruyter, 1978.
 (Sammlung Göschen, Bd. 2616)
ISBN 3-11-007604-7

© Copyright 1978 by Walter de Gruyter & Co., vormals G. J. Göschen'sche Verlagshandlung, J. Guttentag, Verlagsbuchhandlung, Georg Reimer, Karl J. Trübner, Veit & Comp., 1000 Berlin 30 – Alle Rechte, insbesondere das Recht der Vervielfältigung und Verbreitung sowie der Übersetzung, vorbehalten. Kein Teil des Werkes darf in irgendeiner Form (durch Fotokopie, Mikrofilm oder ein anderes Verfahren) ohne schriftliche Genehmigung des Verlages reproduziert oder unter Verwendung elektronischer Systeme verarbeitet, vervielfältigt oder verbreitet werden – Printed in Germany – Satz und Druck: Saladruck, 1000 Berlin 36 – Bindearbeiten: Berliner Buchbinderei Wübben & Co., 1000 Berlin 42

Vorbemerkung

Über die Entstehungsgeschichte der Erde und des organischen Lebens liegen heute so viele Daten vor, daß es kaum möglich ist, auch nur die Leitlinien der anorganischen und organischen Prozesse, die den heutigen Erdzustand bedingen, zu erfassen und darzustellen. Die Autoren für Lehrbücher der Erdgeschichte oder der Historischen Geologie stehen daher insbesondere vor der Schwierigkeit, aus der Vielfalt Wichtiges auszuwählen, um dem Leser eine Vorstellung vom Ganzen zu vermitteln. Die erforderliche Auswahl, die der Autor trifft, wird natürlich auch von seinen Interesses und seiner Sicht bestimmt, und unter Umständen wird manches Thema stärker hervorgehoben, als es dem historischen Zusammenhang zukommt.

Die Vor- und Nachteile der Göschenreihe liegen auf der Hand. Der begrenzte Umfang der Göschenbände zwingt den Autor zwar, gelegentlich auch Interessantes außer Betracht zu lassen, bietet dem Leser aber dafür vielleicht am ehesten die Möglichkeit, das Wesentliche in Kürze zu erfassen und durch weiterführende Literatur – den eigenen Interessen entsprechend – zu erweitern.

Besondere Verkürzungen mußten naturgemäß bei der Darstellung des Präkambriums in Kauf genommen werden, das mehr als 80 % der Erdgeschichte umfaßt, im Kapitel „Perioden der Erdgeschichte" aber nur 10 % einnimmt.

Der knapp gefaßte Text setzt beim Leser die Kenntnis einiger geologischer Grundlagen voraus. Dafür stehen aber zahlreiche einführende Lehrbücher der Geologie zur Verfügung.

Es wurde versucht, die organische und anorganische Geschichte der Erde etwa gleichrangig zu behandeln, was allerdings nicht immer gelungen ist. Das zeigt sich vor allem bei der Gestaltung der Tabellen, die teilweise etwas zu umfangreich sind und nicht immer ganz einheitlich gestaltet werden konnten. In ihrer Ausführung spiegeln sich auch grundsätzliche Probleme der Lehre von den Schichtfolgen (Stratigraphie) wider.

In den letzten Kapiteln werden noch offene Fragen und ungelöste Probleme der Erdgeschichte angeschnitten, um auf diese Weise manches zusammenzufassen und zu bewerten, das im übrigen Text nur gestreift werden konnte.

Gegenwärtig macht die Erforschung unserer Nachbarplaneten große Fortschritte. Es werden Vergleiche zwischen den Planeten unseres Sonnensystems möglich, wodurch auch die Entwicklung der Erde immer breiteres Interesse gewinnt.

Die Ergebnisse der erdgeschichtlichen Forschung führen uns die Sonderstellung der Erde im Planetensystem der Sonne nachdrücklich vor Augen. Die Zusammenhänge zwischen organischen und anorganischen Prozessen können auch dazu beitragen, die Stellung des Menschen in der Entwicklung des irdischen Lebens unter einem neuen erweiterten Blickwinkel zu sehen und akutelle ökologische Probleme sachbezogener zu beurteilen.

München, den 1. Juni 1978

Klaus Schmidt

Inhalt

I. Aufgaben und Ziele der Erdgeschichte 9
II. Erdgeschichtliche Dokumente 10
III. Erdgeschichtliche Zeittafel 15
IV. Erdgeschichtliche Zustandsbilder 21
V. Die Ären und Perioden der Erdgeschichte 25

A. Die vorgeologische Ära 25

B. Das Präkambrium (3800–570 Mio. J.) 28
  1. Altpräkambrium 31
  2. Mittelpräkambrium 34
  3. Jungpräkambrium 37
  4. Die präkambrische Lebewelt 42
  5. Bodenschätze 45

C. Das Paläozoikum (570–230 Mio. J.) 47
  1. Kambrium (570–500 Mio. J.) 47
    a) Pflanzen- und Tierwelt 47
    b) Paläogeographie 50
    c) Klima 56
    d) Krustenbewegungen 57
  2. Ordovizium (500–435 Mio. J.) 57
    a) Pflanzen- und Tierwelt 59
    b) Paläogeographie 60
    c) Klima 67
    d) Krustenbewegungen 69
  3. Silur (435–395 Mio. J.) 69
    a) Pflanzen- und Tierwelt 71
    b) Paläogeographie 73
    c) Klima 78
    d) Krustenbewegungen 79
  4. Die kaledonische Gebirgsbildung 79
  5. Devon (395–345 Mio. J.) 82
    a) Pflanzen- und Tierwelt 82
    b) Paläogeographie 88
    c) Klima 95
    d) Krustenbewegungen 96

Inhalt

    6. Karbon (345–280 Mio. J.) 97
       a) Pflanzen- und Tierwelt 97
       b) Paläogeographie 103
       c) Klima 111
       d) Krustenbewegungen 113
    7. Perm (280–230 Mio. J.) 113
       a) Pflanzen- und Tierwelt 114
       b) Paläogeographie 120
       c) Klima 129
       d) Krustenbewegungen 131
    8. Die variszische (herzynische) Gebirgsbildung 131

D. Das Mesozoikum (230–65 Mio. J.) 137
    1. Trias (230–195 Mio. J.) 137
       a) Pflanzen- und Tierwelt 137
       b) Paläogeographie 144
       c) Klima 151
       d) Krustenbewegungen 152
    2. Jura (195–140 Mio. J.) 153
       a) Pflanzen- und Tierwelt 153
       b) Paläogeographie 157
       c) Klima 170
       d) Krustenbewegungen 171
    3. Kreide (140–65 Mio. J.) 172
       a) Pflanzen- und Tierwelt 172
       b) Paläogeographie 175
       c) Klima 189
       d) Krustenbewegungen 191

E. Das Känozoikum (Beginn vor 65 Mio. J.) 192
    1. Tertiär (65–2 Mio. J.) 192
       a) Pflanzen- und Tierwelt 192
       b) Paläogeographie 199
       c) Klima 205
       d) Krustenbewegungen 207
    2. Die alpidische Gebirgsbildung 210
    3. Quartär (Beginn vor 2 Mio. J.) 214
       a) Lebewelt 214
       b) Das Erdbild des Quartärs 218
       c) Krustenbewegungen und Schwankungen
          des Meeresspiegels 227
       d) Ursachen der quartären Klimaentwicklung 229

VI. Probleme der Erdgeschichte 230
   Die Erdkruste und Lithosphäre 230
   Die Hydrosphäre 239
   Die Atmosphäre 241
   Die Sedimenthülle der Erde 244
   Die Entwicklung des Lebens 248
   Der Mensch als geologischer Faktor 255

Verzeichnis weiterführender Literatur 258
Sachverzeichnis 260
Fossilnamen-Verzeichnis 281

I. Aufgaben und Ziele der Erdgeschichte

Innerhalb der Geowissenschaften[1] strebt die erdgeschichtliche Forschung nach einer Gesamtschau des Werdeganges unseres Planeten.

Sie versucht, die Prozesse und Kausalketten zu ergründen, die zum gegenwärtigen Zustand der Erde führten und ihn auch in Zukunft bestimmen und verändern werden.

Die Betrachtungsweisen des Erdgeschichtlers und des Historikers haben manches gemeinsam. Beide suchen die geborgenen Dokumente zu entziffern, bewerten ihren Informationsinhalt und bilden daraus ein Datenmosaik, in dem sich das Zustandsbild einer Epoche um so deutlicher abzeichnet, je näher diese der Gegenwart steht. Für beide Wissenschaften ergibt sich gleichermaßen das Problem, Überlieferungslücken zu überbrücken, gleichgültig, ob geschichtliche Ereignisse und Gestalten spurlos in der Vergangenheit versanken oder hinterlassene Dokumente zerstört wurden. Erdgeschichtler wie Historiker haben sich auch gelegentlich durch allzu starres „Stammbaum-Denken" den Blick für die Vielschichtigkeit historischer Prozesse verstellt.

Naturgemäß ist die Erdgeschichte vorrangig Geschichte der Lithosphäre, Hydrosphäre und Biosphäre. Ihr Blickfeld weitet sich sowie es gelingt, die Tiefen der Ozeane, das Erdinnere, den erdnahen Raum und die benachbarten Himmelskörper weiter zu erforschen.

Erdgeschichtliche Dokumente sind die G e s t e i n e der Erdkruste und die in ihnen enthaltenen Reste vergangenen Lebens – die Fossilien. Sie lassen sich nach den Regeln der Gesteinsfolge (Lithostratigraphie) und der Lebensfolge (Biostratigraphie) z e i t l i c h e i n s t u f e n und gegebenenfalls mit Hilfe tektonischer und paläogeographischer Methoden einander r ä u m l i c h z u o r d n e n. So ergeben sich erdgeschichtliche Z u s t a n d s -

---

[1] Geologie, Paläontologie, Geographie, Ozeanographie, Mineralogie, Petrologie, Geochemie, Bodenkunde, Geophysik, Meteorologie, u. a.

b i l d e r wie die Verteilung von Land und Meer (Paläogeographie), die Klimate der Vorzeit (Paläoklimatologie), frühere Pflanzen- oder Tiergesellschaften (Paläobiologie) und deren Lebensbedingungen (Palökologie), sowie die Strukturen und das Verhalten der Lithosphäre (Geotektonik, Geodynamik).

In der Folge mehr oder weniger veränderter Erdbilder und Lebensformen erschließen sich die Grundzüge und kausalen Zusammenhänge in der Entwicklung der Erde und des irdischen Lebens. Wir begreifen die G e g e n w a r t a l s e r d g e s c h i c h t l i c h e n M o m e n t und uns selbst als Teil eines komplexen Systems kosmischer, planetarer und biologischer Komponenten.

Aus der Geschichte unseres Planeten und seiner Biosphäre erwächst uns eine tiefere Einsicht in entwicklungsgeschichtliche Zusammenhänge und die Aufgabe, unsere Umwelt planend zu erschließen, sinnvoll zu nutzen und ihre Lebensquellen zu schützen.

II. Erdgeschichtliche Dokumente

Den Schlüssel zum Verständnis der in den Gesteinen gespeicherten Informationen bietet das geologische Geschehen der Gegenwart. Wir nehmen an, daß sich die Vorgänge der Gesteinsbildung und Zerstörung in der Vergangenheit nach den gleichen Regeln vollzogen wie heute. Obwohl dieses a k t u a l i s t i s c h e P r i n z i p den grundlegenden Ansatz zur Erklärung erdgeschichtlicher Daten bietet, bedarf es für die einzelnen Erdepochen doch einer abgestuften Modifizierung. Bei seiner Anwendung ist beispielsweise zu berücksichtigen, daß die Uratmosphäre der Erde eine gänzlich andere Zusammensetzung als die heutige Atmosphäre hatte, daß vor der Entstehung der Landpflanzen die Urwüste alle Klimazonen der Erde einnahm oder daß die gegenwärtigen geologischen Prozesse noch vom Eiszeitalter des Quartärs, vor allem aber durch den Eingriff des Menschen beeinflußt werden, also einen erdgeschichtlichen Sonderfall darstellen.

Die S u b s t a n z und das G e f ü g e der Gesteine, ihre L a g e r u n g und V e r b r e i t u n g sind wichtige erdgeschichtliche Parameter. Sie kennzeichnen ehemalige Ablagerungsräume, Zonen der Gesteinszerstörung und geben Hinweise auf die Verschiebungen von Küstenlinien, Klimaänderungen, Bewegungen der Erdkruste und die damit verbundenen magmatischen Ereignisse.

Es gibt sedimentäre, magmatische und metamorphe Gesteine. Die geologischen Vorgänge auf der Erdoberfläche spiegeln sich aber vor allem in den Sedimentgesteinen wider, die zunächst als Lockermassen zum Absatz kommen und durch die spätere Diagenese zu Festgesteinen werden.

Man unterscheidet:

Klastische Sedimentgesteine (Trümmergesteine)
Sie sind aus den Bruchstücken älterer Gesteine zusammengesetzt.

Brekzien, Konglomerate (Korn-$\varnothing$ > 2 mm)
Sandsteine, z. B. Arkosen, Grauwacken (Korn-$\varnothing$ 2–0,063 mm)
Siltsteine (Korn-$\varnothing$ 0,063–0,002 mm)
Tonsteine (Korn-$\varnothing$ < 0,002 mm)

Chemische Sedimentgesteine
Durch chemische Ausfällung oder Auslaugung entstanden

Ausfällungsgesteine (Evaporite)
Aus übersättigten Lösungen ausgefällt:
Kalke, Dolomite, Sulfate (Gips, Anhydrit), Chloride (Steinsalz, Kalisalz), Eisensedimente.

Rückstandsgesteine
Unlösliche Rückstände der chemischen Verwitterung, z. B. Bauxit, Residual-Tone u. a.

Organogene Sedimentgesteine (Biolithe)
Aus organischen Hart- und Weichteilen aufgebaut.
Kalkige Ablagerungen: Foraminiferenkalk, Korallenkalk, Algenkalk; Bonebed (Knochenbrekzie) u. a.

Kieselgesteine: Radiolarit (Radiolarien), Kieselschiefer, Kieselgur (Diatomeen).

Kohlengesteine: Torf, Braunkohle, Steinkohle
Faulschlammgesteine: Gyttja, Sapropel, Ölschiefer

Die Korngröße und die Kornform klastischer Sedimente geben Auskunft über die Transportart und die Transportweiten, während ihre stoffliche Zusammensetzung (Gerölle, Leicht- und Schwerminerale) vom Gesteinsbestand des Liefergebietes und von Klimaeinflüssen abhängt. Die Sedimentgefüge (Sortierung, Schrägschichtung, Fließ- und Kornregelung) lassen Schlüsse auf Strömungsrichtungen und die Art der transportierenden Medien (Wasser, Eis, Wind) zu.

Die magmatischen Gesteine kristallisieren aus silikatischen Schmelzen, die dem oberen Erdmantel oder der Erdkruste entstammen. Ihre Gefüge zeigen, ob sie in der Tiefe erstarrten (Tiefengesteine) oder als Laven die Erdoberfläche erreichten (vulkanische Gesteine). Die chemische Zusammensetzung wird u. a. davon bestimmt, ob sich die Schmelzen im Oberen Erdmantel oder in der Erdkruste bildeten, ob sie in Subduktionssystemen entstanden oder in ozeanischen Rücken, bzw. kontinentalen Rift-Zonen gefördert wurden.

Metamorphe Gesteine entstehen dann, wenn Sedimente oder magmatische Gesteine beim Absinken in die Tiefe Umformungen und Umkristallisationen erleiden. Der ursprüngliche Mineralbestand und die Gefüge werden dabei mehr oder weniger verändert. Steigert sich die Metamorphose bis zur partiellen oder vollständigen Aufschmelzung (Anatexis), bilden sich Migmatite (Mischgesteine) oder palingene Granite.

Obwohl sich diese Vorgänge der unmittelbaren Beobachtung entziehen, lassen sich die Druck- und Temperaturbedingungen anhand petrologischer Experimente abschätzen. Dabei ist auch eine Vorstellung zu gewinnen, aus welcher Tiefe die metamorphen Gesteine aufsteigen.

Alle bei der Gesteinsbildung wirksamen physikalischen, chemischen, geographischen und biologischen Faktoren werden im Begriff Fazies[2] zusammengefaßt.

Ablagerungen der kontinentalen Fazies sind beispielsweise:

---

[2] lat. facies = Aussehen, Beschaffenheit.

Terrestrische Sedimente
 Böden, Gletscherablagerungen (Moränen, Tillite), Windabsätze (Dünensand, Löß).

Aquatische Sedimente
 Flußablagerungen (Schotter, Arkosen, Sande) und Seeablagerungen (Kalk, Ton, Gyttja, Torf, Salz).

Die Ablagerungen der m a r i n e n F a z i e s lassen sich nach der Wassertiefe und der Entfernung vom Festland wie folgt gliedern:

Flachseesedimente
 Festlandnah in geringer Tiefe entstanden.
 Litorale Sedimente: Strandablagerungen (Gerölle, Sand).
 Neritische Sedimente: Absätze auf dem flachen Schelf, mit Wasserbewegung bis zum Grunde (Sand, Schlick, Kalke, Oolithe, Riffe).

Bathyale Sedimente
 Absätze auf dem tieferen Schelf (Sand, Schlick, Sapropel).

Tiefseesedimente oder pelagische Sedimente
Fern vom Festland in großer Wassertiefe gebildet (Schlick, Globigerinenschlamm, Diatomeenschlamm, Radiolarienschlamm, roter oder brauner Tiefseeton).

Magmatische Gesteine gehören je nach ihrem Erstarrungsort zur v u l k a n i s c h e n, s u b v u l k a n i s c h e n oder p l u t o n i s c h e n F a z i e s. Die M i n e r a l f a z i e s metamorpher Gesteine gestattet Rückschlüsse auf die Druck- und Temperaturbedingungen bei der Metamorphose.

F o s s i l i e n sind Tier- und Pflanzenreste vergangener Lebensgemeinschaften. Zu ihnen gehören auch L e b e n s s p u r e n wie Trittsiegel, Kriechspuren, Wühl- und Freßbauten. Obgleich manche Schichtfolgen eine Fülle fossiler Reste enthalten, ist auch in ihnen nur ein schmaler Ausschnitt der ehemaligen Lebewelt überliefert worden.

Der Einbettungsraum fossiler Organismen entspricht nicht immer ihrem ursprünglichen Lebensraum. Manche Fossillagerstätten entstanden in ausgesprochen lebensfeindlichen Zonen, in denen eine Bodenfauna fehlte und die abgesunkenen organischen Reste daher unzerstört blieben (S. 53). Nicht selten werden auch Landtiere und Pflanzen in randliche Meeresteile verschwemmt, während marine Faunen mit der salzhaltigen Unterströmung in den Flußläufen weit landeinwärts gelangen. Außerdem kann das Plankton tiefer Meeresteile durch Auftriebswasser in flache Randmeere verfrachtet werden.

Ausgehend von den Lebensgewohnheiten heutiger Pflanzen- und Tiergruppen sind Analogieschlüsse auf die Umweltbedingungen vergangener Lebensgemeinschaften möglich. Als F a z i e s - f o s s i l i e n dienen fossile Reste dann zur ökologischen Kennzeichnung ihrer ehemaligen Lebensräume.

Rein marine Organismen sind z. B. Radiolarien, Brachiopoden, Bryozoen, Cephalopoden und kalkabscheidende Rotalgen.

Die euhalinen Meeresbereiche (40–30 ‰ Salzgehalt) beherbergen die größte Lebensfülle. Gewässer mit höherem oder niedrigerem Salzgehalt enthalten artenarme, aber oft individuenreiche Faunen. Die Tiere sind hier meist kleinwüchsiger, ihre Schalen leichter und weniger verziert.

Unterschiede bestehen auch zwischen den Faunen warmer und kalter Meere. Die polaren Meere beherbergen zwar eine reiche Lebewelt, die Anzahl der Arten, das Gewicht und der Aragonitgehalt der Kalkgehäuse ist aber geringer als in den Meeren niederer Breiten. Höhere Wassertemperaturen erleichtern die Bildung von Kalkgehäusen. Riffkorallen und Dasycladaceen sind fast ganz auf tropische Gewässer beschränkt. Mit Hilfe von $^{18}O/^{16}O$-Bestimmungen an fossilen Aragonitschalen lassen sich heute die Wassertemperaturen im ehemaligen Lebensraum der betreffenden Organismen genauer bestimmen.

Marine Organismen mit gedrungenem Wuchs und schweren, versteiften Gehäusen waren in Bereichen starker Wasserbewegungen, etwa in der Brandungszone, beheimatet. Zartere, verzweigte Skelette zeugen dagegen vom Leben in ruhigerem Wasser.

Aussagen über die ursprünglichen Wassertiefen sind mit großen Unsicherheiten behaftet. Für diese bathymetrischen Abschätzungen eignen sich Lebensspuren und Organismen wie Kalkalgen, Kalkschwämme und die mit Algen in Symbiose lebenden Korallen. Riffkorallen entwickeln sich z. B. optimal in Wassertiefen bis zu 30 m und bei mittleren Wassertemperaturen um 25 °C. Sie benötigen außerdem klares Wasser.

Die Häufigkeit, Regelung und Orientierung der Fossilien im Gestein hängt von den Einbettungsumständen, wie z'. B. der Beschaffenheit des Meeresbodens und von der Wasserbewegung ab (Biostratonomie). Der Erhaltungsgrad fossiler Reste wird auch von den Prozessen bei der Verfestigung der Sedimente (Diagenese) bestimmt.

Besondere Bedeutung als biologische „Zeitmarken" haben die L e i t f o s s i l i e n. Hierfür eignen sich vor allem Tier- und Pflanzengruppen mit raschem Artenwandel, weiter Verbreitung und erhaltungsfähigen Skelett- und Gewebeteilen. Wichtig für den Leitwert eines Fossils ist ferner seine möglichst weitgehende Fazies-Unabhängigkeit. Sind diese Voraussetzungen erfüllt, lassen sich auch Formen, deren systematische Stellung noch unklar ist (z. B. Conodonten), vorzüglich als Leitfossilien verwenden. Hohen Leitwert haben auch Mikrofossilien: Nannoplankton, Foraminiferen, Radiolarien, Ostrakoden, Sporen, Pollen u. a. Sie sind in den Gesteinen massenhaft enthalten und können daher aus relativ kleinen Proben (Bohrkerne) in großer Zahl gewonnen werden.

Den Entwicklungsreihen der Leitfossilien stehen sehr langlebige Organismen gegenüber, die über viele Jahrmillionen keine Änderungen ihres Bauplanes erkennen lassen (Lingula 560 Mio. J., Limulus 200 Mio. J.).

III. Die erdgeschichtliche Zeittafel

Die unsere Vorstellungskraft weit übersteigenden Jahrmilliarden der Erdgeschichte sind nur meßbar, wenn die erdgestaltenden Vorgänge in den Gesteinen ihren Niederschlag fanden.

Bei der Sedimentation legt sich eine Schicht über die andere, so daß die jeweils jüngere die ältere überdeckt. Dieses s t r a t i g r a p h i s c h e G r u n d g e s e t z (E. STENO 1638–1687) ermöglicht eine r e l a t i v e zeitliche Gliederung sedimentärer Schichtfolgen.

Als S c h i c h t bezeichnen wir eine Sedimentlage von geringer Dicke aber großer, flächenhafter Ausdehnung.

Besitzen einzelne Schichten besondere Merkmale (Färbung, Mineralbestand, Gefüge), so lassen sie sich von Aufschluß zu Aufschluß verfolgen und gestatten so die Parallelisierung von Sedimenten über weitere Entfernung. Für Schichtvergleiche können auch chemische und physikalische Gesteinseigenschaften herangezogen werden. Sie sind vor allem bei der Parallelisierung von Bohrprofilen unentbehrlich (Abb. 1). Diese l i t h o s t r a t i g r a p h i s c h e M e t h o d e ist aber nicht immer anwendbar, denn gleichartige Gesteine brauchen nicht gleich alt zu sein, wie auch verschiedenartige Sedimente zur gleichen Zeit entstanden sein können.

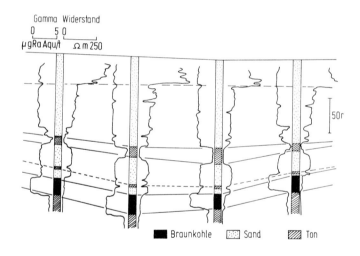

Abb. 1. Schichtparallelisierung in Braunkohlebohrungen mit Hilfe physikalischer Methoden (n. RÜLKE 1956). Die Widerstandswerte (Ω m) geben nach Berücksichtigung anderer Einflüsse Auskunft über die Leitfähigkeit der Gesteine. Daraus lassen sich Porosität (Sand, Ton, Kalk) und Porenfüllung (Öl, Wasser, Gas) einer Schicht abschätzen. Die Gammastrahlung (μg Ra Äqu/t) stammt überwiegend aus dem Zerfall des Isotops ^{40}K, das vor allem in Tonmineralien angereichert ist. Die Strahlung weist daher in Tonen und Mergeln hohe, in Sanden mittlere und in Kohlen geringe Werte auf.

Der englische Ingenieur W. SMITH (1817) erkannte, daß die Fossilien in den Sedimentgesteinen nach bestimmten Regeln aufeinander folgen und begründete damit die B i o s t r a t i g r a p h i e. Schichten mit den gleichen Leitfossilien gelten seitdem als a l t e r s g l e i c h und können auch über die Weltmeere hinweg parallelisiert werden. Die Bewertung der Fossilien als geologische Zeitmarken stützt sich auf die Erkenntnis, daß die biologische Artbildung ein gerichteter Prozeß ist und die weltweite Ausbreitung neuer Faunen in Zeiträumen erfolgt, die, geologisch gesehen, praktisch als synchron gelten können. Für die erdgeschichtliche Gliederung werden folgende Einheiten in absteigender Rangfolge verwendet:

Einheiten für die in der Zeit gebildeten Gesteine	Zeiteinheiten	Beispiel
Systemgruppe	Ära	Mesozoikum
System	Periode	Kreide
Serie (Abteilung)	Epoche	Oberkreide
Stufe	Alter	Coniac
Zone	Zeit	Paratexanites emscheris-Z.

Die Z o n e ist biostratigraphisch durch eine leitende Fossilart gekennzeichnet und endet mit dem Einsetzen einer neuen Art.

Der erdgeschichtlichen Z e i t m e s s u n g liegt das heutige Erdjahr zugrunde. Man darf aber annehmen, daß sich die Tages- und Jahreslänge im Laufe der Zeit änderte, da die Rotations- und Umlaufgeschwindigkeit der Erde nicht konstant blieb. Über das Ausmaß solcher Änderungen besteht keine Einigkeit. Bei einer Abnahme der Rotationsgeschwindigkeit von 0,001 sec in 100 Jahren hatte das Jahr zu Beginn des Kambrium etwa 391 Tage.

Eine Z e i t m e s s u n g m i t g e o l o g i s c h e n M i t t e l n ist möglich, wenn sich in den Gesteinen der jahreszeitliche Witterungswechsel abbildete, wie in den quartären Bändertonen mit sandigen Sommer- und tonigen Winterlagen (Warven). Anhand der Warvenzählung konnte G. DE GEER (1905) zeigen, daß seit dem Ende der Weichseleiszeit etwa 10 000 Jahre vergangen sind. Rhythmische Schichtung oder Anwachszonen, z. B. bei Korallen, sind keine Seltenheit, es ist jedoch sehr schwer, sie mit Sicherheit einem bestimmten Zeitintervall (Tag, Jahr) zuzuordnen. In quartären Ablagerungen ist gelegentlich auch die Dendrochronologie (Jahresringzählung) anzuwenden.

Die wechselnde Polarität des magnetischen Erdfeldes hat in den Gesteinen eine unterschiedliche permanente Magnetisierung bewirkt, die ebenfalls zur Altersbestimmung verwendet werden kann. Für die letzten Millionen Jahre sind z. B. 9 Umpolungen des irdischen Magnetfeldes bekannt.

Die moderne Geochronologie stützt sich aber im wesentlichen auf r a d i o m e t r i s c h e   M e t h o d e n. Diese gehen von den Mengenverhältnissen radioaktiver und radiogener Isotope in den Gesteinen aus und gründen auf folgenden Prozessen (Tab. 1).

Tabelle 1. Daten geochronologisch wichtiger Isotope

Mutterisotop	Zerfall	Tochterisotop	Halbwertzeit (Jahre)	Methode
^{238}U	$8\alpha, 6\beta^-$	^{206}Pb	$4{,}50 \times 10^9$	U^{238}-Pb^{206}-Methode
^{235}U	$7\alpha, 4\beta^-$	^{207}Pb	$7{,}14 \times 10^8$	U^{235}-Pb^{207}-Methode
^{232}Th	$6\alpha, 4\beta^-$	^{208}Pb	$1{,}39 \times 10^{10}$	Th^{232}-Pb^{208}-Methode
^{87}Rb	β^-	^{87}Sr	$4{,}72 \times 10^{10}$	Rb-Sr-Methode
^{40}K	K-Einfang	^{40}Ar	$1{,}31 \times 10^9$	K-Ar-Methode
^{234}U	α	^{230}Th	$2{,}48 \times 10^5$	U^{234}-U^{238}-Methode
^{230}Th	α	^{226}Ra	$8{,}0 \times 10^4$	Ionium-Thorium-Methode
^{14}C	β^-	^{14}N	$5{,}73 \times 10^3$	C^{14}-Methode

Radiogene Isotope mit langen Halbwertzeiten sind naturgemäß für die Bestimmung geringer Alter ungeeignet, da sich zur Zeit der Messung noch keine ausreichende Konzentration von Tochterisotopen gebildet hat. Methoden mit kurzen Halbwertzeiten versagen bei alten Gesteinen, da dann das Ausgangsisotop weitgehend verschwunden ist. Das Letzte gilt für die ^{234}U-, ^{238}U-, die Ionium-Thorium- und die ^{14}C-Methode, die vor allem für Zeitbestimmungen im Quartär verwendet werden.

Grundsätzlich bezeichnen radiometrische Gesteins- oder Mineralalter den Zeitpunkt, von dem an die Speicherung radiogener Zerfallprodukte beginnt (Abb. 2). Das gemessene „Alter" weicht aber vom tatsächlichen Gesteins- oder Mineralalter ab, wenn in der Zwischenzeit, etwa durch Wärmeeinwirkung eine erneute Homogenisierung der Isotope im Gestein eintrat. Dann wird nicht selten das Alter dieses t h e r m i s c h e n E r e i g n i s s e s registriert. Im allgemeinen sind zufriedenstellende Ergebnisse nur bei der Kombination verschiedener Methoden zu erreichen.

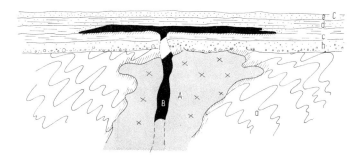

Abb. 2. Anwendung radiometrischer Altersbestimmungen.
Das Abkühlungsalter A des Granits (Rb-Sr-Methode an Muskowit) ergibt zugleich ein Mindestalter für die Faltung der Schichtfolge a. Das Abkühlungsalter B des Porphyrs (K-Ar-Methode an Biotit) entspricht etwa dem Alter der Schichtfolge c. Für die glaukonitführenden Sedimente e könnten Glaukonitbestimmungen (K-Ar-Methode) das Alter C der Sedimentation, bzw. der Diagenese liefern.

Auf dem Fundament stratigraphischer und geochronologischer Daten entstand die e r d g e s c h i c h t l i c h e Z e i t t a f e l (Tab. 2). Während für die jüngeren und durch Fossilien belegten Abschnitte der Erdgeschichte (Phanerozoikum) eine biostratigraphisch gesicherte Gliederung besteht, die mit radiometrischen Alterszahlen geeicht werden kann, fehlt für die langen Zeiträume des Präkambriums noch immer eine allgemein gültige Einteilung (S. 30). Die radiometrischen Daten zeigen im Präkambrium lediglich magmatische Ereignisse, Metamorphosen oder Granitisationen an und verlieren mit zunehmendem Gesteinsalter an geologischer Aussagekraft.

Erdgeschichtliche Zeittafel

	Periode		Epoche	Beginn vor Millionen Jahren	Gebirgsbildung
Phanerozoikum / Känozoikum	Quartär		Holozän		Alpidische
			Pleistozän	2	
	Tertiär	Neogen	Pliozän	5	
			Miozän	22	
		Paläogen	Oligozän	38	
			Eozän	55	
			Paleozän	65	
Mesozoikum	Kreide		Obere	100	Kimmerische
			Untere	140	
	Jura		Malm	160	
			Dogger	176	
			Lias	195	
	Trias		Obere	210	
			Mittlere	225	
			Untere	230	
Paläozoikum	Perm		Oberes	250	Variszische (herzynische)
			Unteres	280	
	Karbon		Siles	325	
			Dinant	345	
	Devon		Oberes	360	
			Mittleres	370	
			Unteres	395	Kaledonische
	Silur			435	
	Ordovizium			500	
	Kambrium		Oberes	515	
			Mittleres	540	
			Unteres	570	Assyntische

Präkambrium

Tabelle 2. Erdgeschichtliche Zeittafel.

IV. Erdgeschichtliche Zustandsbilder

Der heutige geologische Zustand der Erdoberfläche wird in geologischen Karten dargestellt. Für Gebiete, in denen die Gesteine in ihrer ursprünglichen Position verblieben, ist daraus bei hinreichender Datenzahl das Zustandsbild einer vergangenen Erdepoche relativ einfach zu rekonstruieren. Anders jedoch in Gebieten, in denen die Gesteine durch Bruchbildung, Faltung, Überschiebungen oder Deckentransporte deformiert und kilometerweit verfrachtet wurden. Sollen hier die ehemalige Ausdehnung einer Sedimentfolge, die Abmessungen eines Ablagerungsraumes oder der Transportweg eines Sediments ermittelt werden, so muß man zunächst die tektonischen Deformationen konstruktiv rückformen. Dies geschieht in palinspastischen Karten.

Die erdgeschichtliche Analyse beginnt mit dem Entwurf von Fazieskarten. In ihnen sind die Bereiche gleicher Gesteinsentwicklung und gleicher Mächtigkeit durch Isolinien hervorgehoben, gegebenenfalls sind auch die Richtungen des Sedimenttransportes eingetragen (Abb. 9, 59).

Aus diesen Unterlagen entsteht die paläogeographische Karte. In ihr wird versucht, die ursprüngliche Verteilung von Land und Meer, Zonen unterschiedlicher Meerestiefe und die Gestalt der Festländer darzustellen (Abb. 16). Da der ehemalige Küstenverlauf nur selten durch Kliffe oder Strandlinien zu belegen ist, muß er oft indirekt aus Mächtigkeitskurven ermittelt werden.

Das paläogeographische Bild ist ferner durch paläoklimatologische (Vereisungszentren, Klimazonen) und paläobiologische (Floren-Faunenprovinzen) Daten zu ergänzen (Abb. 19, 41, 51).

Ein besonderes Problem ist die Rekonstruktion ehemaliger Kontinente und Ozeane. Aus der Verbreitung mariner Organismen ist auf die Ausdehnung flacherer Meere zu schließen, während die Wanderwege landbewohnender Tiergruppen interkontinentale Festlandsverbindungen anzeigen.

Paläogeographische Überlegungen und die Ergebnisse der paläomagnetischen Forschung (Polwanderungskurven) lassen keinen Zwei-

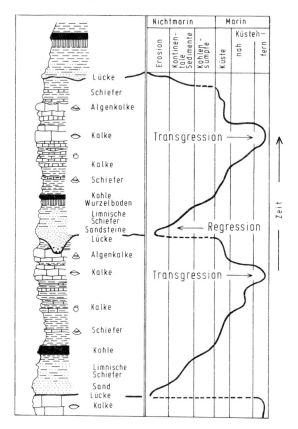

Abb. 3. Zyklische Sedimentation im Pennsylvanian der Midcontinent-Region Nordamerikas (n. MOORE 1959).
Die Zusammensetzung der Gesteine, ihre Strukturen und ihr Fossilinhalt kennzeichnen die Ablagerungsbedingungen (Kurve).
Die von den Schichtlücken unterbrochene Folge mariner und nichtmariner Ablagerungen entstand durch wiederholte Regressionen und Transgressionen eines Flachmeeres. Während der Überflutung bildeten sich marine Sande, Schiefer oder Kalke. In Zeiten der Trockenlegung wurden Schichten erodiert (Erosionslücken), kontinentale Sandsteine und limnische Schiefer abgelagert oder es entwickelten sich Kohlenmoore.

fel mehr daran, daß sich die Kontinentalschollen im Laufe der Erdgeschichte erheblich verschoben und relativ zueinander bewegten. Gleichzeitig damit änderten sich die Umrisse der Festlandsblöcke und die Form der ozeanischen Becken (Abb. 22).

Geologische Profile, wie sie Steinbruchswände oder Gebirgsquerschnitte bieten, sind Diagramme, aus denen die Gesteinsveränderungen in der Zeit und damit auch die paläogeographischen Zustandsänderungen abgelesen werden können (Abb. 3). Werden beispielsweise terrestrische Sedimente von Meeresablagerungen überdeckt, dann verlagerte sich die Küstenlinie landeinwärts (Transgression). Liegen Landablagerungen über marinen Sedimenten, so wurden überflutete Gebiete vom Meer freigegeben (Regression). Ob diese Veränderungen auf Bewegungen der Erdkruste oder auf Schwankungen des Meeresspiegels beruhen, ist oft schwer zu sagen.

Die Struktur- und Reliefveränderungen der Erdkruste sind die Folge innerirdischer Massenverlagerungen.

Weitspannige – epirogene – Krustenbewegungen führten zu säkularen Transgressionen und Regressionen der Schelfmeere. Sie bewirkten die anhaltende Hebung großer Kontinentalblöcke (Schilde) oder die Senkung ausgedehnter Tröge (Geosynklinalen).

Während die epirogenen Bewegungen die Lage der Gesteinsverbände nur wenig veränderten, riefen die episodischen Orogenesen (Gebirgsbildungen) einschneidende Struktur- und Gesteinsumwandlungen (Metamorphose, Anatexis) hervor. Es entstanden dabei kontinentumspannende Falten- und Deckengebirge, in die magmatische Schmelzen einströmten. Diese orogenen Ereignisse kündeten sich viele Jahrmillionen voraus in der Entstehung vulkanisch aktiver Geosynklinalen an.

Als Folge epirogener Krustenhebungen entstanden Erosionsdiskordanzen, d. h. bereits vorhandene Gesteine wurden erodiert und die freigelegten Schichtflächen bei der erneuten Überflutung von jüngeren Sedimenten überdeckt (Abb. 4). Orogene Vorgänge bildeten sich unter anderem auch in Winkeldiskordanzen ab (Abb. 4). Der Zeitraum, in dem sich die

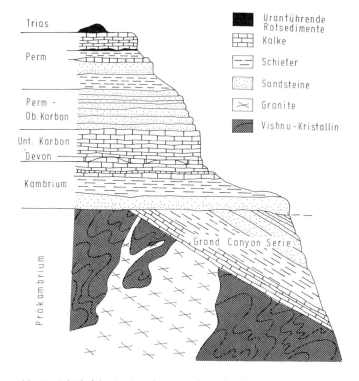

Abb. 4. Schichtfolge im Grand Canyon des Colorado River in Arizona (n. Key & Colbert 1965).
Über dem von Granit durchbrochenen Vishnu-Kristallin (1,7–1,4 Mrd. J.) eines präkambrischen Gebirgssystems liegt mit ausgeprägter Winkeldiskordanz die jungpräkambrische, aber nicht metamorphe Grand-Canyon-Serie. Nach erneuten orogenen Bewegungen begann vor 570 Mio. J. die Ablagerung kambrischer Sedimente.
Die jüngere, paläozoische Schichtfolge verblieb zwar in ihrer ursprünglichen Lage, zeigt aber Schichtlücken und Erosionsdiskordanzen (Ordovizium – Silur, Devon), so daß die Sedimentation zeitweise unterbrochen gewesen sein muß oder bereits abgelagerte Schichten wieder abgetragen wurden.

Faltung vollzog, liegt dann zwischen dem Alter der jüngsten noch deformierten Schicht und dem Alter der eindeckenden Sedimente.

Die geographische Situation und die Ablagerungen der Erdepochen wurden vom jeweiligen tektonischen Zustand der Erdkruste maßgebend beeinflußt. Paläogeographische Karten enthalten daher auch g e o t e k t o n i s c h e Informationen.

So zeigen F l y s c h s e d i m e n t e (S. 184) die orogene Aktivität ihrer Liefer- und Ablagerungsgebiete an. M o l a s s e -Ablagerungen in den Außen- und Innensenken aufsteigender Gebirge kennzeichnen deren orogene Spätphase. Tektonisch stabile Plattformen wurden dagegen von flachliegenden, gut sortierten T a f e l s e d i m e n t e n (Sande, Tone, Kalke) überdeckt.

In den Kristallingebieten der Erde liegen heute Gesteine zu Tage, deren Gefüge und Mineralfazies für eine Entstehung unter den Druck- und Temperaturbedingungen der tieferen Erdkruste sprechen. Stellenweise sind sogar Zonen aus dem Grenzbereich Kruste/Erdmantel erschlossen.

Wenn es gelingt, die petrogenetischen Prozesse in der Erdkruste gedanklich mit den tektonischen Ereignissen an der Erdoberfläche zu verknüpfen (Geotektonik), dann lassen sich tektonische Modelle entwerfen, aus denen die G e o d y n a m i k orogener Prozesse abzuleiten ist. Hierbei sind radiometrische Altersbestimmungen von grundsätzlicher Bedeutung. Sie helfen aber nicht nur geochronologische Fragen zu beantworten, sondern geben darüber hinaus Hinweise auf die Stoffbilanz der Erdkruste.

V. Die Ären und Perioden der Erdgeschichte

A. Die vorgeologische Ära (4,6–3,8 Mrd. J.)

Die Hypothesen über die Entstehung unseres Planetensystems stützen sich auf astronomische und astrophysikalische Analogieschlüsse. Heute wird besonders der von KANT (1755) und LAPLACE (1796) entwickelten Nebular-Theorie, wenn auch abgewandelt, der Vorzug gegeben. Modellrechnungen der chemischen Differentation in abkühlenden Solarnebeln und der Zusammenballung kosmischen Materials können mit direkten Beobachtungen an Meteoriten und Asteroiden kombiniert werden.

Vorstellungen vom Aufbau der Erde hängen eng mit kosmologischen Überlegungen zusammen. Geophysikalische Tiefensondierungen haben ergeben, daß der E r d k e r n (∅ 6900 km) von einem etwa 2850 km mächtigen E r d m a n t e l umhüllt wird, über den die relativ dünne (4 bis 60 km) E r d k r u s t e, die H y d r o s p h ä r e und die A t m o s p h ä r e folgen. Die physikalisch chemischen Eigenschaften der äußeren Erdhülle sind heute hinreichend bekannt. Über den Aufbau des Erdmantels und des Erdkerns bestehen vorerst jedoch nur Vermutungen.

Vieles spricht dafür, daß die Erde vor etwa 4,6 Mrd. J. durch die Zusammenballung kosmischen Materials entstand. Durch gravitative Verdichtung und radioaktive Prozesse entwickelten sich offenbar so hohe Innentemperaturen, daß Konvektionsströmungen schließlich zu der heutigen Stoffsonderung führten.

Erdkruste, Hydrosphäre und Atmosphäre sind daher als Differentiationsprodukte der tieferen Erdschalen aufzufassen. Die Bildung des Erdkerns könnte sich in den ersten 600 bis 700 Mio. Jahren abgespielt haben. Die Erdkruste erhielt vermutlich auch einen erheblichen Substanzzuwachs durch auftreffende Meteorite (∅ 10 bis 100 km).

Über die Temperaturen und die Wärmeentwicklung in der frühen Erde ist noch wenig bekannt. Die Wärme, die durch gravitative oder radioaktive Prozesse entstand, hätte aber zu einer völligen Aufschmelzung des Erdkörpers ausgereicht. Die Erde besaß in ihrer Frühgeschichte eine geringere Dichte, eine größere Oberfläche, einen höheren endogenen Wärmestrom und höhere Umdrehungsgeschwindigkeit. Die Entstehung einer festen Erdkruste liegt mindestens 4 Milliarden Jahre zurück. Ihrer Bildung stand vermutlich lange die starke innere Konvektion der Erde entgegen. Vermutlich bestand diese Protokruste aus Anorthositen und einer dünnen, unterlagernden granitischen Schale. Dichteunterschiede, starker Meteoriteneinfall, Spaltenbildung und Vulkanismus können nach und nach zur Entstehung einer granitischen Oberflächenzone geführt haben. Auch die Morphologie und die Gesteinsalter des Mondes lassen Spekulationen über die Entstehungsphasen der frühen Erdkruste zu.

Die ältesten irdischen Gesteine sind etwa 3,8 Mrd. Jahre alt und entstammen einer bereits vielfach umgeschmolzenen und umgeformten Erdkruste: „There is no vestige of the beginning" (HUTTON).

Die Kondensation der H y d r o s p h ä r e konnte erst bei Oberflächentemperaturen unter 374 °C ($t_{krit}H_2O$) einsetzen. Die heißen, säurereichen Niederschläge führten zu einer raschen chemischen Verwitterung der Oberflächengesteine. Die Vulkanlandschaften der frühen Erdoberfläche wurden bald weithin von Urozeanen überflutet.

Die U r a t m o s p h ä r e der Erde bestand vermutlich in der Hauptsache aus Wasserdampf und CO_2 und enthielt H_2S, CO, H_2, N_2, CH_4, NH_3, HF, HCl, Ar u. a. Mit der Bildung der Urozeane näherte sich aber der CO_2-Gehalt etwa dem der heutigen Atmosphäre.

Venus und Mars werden heute noch von nahezu O_2-freien Atmosphären umgeben. Die Gashülle der Venus besteht z. B. überwiegend aus CO_2 und enthält neben H_2SO_4 geringe Mengen von CO, HCl, HF, He und Kohlenwasserstoffen. Die Temperaturen liegen um 465 °C, der Druck beträgt 100 atm.

Auch die E n t s t e h u n g d e s L e b e n s liegt im Dunkel der vorgeologischen Ära. Fossile Lebensformen sind nur dann zu erkennen, wenn wenigstens einfache Zellstrukturen erhalten sind. Findet man aber solche, dann hatte die organische Entwicklung längst den Grenzbereich zwischen Belebtem und Unbelebtem überschritten.

Die sauerstofffreie, reduzierende Uratmosphäre bildete im Zusammenwirken mit der Urhydrosphäre und energiereicher kosmischer Strahlung die Voraussetzung für die Synthese komplizierter organischer Verbindungen (Proteine, Nucleinsäuren u. a.). Von ihnen führte ein langer Weg über verwickelte Ausleseprozesse und zahlreiche präbiontische Entwicklungsstufen zu den ersten einzelligen Lebewesen. Die frühen Lebensformen deckten ihren Energiebedarf zunächst aus den gelösten organischen Substanzen der Urmeere. Die Fähigkeit zur physiologisch wirksameren P h o t o s y n t h e s e wurde vermutlich vor 3,7 Mrd. J. erreicht. Durch anorganische und die zunehmende organische Sauerstoffproduktion und die damit verbundene Abschirmung der kurzwelligen Raumstrahlung entstanden schließlich die Voraussetzungen für die Entwicklung höher organisierter Lebensformen (Abb. 94).

B. Das Präkambrium (3800–570 Mio. J.)

Die Kernzonen der Kontinente werden heute von ausgedehnten präkambrischen Plattformen gebildet, deren kristalline Gesteine entweder in gewölbten S c h i l d e n zutage treten oder unter den mächtigen Schichtfolgen jüngerer T a f e l n begraben sind (Abb. 5). In ihren hochmetamorphen Gesteinen und riesigen Granitarealen sind 86 % der Erdgeschichte überliefert. Über dem Kristallin liegen oft nur wenig veränderte präkambrische Tafelsedimente, die in fossilführende Ablagerungen des Kambriums übergehen können.

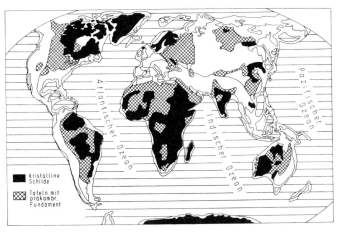

Abb. 5. Der Anteil präkambrischer Plattformen (Schilde, Tafeln) am Aufbau der Kontinente.

Lange waren die präkambrischen Gesteinskomplexe nur lithostratigraphisch und magmentektonisch zu gliedern. Vereinzelt gut erhaltene Konglomerate, Sandsteine, Schiefer und Vulkanite rechtfertigten aber eine aktualistische Behandlung und regten zu einer, in jüngeren Formationen erprobten, zyklischen Gliederung an. Eine interkontinentale Parallelisierung einzelner Entwicklungsabschnitte gelang jedoch nicht. Erst die Anwendung radiometrischer Altersbestimmungen brachte eine entscheidende Wende. Mit ihrer Hilfe konnten Perioden magmatisch-tektonischer Aktivität, Metamorphosen und Erzbildungen datiert sowie tektonisch-chronologische Provinzen abgesteckt werden (Abb. 6). Die statistische Auswertung radiometrischer Gesteins- und Mineralalter ergab für alle Kontinente einen ähnlichen Entwicklungsgang, obwohl die tektonischen und magmatischen Zyklen regional oft rascher aufeinanderfolgten, als den erkennbaren Großintervallen entspricht (Tab. 3). Da bis heute noch nicht abgeschätzt werden kann, welche Intensität und regionale Bedeutung einzelnen Ereignissen zukommt, ist vorerst keine allgemeingültige Zeittafel des Präkambriums aufzustellen.

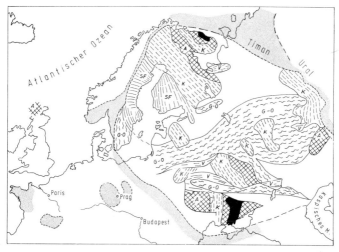

Abb. 6. Die Osteuropäische Plattform besteht aus einem Gitter tektonisch-chronologischer Provinzen und wird von riphäischen (1150–570 Mio. J.), teils assyntisch, bzw. baikalisch gefalteten Randsenken (grau) umgeben (n. SEMENENKO u. a. 1968). Die Ural-Senke enthält 13 000–16 000 m mächtige jungproterozoische Ablagerungen und steht über den Timan mit den Sparagmit-Senken am NW-Rand der Plattform in Verbindung.
Schwarz: Katarchäische Kerne (3,5–2,7 Mrd. J.); A Archäische Provinz (2,7–1,9 Mrd. J.); SF Svekofennidische –, K Karelidische und Saksaganidische Provinz (2,0–1,7 Mrd. J.); V Wolhynische Provinz (1,7–1,5 Mrd. J.); G–O Owrutsch-Gothidische Provinz (1,5–1,1 Mrd. J.).

30 Die Perioden der Erdgeschichte

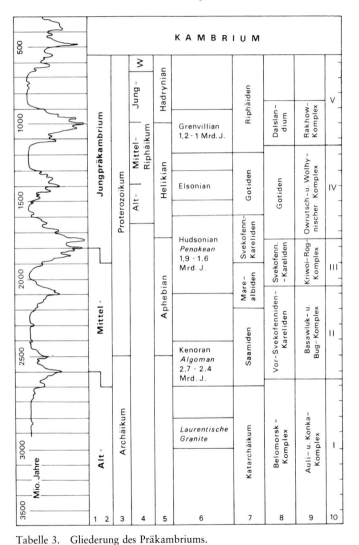

Tabelle 3. Gliederung des Präkambriums.
Summenkurve radiometrischer Alterszahlen n. GASTIL (1960).
1. Zeitstratigraphische Gliederung nach GOLDICH (1968); 2. nach TUGARI-

Man gliedert daher zeitstratigraphisch in: A l t - , M i t t e l - , und J u n g p r ä k a m b r i u m , bzw. in A r c h ä i k u m und P r o t e r o z o i k u m , nach geologischen M e g a z y k l e n , Z y k l e n oder „ K o m p l e x e n " (Tab. 3).

1. Altpräkambrium (3,8–2,6 Mrd. J.)

Die vorgeologische Ära endete mit der Bildung einer ersten überwiegend simatischen festen Erdkruste, die eine fortschreitende Bruchbildung erlebte und von granitischen Schmelzen und basaltischen Laven durchströmt wurde. Diese Flut anorogener Granite ist ein Charakterzug des Archäikums. Sie entstand im wesentlichen durch Fraktionierungsvorgänge im oberen Mantel und bildete zusammen mit den entstehenden Sedimenten die ersten P r o t o k o n t i n e n t e .

Vor 3,5 bis 2,5 Mrd. Jahren war die Erde vielleicht zu einem Drittel mit k o n t i n e n t a l e r K r u s t e bedeckt. Die Kontinente bildeten vermutlich kleinere und zahlreichere Schollen als heute. Der wesentlich höhere Wärmestrom hatte eine erhöhte Konvektion und eine verstärkte Krustenmobilität zur Folge. Es wird daher auch von der „Permobilen Ära" der Erdgeschichte gesprochen. Man kann auch nicht ausschließen, daß die Konvektion im Erdmantel bereits Mechanismen auslöste, die zur Neubildung ozeanischer Kruste durch sea-floor-spreading und zur Versenkung erkalteter Krustensegmente (Subduktion) führten. Die Bildung von Granuliten spricht dafür, daß kontinentale Kruste von mehr als 25 km Dicke existierte.

Ein besonderes Kennzeichen der altpräkambrischen (archäischen) Kontinentalkerne sind die in Migmatit- und Granitmassen (3,8 bis 2,5 Mrd. J.) eingefalteten G r ü n s t e i n - S y n k l i n o r i e n . Die meist nur schwach metamorphen Gesteinszonen sind eng gefal-

---

←

NOV u. VINOGRADOV (1968); 3. allgemein verwendet; 4. nach KELLER et al. (1968), W = Wendium; 5. Entwicklungsabschnitte des Kanadischen Schildes n. STOCKWELL (1968); 6. Orogenesen im Kanadischen Schild nach STOCKWELL (1968). Kursiv: Ereignisse im Lake-Superior-Gebiet n. GOLDICH (1968); 7. Orogene Zyklen des Baltischen Schildes n. POLKANOV u. GERLING (1960); Gliederung der Osteuropäischen Plattform nach SEMENENKO (1974); 8. Baltischer Schild, 9. Ukrainischer Schild; 10. Megazyklen des Präkambriums nach SEMENENKO (1974).

tet und werden von mächtigen Sedimentfolgen und Vulkaniten aufgebaut.

Die vulkanischen Serien bestehen aus Peridotiten, Basalten, Andesiten, Daziten und einer Vielfalt pyroklastischer Ablagerungen. Sie treten zusammen mit Konglomeraten, Grauwacken, Schiefern, gebänderten Eisenerzen und chemischen Ablagerungen wie Hornsteinen und Jaspiliten auf. Schrägschichtung, Rippelmarken, gradierte Schichtung und Fließmarken zeugen von wechselnden Ablagerungsbedingungen in den aquatischen Becken.

Die Grünsteinlaven, die in der Hauptsache mafische bis ultramafische Zusammensetzung haben, können sich, jedenfalls teilweise, in ozeanischen Rücken gebildet haben. Andere sind jünger und offenbar an langgestreckte Bruchzonen gebunden. Sie sind dann auch mit intermediären Schmelzen vergesellschaftet. Insgesamt lassen sich geochemische Übereinstimmungen mit den ozeanischen Vulkanbögen und den Vulkanzonen über Subduktionssystemen der jüngeren Erdgeschichte feststellen. Eine „Plattentektonik" i. e. S. war aber wegen der hohen Krustenmobilität wohl noch nicht möglich (S. 230).

Die Prozesse, die zur Bildung der Grünstein-Zonen führten, haben offenbar nach und nach die mafische in sialische Kruste umgewandelt.

Typische Grünstein-Synklinorien sind das Keewatin und das Coutchiching in Nordamerika, die Polmos-Serie der Kola-Halbinsel (mehr als 2,6 Mrd. J.), die Konka-Serie (3 Mrd. J.) im Ukrainischen Schild, die Amphibolite des unteren Dharwar-Systems in Indien, Gesteine der Kalgoorlie-Serie (2,7 Mrd. J.) und des Pilbara-Systems (mehr als 3 Mrd. J.) in Australien sowie das Sebakwian-System (Südrhodesien) und das Swaziland-System (mehr als 3 Mrd. J.) in Afrika. Aus dem Swaziland-System (Fig-Tree-Serie) stammen die ältesten (3,1 Mrd. J.) bekannten Spuren organischen Lebens.

Viele Goldlagerstätten der Erde sind an die Grünsteinzone gebunden, deren basische Gesteine neben Co, Cu, Zn und Sb große Mengen Ni enthalten.

Die Frage nach der Entstehung der ausgedehnten G n e i s - und G r a n i t m a s s e n des Altpräkambriums ist bis heute nicht befriedigend zu beantworten und hängt eng mit den Vorstellungen von der Entstehung der Erdkruste zusammen (S. 230). Tatsache ist, daß sich auf allen Kontinenten eine episodische Folge granitbildender Vorgänge nachweisen läßt.

Die vielfache Umwandlung der Erdkruste und ihre tiefgreifenden strukturellen Veränderungen haben verhindert, daß Zeugnisse der frühen archäischen Entwicklung in größerem Umfang überliefert wurden. Obwohl angenommen wird, daß Gesteine mit einem Alter von etwa 3,5 Mrd. Jahren und mehr an zahlreichen Stellen der Erde vorhanden sind, wurden zuverlässige geochronologische Informationen bisher nur in drei Gebieten erhalten: Montevideo-Gneise (Minnesota), Amitsoqu-Gneise (Grönland), Onverwacht-Gruppe, Limpopo Belt (Südafrika). Granitische und vulkanische Serien in Rhodesien können ebenfalls vor 3,5 Mrd. Jahren entstanden sein.

Abb. 7. Präkambrische Krustenteile der Pangäa (S. 133). Präkambrische Kruste schraffiert, die gebrochene Linie umgrenzt die vermutete archäische Kruste. Sichere archäische Kruste schwarz (n. GOODWIN 1976).
A Eurasien, B Nordamerika, C Südamerika, D Afrika, E Indien, F Australien.

Gesteine des jüngeren Archäikums (3,0–2,5 Mrd. J.) sind in allen alten Schilden weit verbreitet (Abb. 7).

Dem Maximum tektonisch-magmatischer Aktivität zwischen 2,7–2,5 Mrd. Jahren entsprechen die saamidischen Gneise des Baltischen Schildes, das Scourian Schottlands, Gneise in der Normandie, die Ingulets- und Saksagan-Migmatite des Ukrainischen Schildes sowie Metamorphosen und Intrusionen (Kenoran) im Kanadischen Schild. Etwa gleiches Alter haben auch die Migmatite von Bangalore (Indien), Migmatite im südlichen Kongobecken und Metamorphosen im Westen und Süden des Yilgarn-Blockes (Australien).

Die Bildung klastischer, chemischer und organogener Sedimente spricht dafür, daß sich bereits im Altpräkambrium nahezu aktualistische Bedingungen einstellten. Grauwackenartige Sedimente herrschten aber vor. Sie scheinen sich bereits von sialischen Liefergebieten herzuleiten. Mächtige karbonatische Ablagerungen, wie sie aus jüngeren Systemen bekannt sind, fehlten. Die Verwitterung und der Sedimenttransport vollzogen sich unter Einwirkung der noch sauerstoffarmen, reduzierenden Atmosphäre (Abb. 94).

Der archäische Vulkanismus der Erde hatte ein Gegenstück in den vulkanischen Eruptionen des Mondes (4,6 bis 3 Mrd. J.). Die irdischen Grünstein-Zonen sind evtl. als Äquivalente der lunaren Maria aufzufassen. Sie können aber auch von subduzierter, peridotitischer Lithosphäre gelöst und granitischen Kernen angelagert worden sein.

Vor 2,7 bis 2,5 Mrd. Jahren ist die Entstehung der kontinentalen Kruste offenbar weitgehend abgeschlossen gewesen. Diese Periode ist eine der bedeutendsten Episoden in der Geschichte der Erdkruste und hat ihre Spuren in nahezu allen Kontinenten hinterlassen.

2. Mittelpräkambrium (2,6–1,8 Mrd. J.)

Die Verbreitungsgebiete des Mittelpräkambriums (Altproterozoikums) heben sich deutlicher ab und sind klarer abzugrenzen als die altpräkambrischen Kerne. Gesteine mit Altern zwischen 2,5 bis 1,8 Mrd. Jahren sind in allen Kontinenten verbreitet. Im Proterozoikum zeichnen sich alte Kontinentalkerne (Kratone) ab, die aus komplexen Granit- und Migmatit-Gebieten mit eingeschalteten Grünstein-Zonen bestehen. Solche Krusteile sind in den letzten 2,5

Mrd. Jahren tektonisch-thermisch nahezu unberührt geblieben. Sie wurden lediglich von periodischen Hebungen und Senkungen erfaßt, die einen Spalten-Vulkanismus hervorriefen.

Die archäischen Kratone sind von ensialischen Mobilzonen umgeben, die sich durch hochgradige Metamorphose und eine komplexe Geschichte auszeichnen. In ihnen ist das Nacheinander von Sedimentation, Faltung und magmatischen Intrusionen deutlich zu erkennen. Der Verlauf dieser P r o t o r o g e n e s e n kann aber sehr häufig nur bruchstückhaft rekonstruiert werden und ist nicht ohne weiteres mit den jungen Gebirgsbildungen vom pazifischen oder mediterranen Typ zu vergleichen.

Die magmatischen Gesteine des Mittelpräkambriums besitzen eine große Variationsbreite und lassen eine Unterscheidung von syn- und postkinematischen Intrusionen zu. In den vulkanischen Gesteinsfolgen sind u. a. kontinentale Tholeiitbasalte, Andesite, Trachyte und Rhyolithe zu finden.

Vorgänge von mehr lokalem Ausmaß sind einzelne thermische Ereignisse (1,9 Mrd. J.) und die damit verbundene Bildung noritischer Schmelzen (Sudbury, Bushveld). Sie werden mit impact-Ereignissen in Zusammenhang gebracht und sprechen dann dafür, daß immer noch große Meteorite die Erdoberfläche trafen.

Neben den Mobilzonen mit ihren mächtigen klastischen Sedimentfolgen und Vulkaniten (> 10 000 m) existierten ausgedehnte epikontinentale Ablagerungsräume (Schelfe), in denen neben Grauwacken nun Sedimente wie Quarzite, Dolomite, Kalke, Kieselschiefer und eisenreiche Sedimente entstanden.

Im B a l t i s c h e n S c h i l d gehören die Marealbiden, Svekofenniden und die Kareliden ins Altproterozoikum.

In den Svekofenniden Skandinaviens bestanden weithinziehende geosynklinale Tröge (Tampere-Schiefer, Leptit-Hälleflint-Serie), deren Gesteine heute stark migmatitisiert und mit verschieden alten Graniten durchsetzt sind (Uppsala-Granit, Stockholm-Granit, Rapakivi-Granit).

Weiter im Osten folgt die Karelidische Zone in mehr miogeosynklinaler Ausbildung. Hier liegen Schiefer-, Quarzit- und Kalkserien diskordant auf älterem Basiskristallin (Saamiden). Bemerkenswert sind fossile Bitumina (Schungite) und sedimentäre Hämatit-Magnetiterze.

Einer anorogenen Intrusionsphase zwischen 1,6 und 1,4 Mrd. Jahren gehören die Småland-, die Vermland-Granite und die Rapakivi-Granite an.

Die mittelpräkambrische Kriwoi-Rog-Gruppe des U k r a i n i s c h e n S c h i l d e s setzt sich u. a. aus Vulkaniten und reichen Hämatit-Magnetiterzen zusammen, die sich im Untergrund weit nach Norden (Magnetanomalie von Kursk) verfolgen lassen. Die Gesteine wurden in N-S streichende Falten gelegt (Saksaganiden) und lassen sich mit den Kareliden des Baltischen Schildes in Verbindung bringen (Abb. 6).

Im K a n a d i s c h e n S c h i l d wurde im Verlauf der Penokean-Orogenese (1,8–1,9 Mrd. J.) die Huron-Geosynklinale (2,3–2,2 Mrd. J.) des Lake-Superior-Gebietes gefaltet. Das untere Huron enthält gold- und uranführende Quarzkonglomerate (Blind River), das mittlere und obere Huron die reichen Eisenlagerstätten des nordamerikanischen Seengebietes. Auch hier entstanden im Verlauf einer anorogenen magmatischen Phase (1,5 Mrd. J.) u. a. Rapakivi-Granite.

Aus S c h o t t l a n d ist das altproterozoische Laxfordian bekannt.

In S ü d a f r i k a haben die mächtigen Sedimente des Witwatersrand-Beckens mit gold- und uranführenden Quarzkonglomeraten mittelpräkambrisches Alter. Das überlagernde Ventersdorp-System enthält bis 2000 mächtige andesitische und basaltische Laven. Darüber folgt diskordant das Transvaal-System (9000 m) mit Dolomiten, gebänderten Eisenerzen und Tilliten. Mit ihm steht der mächtige Bushveld-Pluton (1,9 Mrd. J.) in Kontakt.

In W e s t a f r i k a (Liberia) zeichnen sich magmatische Ereignisse (2,1–1,8 Mrd. J.) ab, die mit solchen im Guayana-Schild Südamerikas parallelisiert werden können.

In O s t a f r i k a wurden die Limpopo-Zone (2 Mrd. J.) und die Ubendian-Zone (1,8–1,5 Mrd. J.), in Südamerika der Barama-Mazurani-Trog (2 Mrd. J.) gefaltet.

In Australien ergeben sich für Gneise und Granite des Kimberley-Gebietes Alter von 1,9 bis 1,8 Mrd. Jahre. Mittelpräkambrische Gesteine (1,8–1,5 Mrd. J.) sind auch aus der Antarktis bekannt.

Ein besonderes Merkmal des Mittelpräkambriums ist die weltweite Verbreitung mächtiger Eisenerzlager. Der für die Bildung von Hämatit und Magnetit erforderliche Sauerstoff muß in den Meeren bereits vorhanden gewesen sein, als die Atmosphäre noch reduzierenden Charakter hatte (Abb. 94).

Die letzte und mengenmäßig bedeutendste Phase der Erzbildung liegt zwischen 2,2 bis 1,9 Mrd. Jahren.

Die ersten oxidierten terrestrischen Rotgesteine erscheinen etwa zur gleichen Zeit (Abb. 94). Etwas früher finden sich die letzten großen Vorkommen detritischen Pyrits und Uraninits in ehemaligen Flußsedimenten (2,3–2,1 Mrd. J.).

Abgesehen von einigen Tilliten, wie z. B. in der Gowganda-Serie des Hurons („Lake Superior Vereisung" 1,95 Mrd. J.) gibt es keine Hinweise auf Klimadifferenzierungen. Bitumengesteine zeugen für eine rege Produktion von Biomasse in den Meeren.

Das frühe Proterozoikum ist die Zeit der ersten Verbreitung stromatolithischer Kalke. Außerdem finden sich die ersten strukturell erhaltenen Mikroorganismen (2,25 Mrd. J.).

3. Jungpräkambrium (1800–570 Mio. J.)

Im Jungpräkambrium (oberes Proterozoikum) fand die Konsolidierung der alten Plattformen ihren Abschluß. Infolge der thermisch-mechanischen Aktivität des Erdmantels bildeten sich intrakontinentale Orogenzonen. Vertikale Krustenbewegungen brachten weite Bereiche hochmetamorpher Gesteine an die Oberfläche (Anteklisen), während zugleich weitspannige Becken (Syneklisen) einsanken. Die Krustenverbiegungen wurden von einem Spaltenvulkanismus und differenzierten Intrusionen begleitet.

Die beginnende Zerspaltung des Baltischen Schildes ging beispielsweise mit dem subjotnischen und jotnischen Vulkanismus Hand in Hand. Gleichzeitig lagerten sich in Becken und Gräben die Rotsedimente des Jotniums ab. Im Südwestteil des

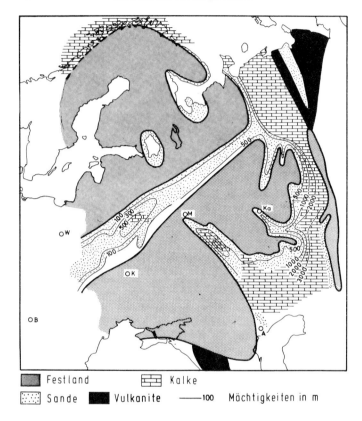

Abb. 8. Paläogeographie und Gesteinsfazies der Osteuropäischen Plattform im frühen Riphaikum (1,6–1,4 Mrd. J.) (n. KELLER 1968).
A Astrachan, B Budapest, K Kiew, Ka Kasan, M Moskau, W Warschau. Neben den Aulakogenen in der Plattform sind bereits ausgeprägte Randsenken vorhanden.

Schildes drangen die überwiegend anorogenen gotidischen Granite (1500–1380 Mio. J.) auf. In Südnorwegen ist die svekonorwegische „Rejuvenation" durch Gesteinsalter zwischen 1100 und 900 Mio. J. belegt.

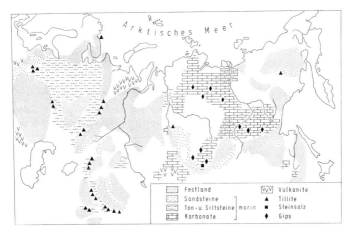

Abb. 9. Paläogeographie Eurasiens zur Zeit des Wendiums (675–570 Mio. J.) (n. KELLER u. a. 1968).

Auf der Russischen Tafel sanken während des unteren Riphäikums schmale, tiefe Furchen (Aulakogene) ein (Abb. 8). Nach Abschluß der Owrutsch-Faltung (1,5–1,2 Mrd. J.) breiteten sich riphäische Tafelsedimente (Polessje-, Patschelma-, Waldai-Serie) über dem alten Fundament aus. Sie bedecken auch weite Teile Sibiriens (Abb. 9).

In Mitteleuropa ist eine zusammenhängende präkambrische Kristallinbasis nicht vorhanden. Reste einer solchen blieben u. a. in der Bretagne (Pentévrien 1,2–0,9 Mrd. J.) erhalten. Darüber liegen die teilweise (assyntisch) gefalteten Sedimente und Vulkanite des Briovérien.

Ähnliche Grauwacken, Phyllite, Kieselschiefer, Konglomerate und spilitische Laven finden sich in Böhmen, Sachsen und in Spanien, höher metamorph auch im Schwarzwald, in den Vogesen und im Französischen Zentralmassiv.

Sie gehörten offenbar einem System von geosynklinalen Randsenken und -becken an, die die Europäische Plattform umgaben und mit vulkanischen Inselbögen durchsetzt waren.

Über den Basisgneisen S c h o t t l a n d s liegen die 6000 m mächtigen Rotsedimente des Torridonian (1 Mrd. J.). In N o r d a m e r i k a enthalten die mächtigen Rotsedimente und Laven (Olivintholeiite, Andesite, Rhyolithe) des Keweenawan in Michigan reiche Kupfererze. Während sich im Süden Nordamerikas das Elsonian-Ereignis (anorogener Plutonismus) auswirkte, wurde der Südostrand des Kanadischen Schildes später durch die Grenville-Orogenese (1,2–1 Mrd. J.) gefaltet.

Vor etwa 850 Mio. J. scheint sich in Nordamerika eine Änderung des tektonischen Bewegungsstils vollzogen zu haben. Während vorher tiefe epikratonische Tröge mit mächtigen Sedimenten aufgefüllt wurden, säumten jetzt miogeosynklinale Zonen die alte Plattform. Am Ostrand entstand der Appalachen-Trog, im Westen sank der Kordilleren-Trog ein.

Die klastische Ocoee-Serie der Südappalachen ist mehr als 10 000 m mächtig.

Die Belt-Serie (13 000 m) des Kordilleren-Troges besteht aus Konglomeraten, Sandsteinen und Tonschiefern, die in den östlichen Randzonen von einer Kalkfazies abgelöst werden. Die Gesteine enthalten Algenkalke und Fossilreste (S. 44).

Auch auf den S ü d k o n t i n e n t e n , einschließlich der Antarktis, hinterließen jungpräkambrische Gebirgsbildungen und Metamorphosen ihre Spuren. Hier bietet sich insbesondere das Bild eines altpräkambrischen Schollenmosaiks, das durch jüngere Mobilzonen vielleicht erneut zu einem Großkontinent verschmolz. Tafelsedimente sind weit verbreitet.

An der Wende P r o t e r o z o i k u m / K a m b r i u m waren die Leitlinien für die weitere tektonische Geschichte der Erdkruste festgelegt. Es existierten ausgedehnte kristalline Plattformen (Spaltenvulkanismus, Alkaligesteine) und ein System geosynklinaler Senkungszonen, das teils noch während des Proterozoikums, teils erst im Paläozoikum gefaltet wurde. Auswirkungen der a s s y n t i s c h e n bzw. b a i k a l i s c h e n F a l t u n g am Ende des

Proterozoikums sind in der Normandie, in Böhmen, im Timan, im Ural, im Baikal-Gebiet u. a. O. zu erkennen (Abb. 52).

Ob bereits eine Zerlegung kontinentaler Krustenteile durch Riftbildung (S. 234) im Gange war, ist nicht sicher zu sagen. Aulakogene sprechen dafür. Der Zerfall großer Kontinentalmassen im folgenden Phanerozoikum ereigneten sich aber an linearen Mobilzonen, die eine mehrfache tektonisch-thermale Reaktivierung erlebten und in manchen Fällen bis weit in das Präkambrium zurückzuverfolgen sind.

Infolge der weiten vegetationslosen Kontinentalflächen erhöhte sich der Anteil gut sortierter Sedimente (Quarzite, Tonschiefer) im Jungpräkambrium deutlich. Die auf allen Kontinenten vorhandenen Rotsedimente (Jotnium, Torridonian, Keweenawan, Vindhyan) sprechen für den Anstieg des Sauerstoffgehaltes in der Atmosphäre. Gleichzeitig scheint sich der CO_2-Gehalt durch die Pufferung des Meerwassers und die Bindung an karbonatische Sedimente stark vermindert zu haben (Abb. 94).

Der Wasserinhalt und der Salzgehalt der Ozeane entsprach etwa dem der heutigen Meere. Vom mittleren Riphäikum an waren Stromatolithe weit verbreitet. Aus dem späten Riphäikum sind auch Eumetazoen bekannt.

Auf allen Kontinenten häufen sich in den jungpräkambrischen Schichten die Anzeichen einer deutlichen K l i m a - d i f f e r e n z i e r u n g. Salinare Abfolgen sprechen für aride Bereiche (Abb. 9). Die Verbreitung biogener Kalke setzt warme Meere voraus. Auf allen Kontinenten finden sich aber auch die Zeugen kalten Klimas und ausgedehnter Vereisungsgebiete (720–570 Mio. J.).

In Europa lagen vermutlich die Europäische Plattform und Teile im Norden Großbritanniens unter Inlandeisbedeckung. Marine Glazialablagerungen sind u. a. in Schottland, Nordirland und in der Sparagmit-Zone Skandinaviens erhalten. Aus der Normandie und Böhmen kennt man tillitähnliche Gesteine.

Die Kälteperioden erreichten offenbar an der Wende Proterozoikum/Kambrium einen Höhepunkt. Das Nebeneinander verschiedener Klimazeugen und ausgedehnter Vereisungsspuren kann u. a. mit einer größeren Ekliptikschiefe erklärt werden (WILLIAMS).

4. Die Präkambrische Lebewelt

Spuren organischen Lebens sind in den archäischen Gesteinen noch selten. Einen indirekten Hinweis liefern die gebänderten Eisenerze, deren Sauerstoffgehalt auf die Lebenstätigkeit sauerstoffproduzierender photoautotropher Organismen zurückgeführt werden kann.

Darüber hinaus sprechen die in archäischen Sedimenten enthaltenen Aminosäuren, Kohlenwasserstoffe, Fettsäuren, Porphyrine und andere organische Verbindungen, sowie das $^{13}C/^{12}C$-Verhältnis in biogenen Kohlenstoffbildungen für eine biologische Aktivität vor etwa 3,3–3 Mrd. J. Zu dieser Zeit existierten vermutlich bereits anaerobe mikroskopische Prokaryoten[3] und vielleicht auch bakterienähnliche Autotrophe.

Abb. 10. Fossilien des Präkambriums, F u n g i (Pilzsporen?): 1. *Polycellaria bonnerensis* PFLUG, × 900, Belt-Serie, Kanada.
A l g a e : 2. *Filamentella plurima* PFLUG, × 900, Belt-Serie, Kanada.
S t r o m a t o l i t h e n (Algenkalk): 3. *Collenia symmetrica* FENT. & FENT., verkl., Belt-Serie, N-Amerika, 4. *Conophyton garganicus* KOR., 1 : 4,5, Unt. Riphäikum, Ural, Sibirien, 5. *Kussiella kussiensis* (MASL.), 1 : 4,5, Unt. Riphäikum, Ural, Sibirien, 6. *Tungussia nodosa* SEMIKH., 1 : 4,5, Mittel-Riphäikum, Sibirien, 7. *Baicalia baicalica* KRYL., 1 : 7, Mittel-Riphäikum, Ural, Sibirien, Australien, 8. *Inseria tjomusi* KRYL., 1 : 7, Ober-Riphäikum, Sibirien, 9. *Gymnosolen ramsayi* STEINM., 1 : 7, Ober-Riphäikum, Ural, Spitzbergen, Australien, 10. *Minjaria uralica* KRYL., 1 : 7, Wendium, Sibirien, Spitzbergen, Australien, 11. *Boxonia grumulosa* KOM., 1 : 7, Wendium, Sibirien, Spitzbergen, 12. *Jurusania sibirica* (YAK.), 1 : 7, Wendium, Sibirien.
A n n e l i d a : 13. *Spriggina floundersi* GLAESSN., 1 : 1, Australien (Ediacara), 14. *Dickinsonia minima* SPRIGG, Australien (Ediacara).
C o e l e n t e r a t a (O c t o c o r a l l i a) : 15. *Rangea longa* GLAESSN. & WADE, 1 : 4,5 (rekonstr.), Australien (Edicara); (S c y p h o z o a ?) : 16. *Mawsonites spriggi* GLAESSN. & WADE, Australien (Ediacara).
B r a c h i o p o d a : 17. *Lingulella montana* FENT. & FENT., 1 : 1,7, Belt-Serie, Nordamerika.
U n b e k a n n t e s y s t e m a t i s c h e S t e l l u n g : 18. *Tribrachidium heraldicum* GLAESSN., 1 : 1,5, Australien (Ediacara).
Falls nicht anders angegeben, sind die Fossilien, auch die der folgenden Tafeln, auf ca. 1 : 2 verkleinert.

---

[3] Prokaryoten = Zellkernlose Organismen.

Die präkambrische Lebewelt 43

Daneben sind verschiedene mikrofossilartige Objekte bekannt, die teils sphäroidische, teils fadenförmige oder coccoidale Formen, aber noch keine komplexen Strukturen aufweisen (Fig-Tree-Serie) u. a.

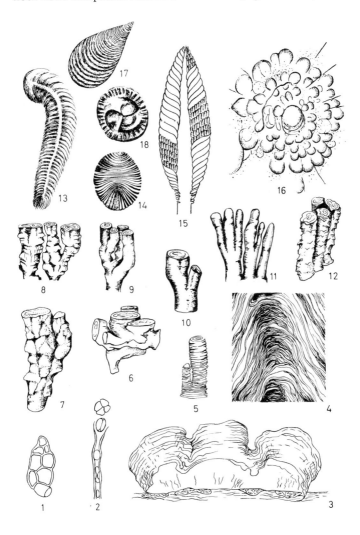

Sie erinnern vielmehr an die sphäroidischen Strukturen, die im Laboratorium abiotisch erzeugt wurden und zwar unter Bedingungen, die auf der frühen Erde geherrscht haben könnten. Ähnlichkeit besteht auch mit Strukturen, die aus kohlenstofführenden Meteoriten bekannt sind. Solche „o r g a n i z e d s t r u c t u r e s" (Archaeosphaeroides) werden u. a. aus der Fig-Tree-Serie Südafrikas beschrieben.

Das Auftreten zahlreicher, verschiedenartiger und morphologisch komplexer Mikroorganismen in Ablagerungen des früheren Proterozoikums bezeugt eine lange vorbiologische und biologische Entwicklung im Archäikum.

Das gilt auch für die Stromatolithe, biogene Sedimentstrukturen, die durch die Lebenstätigkeit von Blau-Grünalgen entstanden und auch aus der jüngeren Erdgeschichte bekannt sind. Die bisher ältesten Vorkommen stammen aus Kalksteinen des Bulawayan-Systems Rhodesiens (2,9–3,2 Mrd. J.).

Die anthrazitischen Kohlen der Michigamme-Schiefer (2,5–1,7 Mrd. J.) Nordamerikas entstammen einer Algenvegetation. In der Gunflint-Formation (1,9 Mrd. J.) des Hurons wurden Zysten von Blau- und Grünalgen sowie Pilz- und Flagellaten-Reste entdeckt.

Da organische Weichkörper kaum erhaltungsfähig sind, ist das erste Auftreten der ältesten E u m e t a z o e n noch unsicher. Sie beanspruchen für ihren Stoffwechsel einen erhöhten Sauerstoffgehalt der Luft. Die bekannten Vorkommen liegen in etwa 700 Mio. J. alten Gesteinen. Es finden sich C o e l e n t e r a t e n , A n n e l i d e n und heute unbekannte Formen, die phylogenetischen Seitenzweigen angehörten und noch im Präkambrium ausstarben. Metazoen sind aus Nordamerika, Australien (Ediacara), Afrika, England und Nordsibirien bekannt (Abb. 10). Ein Teil der Fundschichten ist aber vermutlich bereits ins frühe Kambrium zu stellen.

Hornschalige Brachiopoden (Lingulella montana) wurden in der Belt-Serie gefunden und sind neuerdings auch aus Gesteinen (720 Mio. J.) der kanadischen Insel Viktoria bekanntgeworden.

Präkambrische L e i t f o s s i l i e n gibt es bisher nicht. Stromatolithe eignen sich aber anscheinend zur Korrelation jungpräkambrischer Schichtfolgen. Auch Algenstrukturen (Onkolithe, Cathagraphia) sind vielleicht dafür verwendbar. Im Jung-Riphäikum wurde auch mit Hilfe von Sporomorphen und Palynomorphen eine stratigraphische Parallelisierung versucht.

5. Bodenschätze

Die polyzyklischen geochemischen Prozesse während der frühen Entwicklung der Erdkruste führten zu großen Erzanreicherungen. Die präkambrischen Schilde sind daher im wahrsten Sinne des Wortes „Schatzkammern" der Erde.

Im Archäikum sind die Grünstein-Zonen (Greenstone-belts) besonders erzreich. Die Hauptmasse der Lagerstätten scheint mit einem Magmenaufstieg aus dem oberen Mantel zusammenzuhängen.

Es läßt sich folgende Gruppierung vornehmen:

1. In den Vulkanitabfolgen der Grünstein-Zonen
   a) Sulfidische und oxidische Lagerstätten mit Cu, Ni, Au, Sb, As, W, im räumlichen, zeitlichen und genetischen Zusammenhang mit basischen bis sauren Vulkaniten: Swaziland-System (Südafrika) mit der größten Sb-Lagerstätte der Erde in der Murchison Range sowie mit den ältesten Goldvererzungen im Barberton Mountain Belt (ca. 3400 Mio. J.), Bulawayan-System (Rhodesien), Slave-Gebiet und Abitibi-Zone (Kanada), Pilbara-Block (Australien).
   b) Quarzgebänderte, eisenführende, sedimentäre Lagerstätten in Wechselfolgen mit Vulkaniten (Algoma-Typ): Die wahrscheinlich ältesten Erze dieses Typs sind in der Isua-Serie Grönlands (mehr als 3700 Mio. J.) und im Sebakwian-System (Rhodesien) enthalten.

2. In ultrabasischen und basischen Intrusivgesteinen
   a) Chromite in stratiformen Peridotit-, Pyroxenit- und Anorthositkomplexen: Fiskenaesset (Grönland), Selukwe (Rhodesien).
   b) Ni-Cu-Vererzungen in ultrabasischen und basischen Gesteinskörpern: Insizwa (Südafrika), Shagani (Rhodesien), Selebi-Pikwe (Botswana), Orissa (Indien), Kanada.

Die letzte ausgedehnte Phase des Grünstein-Zonen-Vulkanismus scheint zwischen 2,7 und 2,6 Mrd. J. erfolgt zu sein. Mit Beginn des

Proterozoikums erschienen dann in größerem Umfang auch Cu-Pb-Zn-Vererzungen.

Die Haupterzvorkommen im Proterozoikum:

1. Verbreitete, schichtgebundene Erzlagerstätten mit Cu-Pb-Zn-Fe (Buntmetall-führende Kieslagerstätten) häufig in vulkanischen Gesteinsserien: Pofadder (Südafrika), Broken Hill und Mount Isa (Australien).
Vererzungen in Basaltergüssen: Cu-Erze (Michigan).

2. Erze in intrusiven magmatischen Gesteinskomplexen
    a) Vererzungen mit Cr, Pt-Metallen, Au, Cu, Ni, Fe, V, Ti in differenzierten, ultrabasischen bis basischen Gesteinskörpern: Bushveld-Komplex (Südafrika), Great Dyke (Rhodesien), Stillwater-Komplex (USA), Nipissing-Diabas (Kanada), Sudbury (Kanada). Als Ursache für die große Ni-Cu-Lagerstätte Sudbury wird u. a. ein Meteoreinschlag vermutet.

    b) In Pegmatiten, Karbonatiten und Alkalikomplexen: Li, Be, Sn, W, Mo, U, Cu, Nb, Ta, Seltene Erden, Apatit: Kola-Halbinsel (UdSSR), Kamativi (Rhodesien), Phalaborwa (Südafrika), SW-Afrika, Angola, Mocambique, Brasilien, Kanada.

    c) Diamanten in Kimberliten: Einige Kimberlit-Schlote ergaben mittelproterozoische Alter. Diamant-Seifen finden sich bereits in frühproterozoischen Sedimenten.

3. Sedimentäre Lagerstätten
    a) Gold und/oder Uranerze: Diese Au- und U-Mineralisationen entstanden unter den besonderen Bedingungen der Uratmosphäre in fluviatilen Quarzkonglomeraten und Sanden: Witwatersrand (Südafrika), Blind River (Kanada), Jacobina (Brasilien).

    b) Uranvererzungen und U-Ni-Vorkommen wahrscheinlich deszendenter Entstehung: Nord-Saskatchewan, Nord-Australien.

    c) Kupfer-Kobald-Erze: „Kupfergürtel" in Zambia und Zaire.

    d) Quarzgebänderte, eisen- und manganführende, sedimentäre Lagerstätten ohne erkennbare Beziehung zu Vulkaniten (banded iron formation, Lake Superior Typ).

Eisen und Mangan wurden offenbar bei der Verwitterung weiter Kontinentalflächen frei. Die besonderen Bedingungen des Proterozoikum mit reduzierender Atmosphäre sowie steigenden pH- und E_h-Werten im Meerwasser ermöglichten lange Stofftransporte und die Eisen- bzw. Manganerzbildung in weiten Meeresgebieten:

Lake Superior Gebiet (USA und Kanada), Kriwoi Rog, Kursk (UdSSR), Mittelschweden, Sydvaranger (Norwegen), Minas Gerais (Brasilien), Cerro Bolivar (Venezuela), Singhbum (Indien), Westaustralien, Südafrika, Mandschurei. Es handelt sich häufig um Riesenlagerstätten. Allein die hierhergehörigen Eisenerzvorräte Brasiliens sollen 13 Mrd. t mit 60 % Fe umfassen. Manganerze (Gondite) sind teils als eigene Erzkörper entwickelt, teils treten sie zusammen mit gebänderten Eisenerzen auf: Urucum (Brasilien), Postmasburg-Sishen (Südafrika), Indien.

C. Das Paläozoikum (570–230 Mio. J.)

1. Kambrium (570–500 Mio. J.)

Der Formationsname stammt von A. SEDGWICK (1835); „*Cambria*" römische Bezeichnung für Nordwales (Tab. 4).

a) Pflanzen- und Tierwelt

In den Schichten des Kambriums tritt uns e r s t m a l s eine r e i c h e f o s s i l e L e b e w e l t entgegen. Darunter sind alle wichtigen Tiergruppen, wenn auch mit einfacheren Bauformen, bis auf die Wirbeltiere vertreten. Den Hauptanteil der ausschließlich marinen Fauna bildeten die Trilobiten (60 %) und die Brachiopoden (30 %). Das Kambrium ist daher die erste Formation, in der eine biostratigraphische Gliederung durchzuführen ist. Hinweise auf terrestrisches Leben fehlen noch.

Die kalkabscheidenden C y a n o p h y c e e n *(Cryptozoon)* waren wichtige Gesteinsbildner.

Es traten P r o t o z o e n (Foraminiferen, Radiolarien), K i e s e l - und K a l k s c h w ä m m e auf. Als Riffbildner erschienen die den Schwämmen nahe stehenden A r c h a e o c y a t h i d e n. Sie blieben im wesentlichen auf das Unterkambrium beschränkt und starben noch im Kambrium oder kurz danach aus.

Medusenartige S c y p h o z o e n *(Medusites)* findet man als Abdrücke in Sandsteinen. Der gleichen Tierklasse gehörten vermutlich auch zartwandige Chitinhohlkegel *(Conularia)* an.

Anscheinend waren auch schon die ersten tabulaten Korallen vorhanden.

Die B r a c h i o p o d e n bildeten schloßlose (Inarticulata), hornschalige Formen *(Lingulella),* aber auch schloßtragende (Articulata), kalkschalige Formen *(Orusia).* Die Kalkschaler wurden im Oberkambrium häufiger und erlangten im Ordovizium die Vorherrschaft.

Die Lebensspuren von G r a b w ü r m e r n *(Skolithos, Diplocraterion)* sind in Sandsteinen weit verbreitet.

Während M u s c h e l n noch kaum zu finden sind, bildeten die G a s t r o p o d e n bereits eine formenreiche Gruppe. Neben den Napfschnecken *(Scenella)* waren planspiral gewundene Gehäuse und im Oberkambrium auch trochospirale *(Pleurotomaria)* vorhanden.

Abb. 11. Fossilien des Kambriums. T r i l o b i t a : 1. *Fallotaspis tazemmourtensis* HUPE, U.-Kambrium, 2. *Olenellus thompsoni* (HALL) 1 : 3,5, U.-Kambrium, 3. *Paradoxides bohemicus* BARR., 1 : 4,5, M.-Kambrium; 4. *Olenus truncatus* BRÜNNICH, Ob.-Kambrium; 5. *Agnostus pisiformis* LINNÉ, × 1,5, Ob.-Kambrium.
P r o t a r t h r o p o d a : 6. *Aysheaia pedunculata* WALCOTT (rekonstr.), M.-Kambrium.
M a l a c o s t r a c a : 7. *Hymenocaris vermicauda* SALT., Ob.-Kambrium.
A r c h a e o c y a t h a : 8. *Thalamocyathus trachealis* (TAYLOR), U./M.-Kambrium; 9. *Syringocnema favus* TAYLOR, U./M.-Kambrium.
C e p h a l o p o d a : 10. *Volborthella tenuis* FR. SCHMIDT, U.-Kambrium.
G a s t r o p o d a : 11. *Scenella discinoides* FR. SCHMIDT, U.-Kambrium.
P t e r o p o d a (?) : 12. *Hyolithes parens* BARR., M.-Kambrium.
L a m e l l i b r a n c h i a t a : 13. *Lamellodonta simplex* VOGEL, M.-Kambrium.
B r a c h i o p o d a : 14. *Lingulella davisi* M'COY, Ob.-Kambrium, 15. *Orusia lenticularis* (WAHLENBG.), × 2, Ob.-Kambrium.
P e l m a t o z o a (C a r p o i d e a) : 16. *Trochocystites bohemicus* BARR., M.-Kambrium.
H y d r o z o a (Medusae inc. sed.): 17. *Spatangopsis costata* TORELL, U.-Kambrium.

Die nur wenige Millimeter lange *Volborthella* aus dem Unterkambrium gehört offenbar nicht zu den Stammformen der Cephalopoden. Sichere Nautiloideen waren die Plectronoceratiden *(Plectronoceras)* des Oberkambriums mit schwach gekrümmten Gehäusen.

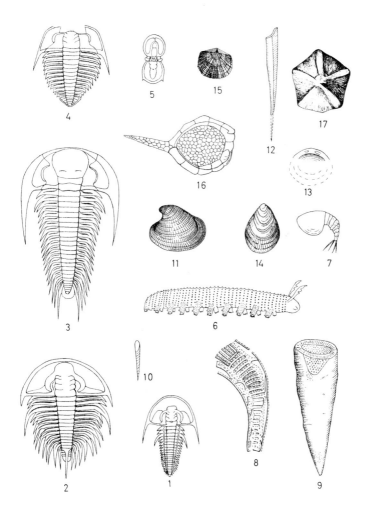

Die Protoarthropoden *(Aysheaia)* nahmen phylogenetisch eine Stellung zwischen den Anneliden und den Arthropoden ein.

Die Arthropoden stellten mit den T r i l o b i t e n die größten Lebensformen *(Paradoxides harlani* 45 cm). Zwei Drittel der Triboliten-Familien starben am Ende des Kambriums wieder aus.

Es lebten bereits echte C h e l i c e r a t e n *(Aglaspis)* und C r u s t a c e e n *(Hymenocaris).* Von den E c h i n o d e r m e n erlangten gestielte Formen *(Trochocystites)* Bedeutung. Im Mittelkambrium waren auch bereits die ersten G r a p t o l i t h i n a vorhanden.

Vom Oberkambrium an wurden auch die C o n o d o n t e n häufiger.

Die wichtigsten L e i t f o s s i l i e n des Kambriums sind die Trilobiten (Abb. 11).

Die Entwicklung dieser hoch differenzierten Lebewelt muß weit in das Präkambrium zurückreichen. Ihre Überlieferung wurde erst durch die im Kambrium einsetzende Bildung von Phosphat- und Kalkschalen möglich. Vielleicht bildet die Abnahme des CO_2-Gehaltes (Ansteigen des pH-Wertes) im Meerwasser eine der Ursachen für die Produktion organischer Hartteile.

b) Paläogeographie

Mit Beginn des Kambriums gerieten die im Jungproterozoikum aufgestiegenen Landgebiete wieder weithin unter Meeresbedeckung.

Die Gliederung und Verteilung der Kontinente unterschied sich grundlegend vom derzeitigen Erdbild. Die heutigen Südkontinente bildeten eine mehr oder weniger zusammenhängende Landmasse auf der Südhalbkugel, während Europa, Mittel- und Ostasien als ge-

Tabelle 4. Gliederung des Kambrium. ⟶
Abkürzungen in den Tabellen

Ger	= Gerölle	Schf	= Schiefer
Kgl	= Konglomerat	Sd	= Sande
Kk	= Kalke	Sdst	= Sandsteine
Mgl	= Mergel	Sh	= Shales
Sch, S.	= Schichten	ST	= Stufe

	ohne Trilobiten	Olenelliden	Protoleniden	oelandicus	paradoxissimus	forchhammeri	Olenus	Parabolina	Leptoplastus	Peltura	Acerocare
Abteilung	Unterkambrium	Unterkambrium	Unterkambrium	Mittelkambrium	Mittelkambrium	Mittelkambrium	Oberkambrium	Oberkambrium	Oberkambrium	Oberkambrium	Oberkambrium
Stufen/Zonen	ohne Trilobiten	Olenelliden	Protoleniden	*Paradoxides* oelandicus	*Paradoxides* paradoxissimus	*Paradoxides* forchhammeri	Olenus	Parabolina	Leptoplastus	Peltura	Acerocare
Wales	2500m Harlech Grits	2500m Harlech Grits	Caerfai Group	Solva Group	Solva Group	230m Menevian Group	1200m Lingula Flags	1200m Lingula Flags	1200m Lingula Flags	1200m Lingula Flags	1200m Lingula Flags
Schonen	25m Hardeberga-Quarzit Brantevik-Sdst.	4m Norretorp Sandstein	3m Rispebjerg Sandstein; 2m Grauwacken-Schiefer	Untere Alaun-Schiefer 1–12 m / exsulans-Kalk	Andrarum-Kalk	Obere Alaun-Schiefer	20–60 m Alaun-Schiefer	20–60 m Alaun-Schiefer	20–60 m Alaun-Schiefer	20–60 m Alaun-Schiefer	20–60 m Alaun-Schiefer
Armorik. Massiv	(assynt. Diskordanz)	Rote Kongl.	Kalke	Rote Stromato-lithen	Schiefer mit Stromato-lithen	Rote Schiefer u. feldspatführende Sandsteine	600–750 m				
Böhmen	?		Grauw. Sandst.	2500 m Kongl.	2500 m Kongl.	400 m Schiefer v. Jince u. Skryje	Kongl.	500 m Strašice Vulkanite	500 m Strašice Vulkanite	500 m Strašice Vulkanite	
Frankenwald				Galgenberg-Sch. Tiefenbach-Sch. 100 m	Wildenstein-Schichten 100 m; Triebenreuther Schichten 50 m; Lippertsgrüner Schichten 150 m; Bergleshof-Sch. 100 m	?	Frauenbach Serie (z.T.)	Frauenbach Serie (z.T.)	Frauenbach Serie (z.T.)		
Lausitz	Archaeocyath.-Kalke und Vulkanite	Archaeocyath.-Kalke und Vulkanite	Eodiscus-Sch.; Protolenus-Mgl.	1000 m Grünschiefer — Bober Katzb. Geb.	1000 m Grünschiefer — Bober Katzb. Geb.	?					

570 Mio. J. — 500 Mio. J.

52 Das Paläozoikum

trennte Teilschollen der Nordhemisphäre angehörten. Zwischen Europa und Afrika kann eine breite ozeanische Zone (Prototethys) bestanden haben. Nordamerika wurde durch einen Protoatlantik (Iapetus) von Europa getrennt (Abb. 15).

Der Baltische Schild im Norden Europas wurde im Süden und Osten von einem Flachmeer überflutet, während sich an seinem

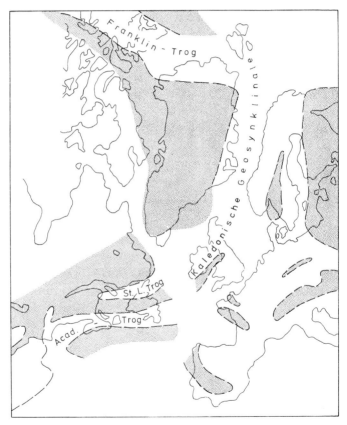

Abb. 12. Meeresverbreitung zur Zeit des Kambriums im Bereich des Nordatlantiks.

Nordwestrand die Kaledonische Geosynklinale einsenkte (Abb. 12).

Charakteristische Ablagerungen dieses Baltischen Meeres sind die blauen Tone von Leningrad und Sandsteine. Die Sande (Hardeberga-Sandstein) längs der schwedischen Küste weiter im Westen enthalten mannigfaltige Spuren kriechender und grabender Bodenbewohner.

Das Meer des Mittel- und Oberkambriums reichte nicht so weit nach Osten. In seinem nur mangelhaft durchlüfteten Becken entstanden bitumen- und schwefelkiesreiche Schlicke, die heute als Alaunschiefer und Stinkkalke vorliegen. Ein Bodenleben konnte sich in diesem lebensfeindlichen Milieu (euxinische Fazies) nicht entfalten.

Der Südostrand der Kaledonischen Geosynklinale zeichnete sich bereits im riphäischen Randtrog des Baltischen Schildes ab. Das Nordwest-Ufer ist in den alten Gneisgebieten der Hebriden erhalten. Die Geosynklinale zog von England über Norwegen, Ostgrönland und Spitzbergen nach Norden und vereinigte sich hier mit dem Franklin-Trog (Abb. 12).

Nach SW bestand vermutlich eine Verbindung zu den kambrischen Trögen in den nördlichen Appalachen (St. Lawrence-, Acadischer Trog).

Die Ablagerungen erreichten in Wales (Anglo-Walisisches Becken) über 5000 m Mächtigkeit.

In Mitteleuropa erstreckte sich ein unterkambrischer Trog von der Lausitz über das Bober-Katzbach-Gebirge ins Polnische Mittelgebirge (Abb. 13).

Im Bober-Katzbach-Gebirge werden Archaeocyathus-Kalke (700 m) von unterkambrischen Eodiscus- und Lusatiops-Schiefern überlagert. Das höhere Kambrium besteht aus mächtigen (1000 m) Diabas-Ergüssen. Schiefer und Sandsteine (1800 m) bilden das Kambrium des Polnischen Mittelgebirges.

Die über das gefaltete Proterozoikum Böhmens übergreifenden mächtigen unterkambrischen Konglomerate haben Molasse-Charakter. Die ersten Trilobiten finden sich in den mittelkambrischen Schiefern von Jince. Im Oberkambrium erfolgten Eruptionen rhyolithischer und keratophyrischer Laven (Strašice-Vulkanite). Wie in

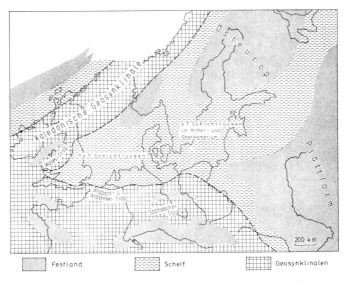

Abb. 13. Paläogeographie in Mitteleuropa im Kambrium (n. R. WALTER).

Böhmen griff auch im Frankenwald das Meer vermutlich erst im Mittelkambrium über.

Weiter im W, im Armorikanischen Massiv, ist das Unterkambrium teils durch Kalke vertreten. Es überlagert cadomisch (assyntisch) gefaltete Basisserien und wird von klastischen Sedimenten mit mittelkambrischen Trilobiten überdeckt. Das Oberkambrium scheint zu fehlen.

Während große Teile der Osteuropäischen Plattform im Kambrium über dem Meeresspiegel lagen (Abb. 13), entstand in Asien die Angara-Geosynklinale. Sie verlief von der Ural-Ostflanke über Ostkasachstan, den Altai und Westsajan zum Jablonoi- und Stanovoi-Gebirge. Im Unterkambrium bildeten sich hier massige Archaeocyathus-Kalke. In Kasachstan wurden Spilite und Keratophyrlaven gefördert. Das Oberkambrium umfaßt klastisch-vulkanogene Serien.

Die Sibirische Plattform ist mit kalkigen Tafelsedimenten bedeckt. Ihre randlichen Teile hingegen werden von bunten, kontinentalen Sandsteinen mit Gips- und Steinsalzlagern eingenommen. Das Archaeocyathiden führende Unterkambrium wird anscheinend konkordant vom Präkambrium (Yudoma Stufe) unterlagert.

Im westlichen Mittelmeergebiet sind kambrische Schichten in Portugal, Spanien, in der Montagne Noire, auf Sardinien und in Marokko zu finden. In Südmarokko treten die unterkambrischen Trilobiten *(Fallotaspis)* früher als in Mittel- und Nordeuropa auf. Die Grenze zwischen Proterozoikum und Kambrium liegt hier innerhalb mächtiger Stromatolithen-Kalke.

Während im mediterranen Unterkambrium Archaeocyathus-Kalke weit verbreitet sind, überwiegen im Mittelkambrium schiefrig-mergelige Sedimente. Die sandige Fazies des Oberkambriums ist geringmächtig und lückenhaft und zeugt von einer beginnenden Landhebung.

Die alte Plattform Nordamerikas war schon im ausgehenden Präkambrium von Randtrögen umgeben (S. 40). In ihnen hielt die Absenkung auch während des Kambriums an (Abb. 12).

Vollständige Schichtfolgen des Kambriums sind im Kordilleren-Trog und Appalachen-Trog zu finden (Waucoban = Unterkambrium, Albertan = Mittelkambrium, Croixian = Oberkambrium). Der Appalachen-Trog, der sich im kanadischen Teil in den Acadischen-Trog und den Sankt-Lorenz-Trog aufgliedert, ist mit klastischen Sedimenten gefüllt. Im Kordilleren-Trog überwiegen Kalke.

Durch günstige Überlieferungsbedingungen blieben in den Burgess-Schiefern des Kordilleren-Troges hauchzarte Abdrücke von Anneliden, Onychophoren *(Aysheaia)* und trilobitenähnlichen Gliedertieren bis in Einzelheiten der Weichteile erhalten.

Gegen Ende des Mittelkambriums griff das Meer aus den Randtrögen auf die zentralen Teile der Nordamerikanischen Plattform über. Die Transgression erreichte erst im unteren Ordovizium ihren Höhepunkt.

Die S ü d k o n t i n e n t e bildeten seit dem Präkambrium einen zusammenhängenden Block, dessen randliche Teile im Kambrium unter Meeresbedeckung lagen.

In Südamerika kennt man Sandsteine und Schiefer des mittleren und oberen Kambriums aus Bolivien und Argentinien. Ablagerungen der kambrischen Meere sind in Mauretanien und der Sahara erhalten. Sie finden sich am Südrand des Toten Meeres und sind aus W-Pakistan (Salt Range) bekannt.

Auch weite Teile Australiens lagen unter dem Meeresspiegel. In den Flachmeeren bildeten sich Archaeocyathiden-Biostrome und rote Lagunenablagerungen (Steinsalz-Pseudomorphosen). Der Flinders- und Amadeus-Trog ist mit mächtigen kambrischen Sedimenten gefüllt. Die Victoria-Tasman-Geosynklinale im Osten des Kontinents enthält eine mächtige Folge submariner basischer Vulkanite.

In der Antarktis fanden sich neben Kalkalgen kambrische Trilobiten und Archaeocyathiden.

c) Klima

Die klastischen und kalkarmen Sedimente des Unterkambriums lassen vermuten, daß nach der eokambrischen Vereisung weithin gemäßigt-humides Klima herrschte. Die weit verbreiteten Archaeocyathus-Kalke des Unterkambriums (Kalifornien, Labrador, Sibirien, Spanien, Marokko, Australien, Antarktis) sprechen aber für eine allgemeine Erwärmung. Höhere Temperaturen und aride Verhältnisse erforderten auch die salinaren Ablagerungen (Nordwest-Kanada, Sibirien, Persien, Australien), die, erstmals in der Erdgeschichte, in weiter Verbreitung überliefert sind.

Diese Klimazeugen lassen darauf schließen, daß Teile der Sibirischen Plattform, NW-Kanadas, des westlichen Nordamerikas und der Antarktis am Äquator lagen, während der Nordpol im NW-Pazifik, der Südpol im NW Afrikas gelegen haben kann.

Es zeichnen sich auch zum erstenmal tiergeographische Provinzen ab. Die Trilobiten bildeten eine atlantische- oder acado-baltische Provinz *(Holmia, Callavia, Paradoxides, Olenus),* eine pazifische *(Olenoides, Dikelocephalus),* eine sibirische und eine orientalische Provinz *(Redlichia)* in S-Asien und Australien.

Pazifische Faunenelemente findet man im Westen Nordamerikas, im St. Lawrence-Trog, an der Ostküste Grönlands und in Schottland. Die acado-baltische Fauna erscheint vor allem im Acadischen Trog Nordamerikas, in England und in Skandinavien.

Die gleichartigen Faunenelemente am Ostrand Nordamerikas und am Westrand Europas zeigen, daß der Nordatlantik in seiner heutigen Form noch nicht existierte. Eine den Faunenaustausch behindernde Schwelle oder ein Tiefseebecken kann vielmehr den Acadischen Trog vom Sankt-Lorenz-Trog und England von Schottland getrennt haben (Abb. 12).

d) Krustenbewegungen und Magmatismus

Die zu Beginn des Kambriums in weiten Teilen der Erde einsetzende Transgression erreichte vermutlich im mittleren Kambrium ihren Höchststand. Das Oberkambrium war durch einen weltweiten Meeresrückzug gekennzeichnet, wenn auch in einzelnen Gebieten (Kanadischer Schild, Arktis) die Transgressionen weitergingen oder erneut einsetzten. Diese weitspannigen Hebungen und Senkungen (Undationen) erfaßten vor allen Dingen die Nordhalbkugel.

Orogene Bewegungen lassen sich u. a. in den Appalachen, in Kasachstan, im Salair, Sajan, im Baikal-Bogen und Südaustralien nachweisen.

Insgesamt gesehen kam es im Kambrium zu keinen regional bedeutsamen Gebirgsbildungen. Die in Mittel- und Südeuropa bekannten s a r d i s c h e n oder s a n d o m i r i s c h e n Bewegungen im Oberkambrium, bzw. an der Wende Kambrium/Ordovizium erlangten nirgends bedeutsames Ausmaß. In den assyntisch deformierten Teilen Mitteleuropas (Armorikanisches Massiv, Böhmen) reichte der granitische Magmatismus bis in das Kambrium hinein. Vulkanische Laven wurden u. a. in Böhmen (Rhyolithe), in der Angara-Geosynklinale und in der Tasman-Geosynklinale Australiens gefördert. In Australien gehören auch Plateau-Basalte (1000 m) in das Unterkambrium.

2. Ordovizium (500–435 Mio. J.)

Die Formationsbezeichnung wurde von CH. LAPWORTH 1879 eingeführt. „*Ordovizer*" keltischer Stamm in Wales/England (Tab. 5).

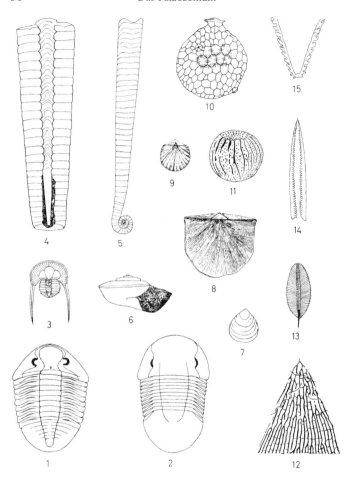

Abb. 14. Fossilien des Ordoviziums. Trilobita: 1. *Asaphus expansus* WAHLENBG., Llanvirn. 2. *Illaenus davisi* SALTER, Llandeilo, 3. *Onnia ornata* (STERNBG.), Caradoc.
Cephalopoda: 4. *Cameroceras vertebrale* (EICHW.), Llanvirn, 5. *Lituites lituus* MONTFORT, 1 : 4,5, Llandeilo.
Gastropoda: 6. *Raphistoma qualteriata* SCHLOTH., Llanvirn.
Brachiopoda: 7. *Obolus apollinis* EICHW., Tremadoc, 8. *Stropho-*

a) Pflanzen- und Tierwelt

Wie im Kambrium bestand die Flora noch immer allein aus Thallophyten. Die Kalkalgen entfalteten sich. Aus zusammengeschwemmten Resten skelettloser Grünalgen (Gloeocapsomorpha) bildeten sich in Estland Brandschiefer (Kukkersit).

Die vom Ordovizium an bekannten Chitinozoa sind marine Einzeller.

Die ordovizischen Ablagerungen enthalten eine weit größere Zahl fossiler Tiergattungen als die des Kambriums (Abb. 14).

Die großen Stämme der Tierwelt entfalteten sich weiter. Unter den Foraminiferen traten das erste Mal einfache Fusulinina auf.

Die Archaeocyathiden verschwanden. Dafür entfalteten sich nun die Kieselschwämme *(Astylospongia)*.

Die Anthozoa erscheinen in mittelordovizischen Schichten in weiter Verbreitung, und zwar in Gestalt der tabulaten *(Lichenaria)* und der rugosen Korallen *(Favistella)*. Die Tabulaten waren Koloniebildner, von den Rugosen finden sich auch häufig Einzelkelche.

Bei den Brachiopoden überflügelten die kalkschaligen Articulaten die Hornschaler *(Obolus)*. Unter den teils mit Armgerüsten ausgestatteten Formen waren vor allem Orthida *(Orthis)*, Pentamerida *(Porambonites)* und die Strophomenida *(Strophomena)* wichtig. Es entwickelten sich auch die Bryozoen.

Die Gastropoden erschienen im Ordovizium in einer wesentlich größeren Artenzahl. Auch die Muscheln wurden häufiger.

Die Cephalopoden durchliefen zu Beginn des Ordoviziums eine rasche Entwicklung. Die Nautiloideen mit mannigfaltigen Gehäuseformen erreichten Längen bis zu 4,5 m *(Endoceras)*. Erstmals

←

mena alternata CONR., Caradoc, 9. *Orthis calligramma* DALM., Llandeilo. Echinodermata: 10. *Echinosphaerites aurantium* HIS., Llandeilo. Porifera: 11. *Astylospongia praemorsa* (GOLDF.), Ashgill. Graptolithina (alle ca. 1 : 1) : 12. *Dictyonema flabelliforme* (EICHW.), Tremadoc, 13. *Phyllograptus typus* HALL, Arenig, 14. *Didymograptus murchisoni* (BECK), Llanvirn, 15. *Dicellograptus morrisi* HOPK., Caradoc.

wurden auch eingerollte Gehäuse *(Lituites)* gebildet. Wichtige Gruppen waren die Endoceraten, Actinoceraten und Orthoceraten.

Nach dem Aussterben vieler T r i l o b i t e n -Gattungen am Ende des Kambriums erschienen im Ordovizium neue Gattungen mit großen Kopf- und Schwanzschilden (Asaphiden, Illaeniden). Außerdem lebten spezialisierte Formen wie die Trinucleiden mit ihren siebartig durchbrochenen Kopfschilden *(Onnia)*.

In der Gruppe der C h e l i c e r a t e n entwickelten sich die Eurypteriden und Xiphosuren.

In ordovizischen Gesteinen spielen auch bereits Ostracoden *(Beyrichia, Leperditia)* eine Rolle.

Bei den E c h i n o d e r m e n erreichten die gestielten Formen *(Echinosphaerites)* ihre Blüte. Die neu entstandenen Blastoideen lassen eine fünfstrahlige Symmetrie erkennen. Als neue Formenkreise traten die Crinoiden, die Seeigel (Echinoidea), die Seesterne (Asteroidea) und die Schlangensterne (Ophiuroidea) auf.

Aus den mittelkambrischen D e n d r o i d e e n *(Dictyonema)* gingen die vielleicht den heutigen Enteropneusten nahestehenden G r a p t o l o i d e e n hervor. Ihre fossil erhaltenen chitinösen Stützskelette (Rhabdosome) sind infolge des raschen Artenwechsels ausgezeichnete Leitfossilien und kennzeichnen in der Schieferfazies des Ordoviziums 15 Biozonen (ELLES & WOOD). Es entstanden zunächst einzeilige, zwei- bis vielästige *(Phyllograptus, Didymograptus, Dicellograptus)*, später auch zweizeilige, unverzweigte Rhabdosome *(Diplograptus)*.

In ordovizischen Schichten Nordamerikas fanden sich als erste sichere W i r b e l t i e r e kieferlose Agnathen *(Astraspis)*.

Die wichtigsten L e i t f o s s i l i e n des Ordoviziums sind in der Schieferfazies die Graptolithen, in der sandig-kalkigen Fazies vor allem Trilobiten und Brachiopoden. Chitinozoen (Hystrichosphaerideen) lassen sich auch in schwach metamorphen Gesteinen noch als biologische Zeitmarken verwenden.

b) Paläogeographie

Nach den bisher vorliegenden paläomagnetischen Daten bildeten die Südkontinente einen geschlossenen Block. Ihnen stand ein mehr oder weniger zusammenhängender Nordkontinent gegenüber. Der altpaläozoische Uratlantik (Iapetus) kann sich infolge der beginnenden kaledonischen Orogenese verengt haben.

Aufwölbungen des alten Basiskristallins gliederten die K a l e d o n i s c h e (Grampian-) G e o s y n k l i n a l e NW-Europas in mehrere Teilbecken. In Norwegen blieb nur der Ostteil der Senkungszone mit mächtigen flyschartigen Sedimenten und Vulkaniten erhalten, in England und Schottland dagegen ist sie in voller Breite erschlossen.

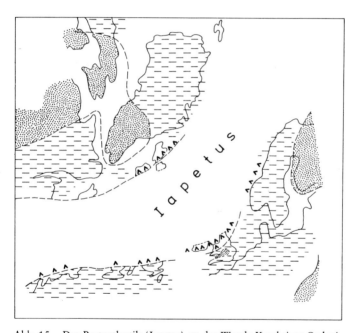

Abb. 15. Der Protoatlantik (Japetus) an der Wende Kambrium-Ordovizium n. Owen, Windley u. a. Festland (punktiert), Schelf (schraffiert), vulkanische Inselbogen (▲ ▲). Die Schelfzone im NW wurde von pazifischen Faunen (Trilobiten, Graptolithen), die südliche Schelfzone von atlantischen Faunen (Trilobiten, Graptolithen) besiedelt. Frühordovizische Vulkanite lassen auf randliche Subduktionssysteme schließen.

Das NE-SW gestreckte Englische Becken sank zwischen einem alten Kontinentalgebiet in Schottland und einem Festland in Südostengland ein (Abb. 15). Während auf dem Festlandssockel im Norden geringmächtige Schelfablagerungen (Durness-Kalk) mit einer reichen Gastropoden- und Cephalopodenfauna entstanden, lassen sich in den weiter südlich gelegenen Trögen eine landferne Graptolithenschiefer-Fazies und eine ufernahe sandig-kalkige Fazies mit Trilobiten und Brachiopoden unterscheiden. Die episodisch eintretenden Bodenbewegungen wurden von einem submarinen Vulkanismus begleitet, der im Arenig/Llandeilo seinen Höhepunkt erreichte und vor allem basaltisch-andesitische Laven förderte. An der Wende Ordovizium/Silur steigerte sich die tektonische Aktivität zur takonischen Faltung.

Nach der Regression am Ende des Kambriums wurde der Westteil der Osteuropäischen Plattform zu Beginn des Ordoviziums erneut überflutet und blieb bis zum Ende des Silurs unter Meeresbedeckung (Abb. 16).

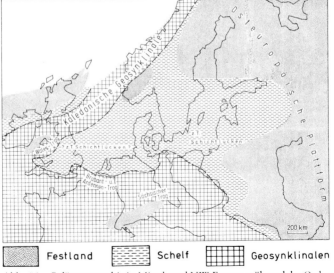

Abb. 16. Paläogeographie in Mittel- und NW-Europa während des Ordoviziums (n. R. WALTER).

Über dem Obolus-Sandstein und den Dictyonema-Schiefern lagerten sich überwiegend kalkige Sedimente eines warmen Flachmeeres ab. Die zahlreichen Diskontinuitätsflächen der Sedimente sprechen für häufige Meeresspiegelschwankungen. Nach Westen hin nahm die Meerestiefe merklich zu, die Schichtfolgen werden vollständiger und mächtiger und bestehen in Schonen vorwiegend aus dunklen Graptolithenschiefern. Im Oslo-Gebiet wechsellagern Schiefer und Kalke (Brachiopoden, Trilobiten).

Die Plattform wurde anscheinend im SW von einer Randsenke begleitet, der die 1000 m mächtigen Schiefer von Rügen und die mächtigen Quarzite, Kalke und Graptolithenschiefer des Polnischen Mittelgebirges angehören.

In Mitteleuropa bestand zwischen dem Baltischen Schild im Norden und dem Alemannischen Land im Süden eine gegliederte Senkungszone (Randbecken). Das Meer transgredierte erneut über die im Oberkambrium aufgetauchten Landgebiete und lagerte in der Prager Senke eine 1500 m mächtige Folge aus Schiefern, Sandsteinen, Grauwacken und basischen Vulkaniten ab. In küstennahen Zonen entstanden oolithische Eisenerze (Chamosit).

Die Ablagerungen in Thüringen und Franken sind ähnlich. Basische Vulkanite fehlen aber in der thüringischen Fazies. Im Ordovizium intrudierten granophyrische Granite, die heute als Porphyroide oder Epigneise vorliegen.

In den Phycoden-Schichten tritt *Phycodes circinatum* (Grabgänge?) auf. Die Eisenerze (Chamosite) werden bis zu 20 m mächtig. Sedimentgefüge und Gerölle ($\varnothing$ bis 40 cm) der Lederschiefer weisen auf subaquatische Gleitmassenbewegungen hin.

Im Rheinischen Schiefergebirge beginnt die Abfolge mit den Plettenberger Tonschiefern (Llanvirn). In den Ardennen und im Brabanter Massiv liegen ca. 1000 m mächtige ordovizische Tonschiefer.

In West- und Südwesteuropa können die Ablagerungen des Tremadoc fehlen. In der Bretagne begann die ordovizische Transgression mit dem Armorikanischen Sandstein, der mit den höheren Schiefern und mächtigen Eisenerzen dem Arenig angehört. Darüber folgen Schiefer und Sandsteine. Ähnliche Schichtfolgen

Stufen		Z*	Trondheim	Schonen	Rheinisch. Schiefergeb.	Thüringen	Böhmen
Ordovizium	Ashgill 435 Mio.J	15	Hovin-Gruppe 4000 m — Hovin Sdst. 50 m	Dalmanites Schiefer		50–300 m Lederschiefer	Kosov-Quarzit Kraluv-Dvur-Sch. ▽
		14		Staurocephalus-Sch. 20–60 m		1–20 m Oberer Erzhorizont	Bohdalec-Sch. 125 m
	Caradoc	13		Obere Dicellograptus- Schiefer 250 m	Obere Tonschiefer 250 m	0–40 m Lagerquarzit	Zahorany-Sch. ▶< Vinice-Sch. <
		12		Mittlere — Ampyx-Kalk			Letná-Sch. <
		11		Untere	Obere Tonschiefer 300 m	Unteres Erzlager ~8 m	Libeň-Sch. <
		10		Schiefer	Grauwacken Schiefer		Dobrotivá-Sch. Skalka-Quarzit ▶<
	Llandeilo	9	Hareklett- Schiefer			Griffelschiefer	Šárka-Schichten 10–300 m <
		8	Hølanda- u. Bjørkum Sch.	Obere Didymograptus- Schiefer	Untere Tonschiefer Plettenberger Bänderschf.	Quarzitschf. Unt. Erzhoriz.	Klabava-Sch. 0–300 m <
	Llanvirn	7	Stokkvola-Kgl.	1–30 m Orthoceren-Kalk 4–25 m		~1400 m Phykoden Schichten	Milina- Kieselschf. <
		6	Trondh. Ph. Ekne-Ph. Karlstad-Kalk	Untere Didymograptus- Schiefer			
	Arenig	5		1 m Kalk mit Ceratopyge u. Shumardia		650 m Frauenbach Serie (z.T.)	Sdst. u. Arkosen von Trenice
		4 3	Støren-Gruppe 2500 m Grünsteine Jaspilite				
	Tremadoc 500 Mio.J	2 1	Dictyonema- Schiefer	10 m Dictyonema- Schiefer			

* Graptolithen-Zonen n. ELLES & WOOD   < Vulkanite   ▶ Fe

trifft man auch in der Montagne Noire, in Spanien, in Portugal, in Sardinien und in den Ostalpen (Wildschönauer Schiefer).

Das Ordovizium der Ostalpen ist überdies durch basische und rhyolithische (Blasseneck Porphyroid) Vulkanite gekennzeichnet.

In der Ural- und Angara-Geosynklinale Asiens bildeten sich auch im Ordovizium klastische und vulkanogene Ablagerungen. Im Ural liegen mehrere 100 m mächtige klastische Sedimente, teils diskordant, auf gefaltetem Proterozoikum. Mächtige Vulkanite (Basalte, Porphyrite) drangen in Zentralkasachstan, im Salair und Sajan auf (Abb. 17).

Die Sibirische und Chinesische Plattform wurden von kalkig-tonigen Flachsee-Sedimenten eingedeckt.

Klastische Sedimente des Ordoviziums sind aus dem Himalaja, Indochina und Südchina bekannt.

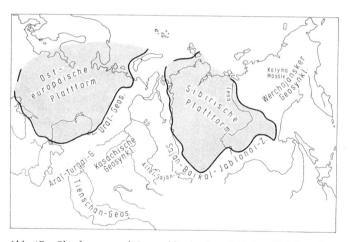

Abb. 17. Plattformen und Geosynklinalen im nördlichen Teil Eurasiens zur Zeit des Ordoviziums (n. VINOGRADOV 1968). Die Angara-Geosynklinale umfaßt den Raum der kasachischen Geosynklinale, der Altai-Sajan-Geosynklinale und die bereits orogene Sajan-Baikal-Jablonoi-Zone.

←

Tabelle 5. Gliederung des Ordovizium.

Die von der Kordilleren- und Appalachen-Geosynklinale gesäumte Nordamerikanische Plattform bot ein ähnliches Bild wie im Kambrium. Das Meer griff vorwiegend von Westen und aus der Arktis über die inneren Teile der Plattform über und erreichte im Caradoc seine größte Ausdehnung. Gegen Ende des Ordoviziums lag der Kontinent wieder weitgehend über dem Meeresspiegel. Die kalkigen Tafelsedimente werden in das Trempealeauian, Canadian, Champlainian und das Cincinnatian gegliedert.

In der Appalachen-Geosynklinale besteht das untere Ordovizium, abgesehen von den Graptolithenschiefern des Acadischen Troges, weithin aus Dolomiten. Im mittleren Ordovizium dehnte sich die Schieferfazies aber nach Westen und Nordosten aus. Gleichzeitig bildeten sich vulkanische Inselbögen, die basaltische und andesitische Laven förderten. Im oberen Ordovizium stiegen im Osten der Geosynklinale ausgedehnte Landgebiete aus dem Meer auf. Die von ihnen nach Westen geschütteten mächtigen Deltaablagerungen (Sandsteine und Schiefer) gehen westwärts in die marinen Kalke des Cincinnatian über (Abb. 18). Die takonische Faltung wirkte sich vor allem im Nordabschnitt (Taconic Mts.) der Appalachen aus.

Die ordovizischen Ablagerungen des Kordilleren-Trogs bestehen aus klastischen Sedimenten und basaltischen bis andesitischen Vulkaniten.

Der große Gondwana-Kontinent[4] war nur randlich von Meeren bedeckt. Ordovizische Ablagerungen sind aus dem Anden-Trog Südamerikas bekannt. Am Nordrand der Afrikanischen Plattform bestand im Antiatlas ein Trog mit 1200 m mächtigen Sandsteinen. In Marokko ist das gesamte Ordovizium durch Graptolithen und Trilobiten belegt. Im zentralen Sahara-Becken werden die Schichtfolgen 3000 m mächtig.

In Südafrika kann man den Tafelberg-Sandstein ganz oder teilweise dem Ordovizium zurechnen. Epikontinentale Sedimente sind ferner im Norden der Arabischen Halbinsel und auf der Australischen Plattform vorhanden.

---

[4] „*Gondwana*" Land der Gonds (drawidisches Volk in Zentralindien). Bezeichnung für den Großkontinent der Südhalbkugel.

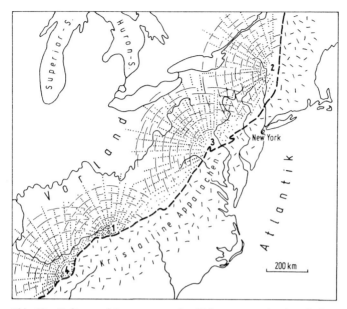

Abb. 18. Sedimentschüttungen von den Hebungszonen der Appalachen. 1 Schüttungen von der Great Smoky Region im mittleren Ordovizium, 2 Sedimentfächer des oberen Ordoviziums in New England, 3 Sedimente des oberdevonischen Catskill-Deltas (2000 m) und oberen Pennsylvanian (1000 m), 4 Sedimente des unteren Pennsylvanian (3000 m) (n. KING u. EARDLEY).

Im Südosten Australiens (Tasmanien) wurden mächtige Graptolithenschiefer und Vulkanite (Andesite, Rhyolithe) des Ordoviziums gefaltet. Im Zusammenhang damit intrudierten Granite.

c) Klima

Das Ordovizium scheint eine Zeit ausgeprägter Klimadifferenzierung gewesen zu sein. Der Nordpol lag offenbar im Pazifischen Ozean, der Südpol im NW Afrikas (Abb. 19).

Die Tropen querten Nordamerika und Sibirien. Warmtemperierte Meere lagen im Bereich der kaledonischen Zone Nordamerikas und

NW-Europas. Aus dem übrigen Europa sind dagegen „antarktische" Faunen (SPJELDNAES) überliefert. Südwärts schloß sich die antarktische Polarzone an. Aus Nordafrika (Marokko, Hoggar) sind die Spuren einer ausgedehnten Inlandvereisung bekannt, die eine Fläche von etwa 8 Mio. km² einnahm. Die Tafelberg-(Pakhuis-)Vereisung Südafrikas könnte einer Gebirgsvergletscherung entsprechen. Auch für den NO Südamerikas kann nivales Klima angenommen werden.

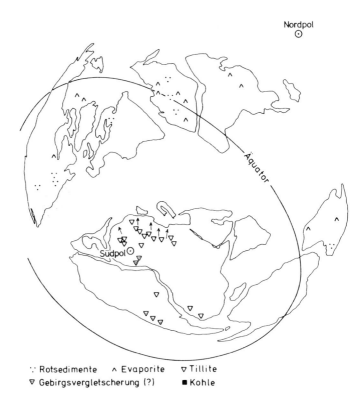

Abb. 19. Mutmaßliche Verteilung der Kontinente im Ordovizium mit Klimazeugen (n. SEYFERT & SIRKIN 1973).

Auffallend ist die verbreitete Bildung oolithischer Eisenerze (Chamosit) in den küstennahen Zonen der Nordhemisphäre. Eisensilikat-Oolithe dieser Art traten später in solcher Konzentration nicht mehr auf. Vielleicht spielte bei ihrer Entstehung das Fehlen der Landvegetation eine Rolle.

Die heutige Arktis bildete im Ordovizium das Entwicklungszentrum neuer Lebensformen. Von ihr aus entfalteten sich die Korallen und bildeten u. a. am Rande des Baltischen Schildes Riffe. Die Trilobiten zeigen im älteren Ordovizium, wie bereits im Kambrium, eine Bindung an biogeographische Provinzen. In der Verbreitung der Graptolithen sind eine pazifische und eine atlantische Provinz zu erkennen. Im höheren Ordovizium ging diese Gliederung, vermutlich unter dem Einfluß weitreichender Transgressionen, allmählich verloren.

d) Krustenbewegungen

In den Geosynklinalen begann im Ordovizium die kaledonische Gebirgsbildung. Sie bewirkte, wie die Mannigfaltigkeit der Gesteinsfazies zeigt, eine stärkere morphologische Gliederung der Senkungszonen und die Bildung vulkanischer Inselbögen (Diabase, Andesite, Rhyolithe). Dem Vulkanismus folgten später granitische Intrusionen, in Schottland auch Nephelin-Syenite (Abb. 52).

Weite Teile der Nordamerikanischen und der Osteuropäischen Plattform wie auch der Nordsaum des afrikanischen Blockes sanken im frühen Ordovizium unter den Meeresspiegel. Nach wiederholten Regressionen und Transgressionen erreichte das Meer im Caradoc seine größte Ausdehnung. Die taconische Faltung an der Wende zum Silur führte dann zu erneuten weitflächigen Meeresrückzügen.

Im Hinblick auf die Bildung der afrikanischen Eiskappe sind auch eustatische Meeresspiegelschwankungen nicht auszuschließen.

3. Silur (435–395 Mio. J.)

Die Formationsbezeichnung wurde von R. T. MURCHISON 1835 eingeführt. „*Silurer*" keltischer Volksstamm in Shropshire/England (Tab. 6).

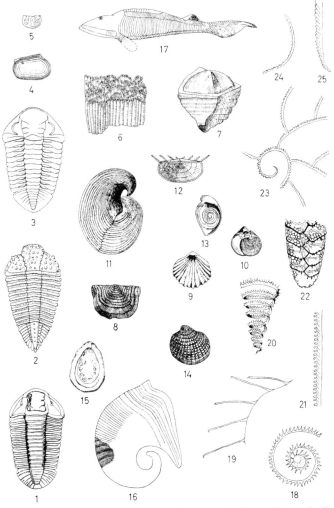

Abb. 20. Fossilien des Silurs. Trilobita: 1. *Calymene blumenbachi* BRONGN., 2. *Encrinurus punctatus* (WAHLENBG.), 3. *Acaste downingiae* (MURCH.).
Ostracoda: 4. *Leperditia hisingeri* FR. SCHMIDT, 5. *Beyrichia tuberculata* KLOED.

a) Die Pflanzen- und Tierwelt

Die Flora bestand weithin aus Thallophyten, deren Entfaltung weiter ging.

Durch das Erscheinen der ersten Gefäßpflanzen bereitete sich eine neue Ära der Florenentwicklung vor.

Korallen traten im Silur bereits in außergewöhnlicher Formenfülle auf und gewannen rasch an Verbreitung. In den Klarwasserbereichen entstanden ausgedehnte Riffe, an deren Aufbau sich neben Tabulaten *(Favosites, Halysites)* und Rugosen *(Omphyma, Cystiphyllum)* auch Schwämme, Stromatoporen, Kalkalgen und Bryozoen beteiligten.

Wichtige Brachiopodengattungen des Ordoviziums lebten auch im Silur weiter: Orthiden *(Resserella)*, Strophomeniden *(Leptaena)* und Rhynchonelliden *(Camarotoechia)*. Neu erschienen die bestachelten Productiden *(Chonetes)* und die im oberen Silur zu Großformen anwachsenden Pentameriden *(Conchidium)*. Für das obere Ludlow ist die mit spiraligem Armgerüst versehene *Dayia navicula* charakteristisch (Abb. 20).

Bei Schnecken und Muscheln traten dem Ordovizium gegenüber keine wesentlichen Veränderungen ein.

←

Anthozoa: 6. *Halysites catenularius* (LINNÉ), 7. *Goniophyllum pyramidale* (HIS).
Brachiopoda: 8. *Leptaena rhomboidalis* WAHLENBG., 9. *Camarotoechia nucula* (SOW.), 10. *Resserella elegantula* (DALM.), 11. *Conchidium knighti* SOW., 12. *Chonetes striatellus* DALM., 13. *Dayia navicula* (SOW.).
Lamellibranchiata: 14. *Cardiola cornucopiae* GOLDF.
Monoplacophora: 15. *Tryblidium reticulatum* LINDSTR., mit bilateral angeordneten Muskeleindrücken.
Cephalopoda: 16. *Phragmoceras broderipi* TEICHERT.
Agnatha: 17. *Hemicyclaspis murchisoni* (EGERTON), 1 : 4,5.
Graptolithina: (alle ca. 1 : 1): 18. *Monograptus convolutus* HIS., 19. *Rastrites maximus* CARR., 20. *Monograptus turriculatus* BARR. (18–20 Llandovery), 21. *Monograptus priodon* BRONN., 22. *Retiolites geinitzianus* BARR., 23. *Cyrtograptus murchisoni* CARR. (21–23 Wenlock), 24. *Monograptus nilssoni* LAPW., 25. *Monograptus leintwardinensis* BOUČ. (24 u. 25 Ludlow).

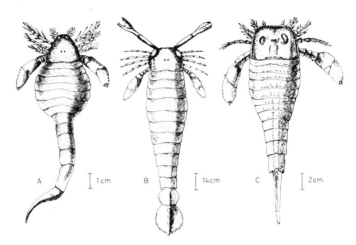

Abb. 21. Eurypteriden (n. CLARKE u. RUEDEMANN).
A. *Eusarcus scorpionis*, B. *Pterygotus buffaloensis*, C. *Eurypterus remipes*.
Die Eurypteriden erreichten in Brackwasser-Ablagerungen des Silurs eine große Formenfülle und oft Riesenwuchs. Ihr Körper bestand aus einer Kopfbrust mit 2 Paar Sehorganen und 6 Paar Beinanhängen. Von diesen waren das erste Paar als Scheren, 4 Paare als Laufbeine und das letzte Paar als breite Ruderbeine ausgebildet. Der Hinterleib bestand aus 12 einzelnen, gegeneinander beweglichen Segmenten und endete in einem Stachel oder einer Platte.

Die Muschel *Cardiola cornucopiae* war weltweit verbreitet. Bei den Cephalopoden herrschten die gestreckten Orthoceraten, die Actinoceraten *(Actinoceras)* und Oncoceraten *(Cyrtoceras)* vor. Die Gattung *Phragmoceras* fällt durch die verengte und ausgezogene Wohnkammer-Mündung auf. Aus den gestreckten Nautiloideen gingen vermutlich die ältesten, noch stabförmigen Ammonoideen *(Bactrites)* hervor.

Die Trilobiten hatten den Gipfel ihrer Entwicklung zwar bereits überschritten, es lebten aber noch zahlreiche Gattungen. Die Phacopiden wurden durch *Acaste* vertreten. Die Gattung *Calymene* war weit verbreitet. Auffällig sind viele bizarre, spezialisierte Formen wie *Encrinurus* mit tuberkuliertem Kopfschild und bestacheltem Panzer.

O s t r a c o d e n können massenhaft in den Gesteinen auftreten (Beyrichien-Kalk) und erreichten beachtliche Größe *(Leperditia, Beyrichia)*. Zu den bemerkenswertesten Bewohnern der Brackwasserzonen gehörten die E u r y p t e r i d e n (Abb. 21), die mit Körperlängen von über 2 m als die größten Arthropoden aller Zeiten gelten. Sie stammen vermutlich von den kambrischen Aglaspiden ab.

Mit den ersten luftatmenden S k o r p i o n e n und Tausendfüßlern begann gegen Ende des Silurs die Besiedlung des festen Landes.

Die C r i n o i d e n wurden häufiger, paßten sich den Lebensbedingungen der Riffzonen an und wurden erstmals gesteinsbildend (Crinoiden-Kalke).

Bei den G r a p t o l i t h e n herrschten die Monograptiden vor. Ihre leichten, einzeiligen Rhabdosome sind gestreckt oder spiralförmig eingerollt.

Neben den bereits seit dem Ordovizium lebenden gepanzerten A g n a t h e n *(Hemicyclaspis)* findet man in Brackwasserablagerungen des Ludlow die ersten P a n z e r f i s c h e. Sie besitzen Unter- und Oberkiefer, eine schwere Außenpanzerung und paarige Flossen.

Die wichtigsten L e i t f o s s i l i e n des Silurs sind die Graptolithen (Zone 16–36 nach Elles & Wood).

b) Paläogeographie

Die globale Verteilung von Kontinenten und Ozeanen scheint in großen Zügen die gleiche wie im Ordovizium gewesen zu sein. Vermutlich schloß sich aber im Verlauf des Silurs der Protoatlantik. Trotz der vermuteten breiten ozeanischen Zone (Prototethys) zwischen den Nord- und Südkontinenten scheinen zwischen Europa und Afrika enge paläogeographische Verbindungen bestanden zu haben.

In der K a l e d o n i s c h e n G e o s y n k l i n a l e Englands bestand auch im Silur eine ähnliche Faziesgliederung wie im Ordovizium (Abb. 22). Der Vulkanismus war im wesentlichen abgeklungen. In einzelnen Zonen bildeten sich Korallenriffe. Aus dem Waliser Becken transgredierte das Meer über die im Südosten anschlie-

Silur

Serie	N*	Wales u. Welsh Borderland		Schonen	Thüringen	Böhmen	Karnische Alpen
Přídolí (395 Mio. J)		900 m	Downtonian	Öved-Ramsåsa-Serie		15–80 m Kalke v. Přídolí	– 8 m megara-Schichten
		Red Marls 15 m					–20 m alticola-Kalke
		Green Marls		Sdst., Kalke, Mergel 10–20 m	Alaun-Schiefer Ockerkalk		Cardiola Sch.
	36	Graptolithen-Schiefer und Siltstein- bzw. Grauwacken-Serien 2000 m	Whitcliffe Beds			50–250 m Kalke von Kopanina	7 m Kok-Kalk
Ludlow	35 / 34		Leintwardine Beds	Colonus Schiefer 600 m		Budňany	
	33		Bringewood Beds				
	32		Elton Beds 170 m				
			Wenlock-Limestone	(Alaun-Schiefer)			
Wenlock	31	Graptolithen-Schiefer 600 m	"Wenlock" Shales	Cyrtograptus Schiefer 100 m	Untere Graptolithen Schiefer 30–40 m	Graptolithen-Schiefer von Liteň 50–200 m	Graptolithen-Schiefer 20 m
	30						
	29	Grauwacken-Serien (Denbigh-Grits) und Graptolithen-Schiefer 100–1000 m					
	28						
	27						
	26		Purple Shales 150 m			Radiolarite	Trilobiten-Schiefer 2 m
	25			Rastrites Schiefer 40 m	(Alaun- und Kieselschiefer)		Kiesel-Schf. 20 m
Landovery (435 Mio. J)	24		Pentamerus Beds				
	23						
	22						
	21						
	20	Grauwacken-Serien (Aberystwyth-Grits u.a.) 100–3000 m					
	19						
	18						
	17						
	16						

ßenden Landgebiete. Mit der fortschreitenden Auffüllung der Tröge verloren sich auch die älteren geographischen Konturen.

Die jungkaledonischen Bewegungen an der Wende Silur/Devon hinterließen eine Anzahl lokaler Winkeldiskordanzen, die sich aber nur schwer parallelisieren lassen (ardennische-, erische Faltung). Bei der weiteren Hebung und Abtragung des Gebirges wurden die entstehenden Innensenken vom höchsten Silur an mit roten kontinentalen Molasse-Sedimenten (Downton, Old Red) gefüllt.

In Norwegen sind Diskordanzen aus dem Trondheim-Gebiet bekannt. Die ordovizisch-silurischen Valdres-Sparagmite transgredierten über die kaledonischen Deckschollen und wurden selbst deformiert und metamorph. Die Schichtfolge im heutigen norwegischen Hochgebirge endet mit dem Llandovery.

Mitteleuropa bildete auch im Silur ein zeitweilig aktives Randbecken zwischen der kaledonischen Mobilzone im NW und dem Plattformrand im Osten. Die weit verbreitete Schwarzschiefer-Fazies (Graptolithenschiefer) spricht für eine behinderte Wasserzirkulation. Die Bodenbewegungen blieben auf einzelne Zonen beschränkt, wie z. B. das Brabanter Massiv, die Ardennen (ardennische Phase) und das Rheinische Schiefergebirge, wo die Köbbinghäuser Schichten des oberen Ludlow auf den schwach gefalteten Herscheider Schichten des Ordoviziums liegen (Abb. 22).

Im Harz, in Thüringen, in Sachsen, in Böhmen und in den Sudeten wird das Silur vorwiegend durch Kieselschiefer, Graptolithenschiefer und Kalke vertreten, die meist ohne Lücke in das Devon überleiten. In Böhmen, Thüringen und Franken setzten im Wenlock und im Ludlow vulkanische Förderungen (Diabase, Tuffe) ein.

Weiter im Osten, im Polnischen Mittelgebirge, entstanden vorwiegend Schiefer und Grauwacken. Im Südteil, in den Kielciden, beendete die Hebung im Ludlow die geosynklinale Sedimentation.

Die Osteuropäische Plattform bildete ein weites, eingeebnetes Hochland, dessen Nordwestrand von einer Lagune mit

←

Tabelle 6. Gliederung des Silur.

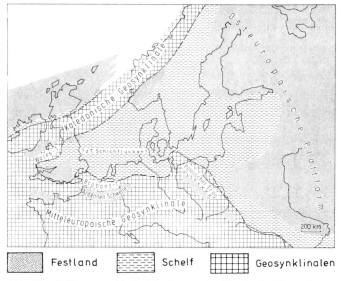

Abb. 22. Paläogeographie in Mitteleuropa im Silur (n. R. WALTER).

dolomitischen Sedimenten eingenommen wurde. Westlich davon entstanden auf Gotland fossilreiche Mergel und ausgedehnte Riffe (Korallen, Stromatoporen). Graptolithenschiefer kennzeichnen eine Tiefwasserzone in Südschweden. Im Oslo-Gebiet, also am Plattformrand, liegen über einer takonischen Schichtlücke sandig-kalkige Ablagerungen (Abb. 22).

In West- und Südwesteuropa bestehen die silurischen Schichten vorwiegend aus Graptolithenschiefern. Vom Ludlow ab treten auch Kalke hinzu (Alpen, Montagne Noire, Sardinien, Spanien, Portugal, Nordafrika).

In den Karnischen Alpen werden Graptolithenschiefer von Kalken abgelöst.

In der Grauwackenzone der Ostalpen gehören Teile der Wildschönauer Schiefer und Plattenkalke dem Silur an. Die Kalke gehen ohne Lücke in das Devon über.

In Tunesien wurden 500 m mächtige Graptolithenschiefer (Zonen 19–21) erbohrt.

Während in der Ural-Tienschan-Geosynklinale die Ablagerungen des Silurs (Graptolithenschiefer, Riffkalke, Sandsteine) lückenlos an die des Ordoviziums anschließen, sind aus Kasachstan, dem Altai, aus dem Salair und Sajan Basisdiskordanzen bekannt. Die vulkanische Tätigkeit schwächte sich während des Silurs allmählich ab. An der Wende Silur/Devon wurden Teile der Geosynklinale erneut gefaltet. Gleichzeitig zog sich das Meer von der Sibirischen Plattform zurück.

Auf großen Teilen der Chinesischen Plattform fehlen silurische Ablagerungen.

In Nordamerika sank während des unteren Silurs (Oswegan) am Westrand der takonisch gefalteten Nordappalachen eine Molassesenke ein, die rote Sandsteine, Konglomerate und Schiefer aufnahm. Zur selben Zeit wurden im Kordilleren-Trog am Westsaum der Plattform andesitische Vulkanite gefördert.

Im mittleren Silur (Niagaran) lebte der Vulkanismus in den nördlichen Appalachen wieder auf. In weiten Gebieten der Geosynklinale entstanden oolithische Roteisenerze (Clinton). Die zentralen Teile des Kontinents wurden überflutet und mit Flachwasserkalken bedeckt. Im Osten und Nordosten Nordamerikas waren Korallenriffe weit verbreitet.

Im Obersilur (Cayugan) verschwand das Meer wieder aus weiten Teilen Nordamerikas und hinterließ im Gebiet zwischen New York und den Großen Seen von Riffen umsäumte Salzlagunen (Salina Group), in denen sich ausgedehnte Salzlagerstätten bildeten (New York, Michigan-Becken).

Auf dem Gondwana-Kontinent zeugen Flachwasser-Ablagerungen im Westen Südamerikas, in der Amazonas-Synklinale, in weiten Teilen Nordafrikas und im Norden der Arabischen Halbinsel von der Existenz silurischer Randmeere. In Australien wurden in den bereits takonisch gefalteten Zonen noch einmal bis zu 6000 m mächtige Sandstein-, Graptolithenschiefer- und Kalkfolgen sedimentiert. Von Queensland bis nach Tasmanien erstreckte sich eine mehr als 2500 km lange Korallenriff-Zone. Die jungkaledonische Faltung am Ende des Silurs wirkte sich vor allem in der Flinders Range in West-Victoria und der MacDonald Range aus.

c) Klima

Die aus dem Ordovizium bekannten Klimazonen verschoben sich im Silur merklich. In Nordamerika verlagerte sich der Äquator weiter nach SW, so daß er nun durch den mittleren Teil des Kontinents und weiter nach Grönland verlief. In Eurasien rückte die äquatoriale Zone aus Zentralasien nach Nord- und Osteuropa. Korallenriffe erreichten in der Erdgeschichte erstmals große Verbreitung und zeigen

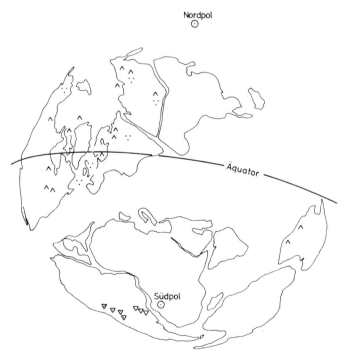

Abb. 23. Mutmaßliche Verteilung der Kontinente im Silur mit Klimazeugen (n. SEYFERT & SIRKIN 1973). Legende wie Abb. 19 S. 68.

warme Meereszonen in Nordamerika und Europa an. Den häufigen Schwarzschiefern nach zu urteilen, bestanden immer noch ausgedehnte Meeresbecken mit behinderter Wasserzirkulation.

In den obersilurischen Rotsedimenten und Salzen des Ostbaltikums, Nordsibiriens und Nordamerikas zeichnen sich aride Trockenzonen ab. Tillitische Gesteine in den bolivianischen und argentinischen Anden lassen u. U. auf hohe südliche Breiten schließen.

Der Nordpol lag weiterhin im Bereich des pazifischen Ozeans. Der Südpol hatte sich von NW- nach SW-Afrika verschoben (Abb. 23).

d) Krustenbewegungen

Krustensenkungen zu Beginn des Silurs brachten weite Teile Nordamerikas, Sibiriens und den Westrand der Osteuropäischen Plattform unter den Meeresspiegel. Die Transgression erreichte im Wenlock ihren Höchststand. Auch Teile des Gondwana-Kontinents wurden überflutet.

An der Wende zum Devon leiteten die jungkaledonischen Bewegungen eine umfassende Regression ein. Das Meer verblieb jedoch in der mediterranen Geosynklinale, in der Ural-Tienschan-Senke, im Kordilleren-Trog Nordamerikas, in den Anden und Teilen der Appalachen. Die vulkanische Aktivität beschränkte sich weitgehend auf die Geosynklinalen.

4. Die kaledonische Gebirgsbildung

Mit dem kaledonischen Gebirge („*Caledonia*" keltisch-römische Bezeichnung für Nord-Schottland) erschien erstmals in der Erdgeschichte ein Orogen, dessen Gesteinsbestand biostratigraphisch zu gliedern ist und daher ein weit vollständigeres Bild vom Ablauf der Orogenese vermittelt als die präkambrischen Faltungszonen. Der Faltung ging, zum Teil bereits seit dem Jungpräkambrium, die Einsenkung langgestreckter Geosynklinalen voraus, in denen man mobilere, vulkanisch aktive e u g e o s y n k l i n a l e Zonen und resistentere m i o g e o s y n k l i n a l e Zonen am Plattformrand unterscheiden kann (Abb. 15). Die Krustendeformationen begannen im ausgehenden Kambrium und hielten bis zu Beginn des Devons an (Abb. 24). Dabei wurden die gefalteten Geosynklinalen den benachbarten Kontinentalkernen angegliedert.

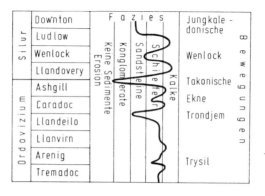

Abb. 24. Gesteinsfazies und tektonische Bewegungen im Oslo-Gebiet (n. STØRMER 1967).
Die Gebirgsbildung in der kaledonischen Geosynklinale bewirkte im Oslo-Gebiet neben einer Sedimentationsunterbrechung episodische Verflachungen des Meeresbeckens und die Zulieferung von Sanden und Konglomeraten.

Das kaledonische Gebirge Schottlands und Skandinaviens scheint im Verlauf einer Kollisions-Orogenese zwischen der Nordamerikanischen und der Europäischen Plattform (S. 61) bei der Schließung des altpaläozoischen Atlantiks entstanden zu sein. Unter Bildung vulkanischer Inselbögen können sich im Arenig in Schottland eine oder mehrere NW- bzw. SO-einfallende Subduktionszonen entwickelt haben (Abb. 25).

Abb. 25. Geotektonisches Schema der kaledonischen Zone Schottlands im unteren Ordovizium (n. F. MOSELEY 1977).
SH Scottish Highlands, Sd.-Z. Subduktionszone, Sp.-Z. Spreading Zone (Mittelozeanischer Rücken, Ozeanische Kruste (schwarz), Kontinentale Kruste (Kreuzschraffur).

Am Nordwestrand des kaledonischen Gebirges, in Schottland, schoben sich gefaltete und metamorphe Teile der Geosynklinale (Moine-Serie, Dalradian) als tektonische Decken auf die vorgelagerte Nordatlantische Plattform (Lewisische Gneise 2,5–1,6 Mrd. J.). Die Faltung und Metamorphose des südlich anschließenden Dalradians (Proterozoikum-Kambrium) erfolgten im tieferen Ordovizium (475 Mio. J.), die letzte Metamorphose der Moine-Serie im Silur (420 Mio. J.). Ein Deckenbau ist auch auf den Shetland-Inseln zu erkennen.

In den südlichen Hochlanden, im nordenglischen Seengebiet und in Wales waren Faltung und Metamorphose schwächer. Radiometrische Messungen ergeben hier für die Gesteinskristallisationen ein Alter von 470 Mio. J. und für die Schieferung 417–389 Mio. J. Die Intrusion der postkinematischen Granite erstreckte sich bis in das untere Devon (385–395 Mio. J.).

In Norwegen und Schweden überfuhren die mächtigen Sediment- und Vulkanit-Folgen der kaledonischen Eugeosynklinale die Randzonen des Baltischen Schildes. Die metamorphen Gesteine (420 Mio. J.) sind von Gabbros und Granodioriten (Opdalit, Trondjemit) durchsetzt. Während der Faltung intrudierten (synkinematisch) basische Schmelzen (Dunit, Gabbro), später, im postkinematischen Stadium, Granite (390 Mio. J.).

In Skandinavien bestand vermutlich eine nach Osten abtauchende Subduktionszone.

Ein ähnliches Bild bietet der Appalachen-Trog Nordamerikas, bei dessen taconischer Faltung die hochmetamorphen, z. T. granitisierten Geosynklinalsedimente nach Westen glitten und den Rand des Kanadischen Schildes unter sich begruben.

Die kaledonischen Migmatite (390 Mio. J.) Spitzbergens und Ostgrönlands gingen aus jungproterozoischen Sedimenten hervor.

In den plattformferneren Bereichen der altpaläozoischen Geosynklinalen verlor die Orogenese an Wirksamkeit. Schwächere Bewegungen sind z. B. noch im Brabanter Massiv, in den Ardennen (ardennische Phase) und im Rheinischen Schiefergebirge nachzuweisen.

Lokale jungkaledonische Deformationen sind auch in den W e s t s u d e t e n und im P o l n i s c h e n M i t t e l g e b i r g e (Kielce) zu erkennen.

Mittel- und Südeuropa müssen aber im Bereich eines hohen Wärmestromes gelegen haben, da es in der tieferen Kruste zur Anatexis sowie einem granitisch-granodioritischem Plutonismus (480–420 Mio J.) kam, als dessen Oberflächenäquivalent der verbreitete rhyolithische Vulkanismus (S. 65) gelten kann.

Im Gegensatz zu den einschneidenden Krustenveränderungen in den Geosynklinalen sanken auf den Plattformen zwischen gewölbten Anteklisen weitspannige Syneklisen ein. In Nordamerika entstand u. a. der Cincinnati-Bogen und die tiefe Syneklise zwischen dem Michigan- und Huron-See. In Osteuropa bildete sich die Baltische Syneklise mit mehr als 1900 m mächtigen Sedimenten des Ludlow. Bedeutende orogenetische Vorgänge vollzogen sich auch in Mittelasien, am Südrand der Sibirischen Plattform und in China (Abb. 52).

5. Devon (395–345 Mio. J.)

Die Formationsbezeichnung wurde von R. J. MURCHISON & A. SEDGWICK 1839 eingeführt. *Devonshire,* Grafschaft in Südwestengland (Tab. 7).

a) Pflanzen- und Tierwelt

Die A l g e n f l o r a des Devons erreichte einen hohen Entwicklungsstand. Der Riesentang *Prototaxites* besaß blattähnliche Phylloide und „Stammdurchmesser" bis zu einem halben Meter. Eine grundlegende Wandlung der Pflanzenwelt trat mit der Ausbreitung der ersten noch urtümlichen G e f ä ß p f l a n z e n ein. Sie besiedelten zunächst die Küstensäume und feuchte Niederungen und drangen später auf das feste Land vor. Die Lebewelt wurde damit zu einem einflußreichen Faktor der Landschaftsgestaltung und der terrigenen Sedimentbildung.

Neben den im Unterdevon vorherrschenden, noch blattlosen P s i l o p h y t e n (Abb. 26) existierten bereits die L y c o ⟶

Tabelle 7. Gliederung des Devon.

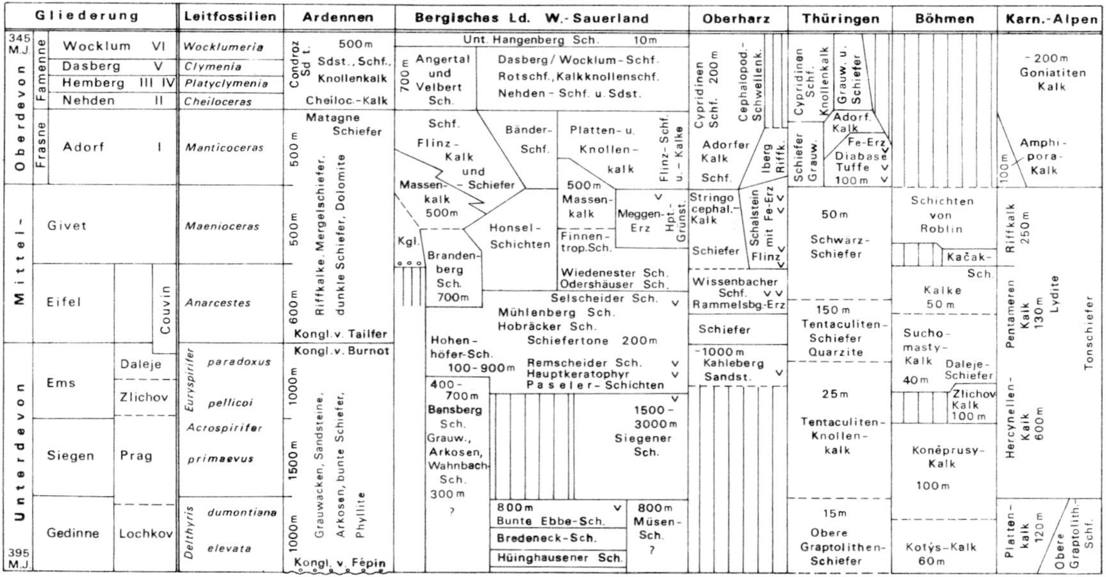
Gliederung
Leitfossilien
Ardennen
Bergisches Ld. W.-Sauerland
Oberharz
Thüringen
Böhmen
Karn.-Alpen
345 M.J.
395 M.J.
Oberdevon
Mittel-
Unterdevon
Famenne
Frasne
Wocklum VI
Dasberg V
Hemberg III IV
Nehden II
Adorf I
Givet
Eifel
Couvin
Ems
Daleje
Zlichov
Siegen
Prag
Gedinne
Lochkov
Wocklumeria
Clymenia
Platyclymenia
Cheiloceras
Manticoceras
Maenioceras
Anarcestes
Euryspirifer paradoxus
pellicoi
Acrospirifer primaevus
Delthyris dumontiana
elevata
Condroz Sd t.
500m
Sdst., Schf., Knollenkalk
Cheiloc.-Kalk
Matagne Schiefer
500m
500m
600m
Riffkalke, Mergelschiefer, dunkle Schiefer, Dolomite
Kongl. v. Tailfer
Kongl. v. Burnot
1000m
1500m
1000m
Grauwacken, Sandsteine, Arkosen, bunte Schiefer, Phyllite
Kongl. v. Fépin
Unt. Hangenberg Sch. 10m
700m
Angertal und Velbert Sch.
Dasberg / Wocklum-Schf.
Rotschf., Kalkknollenschf.
Nehden-Schf. u. Sdst.
Schf. Flinz-Kalk und -Schiefer
Bänder-Schf.
Platten-u. Knollen-kalk
Flinz-Schf. u.-Kalke
Massen-kalk 500m
500m Massen-kalk
Meggen-Erz
Hpt.-Grünst.
Kgl.
Branden-berg Sch. 700m
Honsel-Schichten
Finnen-trop.Sch.
Wiedenester Sch.
Odershäuser Sch.
Selscheider Sch.
Mühlenberg Sch.
Hobräcker Sch.
Schiefertone 200m
Hohen-höfer-Sch. 100-900m
Remscheider Sch.
Hauptkeratophyr
Paseler-Schichten
400-700m
Bensberg Sch.
Grauw., Arkosen, Wahnbach-Sch.
300m
?
1500-3000m
Siegener Sch.
800m
Bunte Ebbe-Sch.
Bredeneck-Sch.
Hüinghausener Sch.
800m
Müsen-Sch.
?
Cypridinen Schf. 200m
Cephalopod.-Schwellenk.
Adorfer Kalk
Schf.
Iberg Riffk.
Stringo cephal.-Kalk
Schalstein mit Fe-Erz
Schiefer
Flinz
Wissenbacher Schf.
Rammelsbg.-Erz
Schiefer
-1000m
Kahleberg Sandst.
Cypridinen Schf.
Knollenkalk
Grauw. u. Schiefer
Adorf. Kalk
Fe-Erz
Diabase Tuffe 100m
Schiefer Grauw.
50m
Schwarz-Schiefer
150m
Tentaculiten-Schiefer
Quarzite
25m
Tentaculiten-Knollen-kalk
15m
Obere Graptolithen-Schiefer
Schichten von Roblin
Kačak-Sch.
Kalke 50m
Sucho-masty-Kalk 40m
Daleje-Schiefer
Zlichov Kalk 100m
Koněprusy-Kalk
100m
Kotýs-Kalk 60m
-200m
Goniatiten Kalk
100m
Amphi-pora-Kalk
Riffkalk 250m
Pentameren Kalk 130m
Lydite
Tonschiefer
Hercynellen-Kalk 600m
Platten-kalk 120m
Obere Graptolith.-Schf.

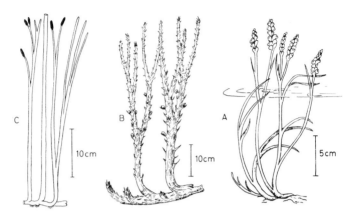

Abb. 26. Devonische Pflanzen.
A. *Zosterophyllum* (Unterdevon), die im Wasser flutende Pflanze weist „Ähren" von Sporangien auf (n. KRÄUSEL & WEYLAND 1935), B. *Drepanophycus* (Unterdevon). Die Triebe sind mit dornartigen Assimilationsorganen besetzt, die auf der Oberseite Sporangien tragen (n. KRÄUSEL & WEYLAND 1930), C. *Rhynia major* (Unteres Mitteldevon) mit sporentragenden, bzw. assimilierenden Trieben (Telom) (n. KIDSTON & LANG 1921).

p h y t e n (bärlappartige Gewächse), krautige, isospore Pflanzen. Sie bildeten vom Mitteldevon ab baumförmige, heterospore Gattungen mit verholzten Stämmen *(Cyclostigma)*.

Zur gleichen Zeit gab es bereits farnartige Pflanzen *(Pseudosporochnus)*. Aus dem Oberdevon sind mit *Pseudobornia* die A r t i c u l a t e n (Schachtelhalmgewächse) und auch die ersten S a m e n p f l a n z e n bekannt.

Vom Oberdevon an begannen sich auch die F o r a m i n i f e r e n erstmals zu entfalten.

Die Lebensgemeinschaften der Riffe bestanden überwiegend aus rugosen *(Disphyllum, Hexagonaria, Phillipsastrea)* und tabulaten Korallen *(Alveolites, Thamnopora, Favosites)* sowie Stromatoporen *(Actinostroma, Amphipora)*. Die Rugosen bildeten nicht nur Stökke, sondern auch Einzelkorallen *(Acanthophyllum, Microcyclus, Calceola)*.

Eine charakteristische Tabulate des sandigen Unterdevons war *Pleurodictyum* (Abb. 27).

Die B r a c h i o p o d e n , in der Hauptsache Articulaten, erreichten den Höhepunkt ihrer Entwicklung. Wichtige Gruppen bildeten die Spiriferaceen *(Hysterolites, Neospirifer)* mit kalkigen, spiraligen Armgerüsten, die Orthaceen, Strophomenaceen *(Schellwienella)* und die Terebratulaceen *(Stringocephalus, Rensselandia, Rhenorensselaeria, Uncites).*

Die systematische Stellung der massenhaft auftretenden T e n t a c u l i t e n und S t y l i o l i n e n ist noch unklar.

Im Devon machte die Entwicklung der A m m o n o i d e e n rasche Fortschritte. Die ursprünglich gestreckten Formen *(Bactrites)* begannen sich zu krümmen und bildeten fest gewickelte Gehäuse. Für die Goniatiten *(Manticoceras, Cheiloceras)* ist neben dem externen Sipho die einfache Faltung der Lobenlinien kennzeichnend. Die Clymenien *(Kosmoclymenia, Wocklumeria)* mit internem Sipho blieben auf das Oberdevon beschränkt.

Old-Red-Sedimente enthalten Reste der ersten L a n d s c h n e c k e n und S ü ß w a s s e r m u s c h e l n *(Archanodon).*

Bei den A r t h r o p o d e n erscheinen offenbar die ersten flügellosen Insekten *(Rhyniella).* Die ältesten geflügelten Insekten *(Eopteron)* fanden sich in oberdevonischen Ablagerungen.

Die T r i l o b i t e n starben am Ende des Devons bis auf die Proetaceen aus.

Bei den E c h i n o d e r m e n verschwanden einige im Ordovizium und Silur bedeutsame Formen (u. a. Cystoideen). Die Crinoiden entwickelten sich hingegen kräftig *(Ctenocrinus, Cupressocrinus, Hexacrinites).*

Seesterne (Asteroidea) und Schlangensterne (Ophiuroidea) sind in günstiger Lithofazies häufig gut erhalten, wie z. B. im Hunsrückschiefer.

Die im Ordovizium und Silur wichtigen G r a p t o l o i d e e n starben in der Ems-Stufe *(Monograptus yukonensis)* aus.

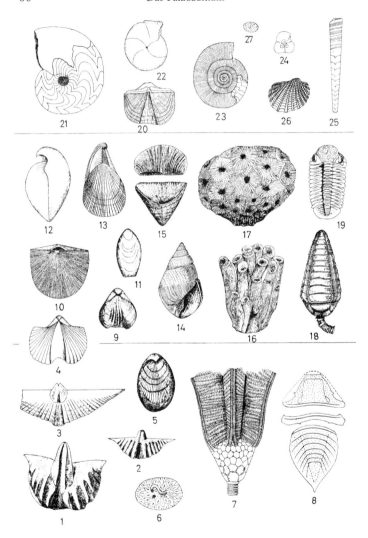

Abb. 27. Fossilien des Devons. Unter-Devon: Brachiopoda: 1. *Hysterolites (Acrospirifer) primaevus* (STEINM.), 2. *Hysterolites (Acrospi-*

Die Fische, ursprünglich Süß- und Brackwasserbewohner, siedelten im Laufe des Devons in die Meere über und entwickelten eine Fülle neuer Gattungen. Die gepanzerten Agnathen und die mit Unterkiefern ausgestatteten Placodermen (Arthrodiren, Antiarchi) erlebten ihre Blütezeit (Abb. 28).

Neben ihnen existierten die Knorpelfische (Chondrichthyer). Auch die Knochenfische (Osteichthyer) waren bereits im Unterdevon vorhanden und entfalteten sich im Mittedevon. Zu ihnen gehörten die Actinopterygier, die Dipnoer (Lungenfische) und die Crossopterygier (Abb. 29). Aus den Crossopterygiern gingen die Amphibien (Ichthyostega) hervor, indem sich u. a. die paarigen Flossen in Tetrapoden-Extremitäten umwandelten (Abb. 30).

Abb. 28. *Dinichthys sp.* (Kopf) — Zu den größten Panzerfischen (Arthrodiren) gehörender, bis 8 m langer Raubfisch des Oberdevons. Kopf und Vorderrumpf mit starken Knochenplatten gepanzert und gelenkig miteinander verbunden. Kiefer mit zahnartigen Knochengebilden (n. HEINTZ).

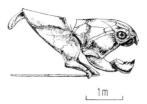

←

rifer) arduennensis (SCHNUR), 3. *Hysterolites (Acrospirifer) paradoxus* (SCHLOTH.), 4. *Hysterolites (Paraspirifer) cultrijugatus* (F. ROEM.), 5. *Rhenorensselaeria strigiceps.* (F. ROEM.).
Anthozoa: 6. *Pleurodictyum problematicum* GOLDF.
Pelmatozoa: 7. *Ctenocrinus typus* BRONN.
Trilobita: 8. *Digonus gigas* (ROEM.).
Mittel:Devon: Brachiopoda: 9. *Gypidula galeata* DALM., 10. *Schellwienella umbraculum* (SCHLOTH.), 11. *Rensselandia caiqua* (ARCH. & VERN.), 12. *Stringocephalus burtini* DEFR., 13. *Uncites gryphus* SCHLOTH., 1 : 4,5.
Gastropoda: 14. *Macrochilina arculata* SCHLOTH.
Anthozoa: 15. *Calceola sandalina* LAM., 16. *Disphyllum caespitosum* (GOLDF.), 17. *Hexagonaria hexagona* (GOLDF.).
Pelmatozoa: 18. *Cupressocrinus crassus* GOLDF.
Trilobita: 19. *Phacops schlotheimi* BRONN.
Ober-Devon: Brachiopoda: 20. *Neospirifer verneuili* (MURCH.).
Cephalopoda: 21. *Manticoceras intumescens* (BEYR.), 22. *Cheiloceras subpartitum* MÜNST., 23. *Kosmoclymenia undulata* (MÜNST.), 24. *Wocklumeria sphaeroides* (RICHTER), 25. *Bactrites elegans* SANDB.
Lamellibranchiata: 26. *Buchiola retrostriata* BUCH.
Ostracoda: 27. *Entomozoe serratostriata* (SANDB.).

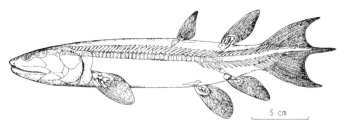

Abb. 29. *Eusthenopteron foordi* WHITEAVES (Crossopterygier) – Ob. Devon – Europa, Kanada – Länge 30 cm.
Flossen mit knöcherner Basis, Typus der an Land gehenden Wirbeltiere (n. GREGORY).

Abb. 30. *Ichthyostega* sp. – Ob. Devon (Old Red) – Grönland (Labyrinthodontier).
Vertreter der ältesten Amphibien mit geschlossenem Schädeldach, fünfzehige Extremitäten. Schwanz noch mit fischartigem Flossensaum (n. JARVIK 1955).

Wichtige Leitfossilien sind Korallen, Spiriferen (Unter-, Mitteldevon), Goniatiten, Clymenien (Oberdevon) und Ostracoden (Oberdevon). Große stratigraphische Bedeutung haben auch die in ihrer systematischen Stellung noch unsicheren Conodonten (Abb. 31).

b) Paläogeographie

Der Abstand zwischen den Kontinentalmassen der Nord- und der Südhalbkugel hat sich im Laufe des Devons vermutlich weiter verringert. Wesentliche Änderungen waren im Norden eingetreten als durch die kaledonische Orogenese die Nordamerikanisch-Grönländische und die Europäische Plattform miteinander kollidierten und den Nordatlantischen Kontinent bildeten.

Die Südküste dieses O l d - R e d - K o n t i n e n t s verlief in Europa von Südirland über Cornwall und Belgien nach Mittelpolen (Abb. 32). Zwischen den abgetragenen kaledonischen Gebirgsket-

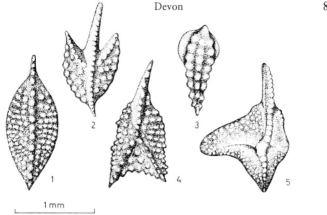

Abb. 31. Conodonten des Devons (n. LEHMANN 1964).
Die Gattung *Icriodus* (3) ist bereits aus dem Ludlow bekannt und liefert wichtige Leitformen im Unterdevon. *Polygnathus* (1) ist kennzeichnend für das Mitteldevon. *Palmatolepis* (5) tritt im Oberdevon auf. Die Gattungen *Ancyrognathus* (4) und *Ancyrodella* (2) sind in der Adorf-Stufe verbreitet.

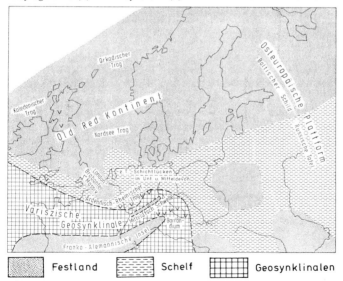

Abb. 32. Paläogeographie in Mittel- und NW-Europa während des Devons (n. W. KASIG).

ten sanken in England und Schottland intermontane Molassetröge ein, die bis zu 7000 m mächtige Old-Red-Sedimente aufnahmen.

Die durch Diskordanzen gegliederten Ablagerungen reichen vom Unter- bis Oberdevon und bestehen aus Konglomeraten, roten Arkosen und Sandsteinen mit Schrägschichtungen und Trockenrissen. Es sind fluviatil-limnische Bildungen halb trockener Klimabereiche. Lagunensedimente enthalten Pflanzenreste, Eurypteriden und Panzerfische.

Mit der Bruchtektonik des Molasse-Stadiums war ein andesitischer Vulkanismus verbunden. Zur gleichen Zeit intrudierten spätkaledonische Granite, Granodiorite und Alkalisyenite.

Der Schutt der aufsteigenden skandinavischen Kaledoniden füllte in N o r w e g e n einzelne Old-Red-Senken.

Old-Red-Ablagerungen sind auch aus S p i t z b e r g e n (> 4000 m) und aus G r ö n l a n d (> 6000 m) bekannt. In den oberdevonischen Mt. Celsius-Schichten Ost-Grönlands fanden sich die Reste der ältesten Amphibien *(Ichthyostega)*. Die oberdevonischen Schichtfolgen der B ä r e n i n s e l enthalten abbauwürdige Fettkohlenflöze.

In M i t t e l e u r o p a bildete sich im Unterdevon zwischen dem Old-Red-Kontinent im Norden und der Franko-alemannischen Insel im Süden die V a r i s z i s c h e G e o s y n k l i n a l e. Aus ihr griff das Meer im Laufe des Devons nach Norden und Süden über.

Es lassen sich hier zwei, besonders im Unterdevon deutlich ausgeprägte, Faziesbereiche unterscheiden: die rheinische Sand-Ton-Fazies mit Muscheln und kräftig gerippten Brachiopoden und die landfernere herzynische Kalk-Ton-Fazies mit dünnschaligen Muscheln, glatten Brachiopoden, Cephalopoden und Tabulaten (Abb. 33).

Die Sedimentfüllung der Geosynklinale ist am besten im A r d e n n i s c h - r h e i n i s c h e n S c h i e f e r g e b i r g e erschlossen.

Im Unterdevon lag das Trogtiefste in der Südhälfte des Gebirges. Hier wurden die Hunsrückschiefer mit ihren prächtig erhaltenen Fossilien, der Taunusquarzit und die mächtigen Siegener Schichten

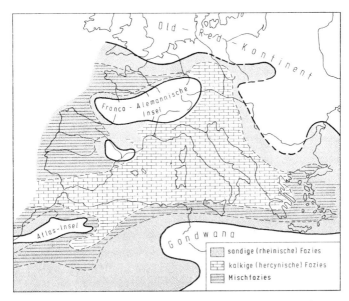

Abb. 33. Paläogeographie und Gesteinsfazies in Europa zur Zeit des Unterdevons (n. ERBEN 1960).

abgelagert. Im oberen Unterdevon verlagerte sich die Trogachse nach Norden. Es bildete sich der Lenne-Trog mit einer 5000 m mächtigen Schichtfolge des Oberems und Mitteldevons. Im Süden bestand der kleinere Lahn-Dill-Trog.

Während des höheren Mitteldevons breiteten sich über weite Gebiete Korallenrasen und Riffplatten aus. Gleichzeitig begann ein kräftiger Diabasvulkanismus, dem im Gedinne und Ems die Eruption von Keratophyren vorangegangen war. An den submarinen Förderspalten traten Natron-Keratophyre, Diabase, Spilite und Tuffe aus. Exhalative kieselsäurereiche Eisenlösungen bildeten die Roteisensteinlager des Lahn-Dill-Gebietes.

Die morphologische Gliederung der Geosynklinale verstärkte sich im Oberdevon.

Riffe und goniatitenreiche Knollenkalke kennzeichnen die ehemaligen Schwellen, kieselige Schiefer, Tuffe und Cypridinenschiefer die Beckenregionen.

Im Süden stiegen gegen Ende des Devons die Inselketten der M i t t e l d e u t s c h e n S c h w e l l e aus dem Meer. Ihre Abtragungsprodukte finden sich als Sandstein- und Grauwackenbänke in den pelagischen Ablagerungen des Oberdevon-Meeres.

Ganz ähnlich verlief die Entwicklung im H a r z. Auch hier entstanden im höheren Mitteldevon submarine Schalsteine, Keratophyre, Diabase und Roteisensteine (Elbingerode). Hydrothermalen Ursprungs sind auch die bekannten mitteldevonischen Kieserzlager vom Rammelsberg. Die Riffbildung hielt auch im Harz bis in das Oberdevon an (Iberg). Die Südharz-Selke-Grauwacke (1000 m) des Oberdevons stammt ebenfalls von der im Süden aufsteigenden Mitteldeutschen Schwelle, deren Bewegungen nach Norden abgleitende Olisthostrome auslösten.

Im F r a n k e n w a l d , T h ü r i n g e r W a l d und in S a c h s e n reicht die Graptolithenschiefer-Fazies des Silurs bis in das Unterdevon. Im Mitteldevon lagerten sich überwiegend Tentaculiten- und Schwarzschiefer ab. An der Wende Mittel-/Oberdevon erfolgten die ersten variszischen Bodenbewegungen (Reußische Phase), denen die polymikten Konglomerate des Oberdevons zuzuschreiben sind. Die Tuffe und Pillowlaven von Plantzschwitz (Vogtland) sind Zeugen vulkanischer Aktivität in der Adorf-Stufe.

Im Osten griff das Meer erst im oberen Ems auf den Süden des Hl. Kreuz-Gebirges über. Im Givet wurde Mähren überflutet (Massenkalk-Riffe; Mährischer Karst). In den Westsudeten erfolgte die Transgression im Oberdevon (Ebersdorf).

B ö h m e n hob sich dagegen im Givet über den Meeresspiegel, so daß die kalkige Sedimentation des Unter- und Mitteldevons ihr Ende fand. Pflanzenführende Sandsteine (Schichten von Roblin) zeigen die Festlandsbildung an.

Ablagerungen des Givets unter der heutigen N o r d s e e sprechen dafür, daß hier im Mitteldevon ein flacher, durch Riffe gegliederter Meeresarm von Süden her in das Old-Red-Festland eingriff.

Im Westen erweiterte sich das Meeresbecken ebenfalls. In der S ü d b r e t a g n e liegen mitteldevonische Schichten mit Basiskonglomeraten auf Silur. Das Meer erreichte im Mitteldevon auch die Nordvogesen, im Oberdevon den Südschwarzwald und den Nordteil des französischen Zentralmassivs.

In S ü d e u r o p a sind kalkige Ablagerungen des Devons, Riffkalke oder feinkörnige Kalksedimente mit Goniatiten und Clymenien weit verbreitet (Karnische Alpen, Steiermark, Montagne Noire, Sardinien, Antiatlas). Sie entwickeln sich lückenlos aus dem Silur und gehen ohne Diskordanz in das Devon über. Die Gegenküste des Meeres lag in Nordafrika (S. 95).

Die devonischen Riffkalke der K a r n i s c h e n A l p e n werden bis 1000 m mächtig. Die metasomatischen Eisenerzlagerstätten (Erzberg) der S t e i e r m a r k entstanden ebenfalls in Riffkalken des Devons.

Der Abtragungsschutt des Baltischen Schildes breitete sich vom Mitteldevon ab als großer Rotsandsteinfächer über die R u s s i s c h e T a f e l aus. Das Oberdevon-Meer bedeckte weite Gebiete im Zentrum und im Osten der Tafel. Im Famenne bestanden Salzlagunen in Lettland, Weißrußland, bei Moskau und im Großen Donbass. Das Erdöl der Wolga-Ural-Zone entstammt z. T. devonischen Bitumen-Kalken.

Die Devon-Ablagerungen der östlich anschließenden U r a l - G e o s y n k l i n a l e bestehen aus Riffkalken, Cephalopodenkalken, Lagunensedimenten und Vulkaniten (Basalte, Andesite, Dazite).

In Kasachstan und im Altai nahm die mit Inselzügen durchsetzte A n g a r a - G e o s y n k l i n a l e bis zu 6000 m mächtige Rotsedimente auf. Die intermontanen Senken (Minussinsk) der kaledonischen Hebungszone im Sajan-Baikal-Gebiet füllten sich mit pflanzenführenden Sedimenten (4000 m).

Die weiter südlich gelegene H i m a l a j a - S ü d c h i n a - G e o s y n k l i n a l e gehörte der Paläotethys (Prototethys) an, die sich seit dem Kambrium von Südeuropa bis nach Südostasien erstreckte. Vollständige devonische Schichtfolgen sind aus Yünnan bekannt. Von hier transgredierte das Meer im Mittel- und Oberdevon nach Nordosten auf die Chinesische Plattform, deren östliche und zentrale Teile jedoch Festland blieben.

Im Tsingling-Shan und den angrenzenden Gebieten ereignete sich gegen Ende des Devons eine erste variszische Faltung.

Die Nordamerikanische Plattform bildete einen großen, von der Kordilleren- und Appalachen-Geosynklinale gesäumten Kontinent. Vom Mitteldevon an transgredierte das Meer aus dem Kordilleren-Trog über die inneren Teile der Plattform und erreichte seine größte Ausdehnung. Im Verlauf der nachfolgenden Regression wurden nicht nur die Plattform, sondern auch weite Teile der randlichen Geosynklinalen trockengelegt.

Die devonischen Ablagerungen des Kordilleren-Troges bestehen in der Hauptsache aus Kalken.

Östlich des Kordilleren-Troges (Saskatchewan, Alberta) bildete sich im Mitteldevon ein ausgedehntes, teilweise von Riffen gesäumtes Salzbecken mit großen Kalisalzlagern.

Der Nordteil des Appalachen-Troges wurde gegen Ende des Mitteldevons von der acadischen Faltung erfaßt, die die Sedimentation in der Eugeosynklinale beendete. Der nach Westen verfrachtete Schutt des aufsteigenden Gebirges bildete u. a. das mächtige Catskill-Delta (Abb. 18). Die Schollenbewegungen lösten gleichzeitig einen kräftigen Vulkanismus und die Intrusion granitischer Schmelzen aus.

Die Kontinentalmasse der Südhalbkugel wurde z. T. von Geosynklinalen umsäumt und von epikontinentalen Flachmeeren überflutet.

In den bolivianischen Anden ist das Unter- bis Mitteldevon mehr als 4000 m mächtig.

Im Kap-System Südafrikas haben die Bokkeveld- und Witteberg-Gruppe devonisches Alter.

Die Tasman-Geosynklinale im Osten Australiens wurde am Ende des Mitteldevons von Krustenbewegungen erfaßt, denen sich Granitintrusionen anschlossen.

Epikontinentale Serien sind im Amazonas-Gebiet, in Argentinien und auf den Falkland-Inseln (Malvinen) erhalten.

In Nordafrika reichte das Meer über den Ahaggar bis zum Fessan. Südöstlich davon (Tibesti, Ennedi) sind kontinentale Sandsteine mit Pflanzenresten zu finden.

In der Antarktis (Horlick Mts.) liegen marine Schichten des Unterdevons diskordant auf granitischer Unterlage.

c) Klima

Soweit paläomagnetische Daten und geologische Klimazeugen erkennen lassen, scheint sich die Lage der Pole und des Äquators dem Silur gegenüber nicht wesentlich verändert zu haben. Der Äquator querte den NW Nordamerikas, Mittelgrönland, Nordeuropa und den Ostteil der Osteuropäischen Plattform (Abb. 34).

Wichtige Klimazeugen sind u. a. die Evaporite Nordamerikas, der Russischen Tafel und Australiens, sowie die Bauxite des mittleren Urals und des Salairs. Die nördliche Trockenzone verlief von Alaska quer durch Sibirien, die südliche umfaßte den Westen Australiens.

Im Mitteldevon können Teile des Brasilianischen Schildes vergletschert gewesen sein. In den südlichen Anden ist eine Gebirgsvergletscherung nicht auszuschließen.

Der Lage des Südpols im SW Afrikas entspricht die Verbreitung der an kühleres Wasser gebundenen Malvino-kaffrischen Faunenprovinz (Bolivien, Argentinien, Falkland Inseln, Ghana, Südafrika, Antarktis). Sie unterscheidet sich vom borealen[5] Devon der Nordhalbkugel, abgesehen von der Kalkarmut der Sedimente, vor allem durch die Brachiopoden- und Trilobitenfauna.

Im Verlauf des Devons scheinen sich die Faunenunterschiede zwischen der Nord- und der Südhalbkugel verringert zu haben. Die oberdevonischen Baumfarne *(Archaeopteris)* sind nur von den Nordkontinenten bekannt. Die Psilophytenflora breitete sich weltweit aus.

---

[5] boreal: Faunenprovinz der gemäßigten und polaren Zone.

Abb. 34. Mutmaßliche Verteilung der Kontinente im Devon mit Klimazeugen (n. SEYFERT & SIRKIN 1973). Legende wie Abb. 19 S. 68.

d) Krustenbewegungen

Die kaledonische Gebirgsbildung, die mit den jungkaledonischen Bewegungen (ardennische-, erische-, acadische Phase) zu Ende ging, rief auf der Nordhalbkugel einschneidende geographische Veränderungen hervor. Die alten Plattformen hoben sich und wurden durch die Faltung der zwischenliegenden Geosynklinalen zu einer großen Festlandsmasse vereinigt, in deren Seen und Flußniederungen erstmals Landpflanzen und Amphibien erschienen (Abb. 32, 34).

Die acadischen Bewegungen in den Appalachen und in Schottland, an der Wende Mittel-/Oberdevon, gehören in das Spätstadium der Orogenese. Vielleicht wurde erst damit die endgültige Verbindung zwischen der Nordamerikanischen und der Europäischen Plattform vollzogen (Abb. 52).

Das nach Süden zurückgedrängte Meer konzentrierte sich in einem von den Appalachen über Europa und Zentralasien zum Pazifik reichenden Geosynklinalsystem. Hier entwickelte sich ein reger submariner Vulkanismus. In Mitteleuropa wurden vor allem im höheren Mitteldevon und tieferen Oberdevon basaltische Laven gefördert.

Während das Kaledonische Gebirge im Norden Europas das Molasse-Stadium (Innensenken, Spaltenvulkanismus, postkinematische Intrusionen) durchlief, erfolgten in der variszischen Geosynklinale Mitteleuropas die ersten orogenen Deformationen (Abb. 53).

Die Reußischen Bewegungen spielten in der Umgebung der Böhmischen Masse eine Rolle und führten gegen Ende des Mitteldevons zur Verlandung Böhmens.

Im ausgehenden Devon verstärkte sich die variszische Bodenunruhe. Gleichzeitig begannen granitische Intrusionen (Abb. 53).

6. Karbon (345–280 Mio. J.)

Die Formationsbezeichnung wurde von R. J. MURCHISON 1839 eingeführt. Das Karbon ist die *„Steinkohlenzeit"* der Erdgeschichte (Tab. 8).

a) Pflanzen- und Tierwelt

Nach dem Aussterben der Psilophyten im Oberdevon erreichte die Entwicklung der niederen Gefäßpflanzen im Oberkarbon den Höhepunkt. Unter günstigen klimatischen Bedingungen entwickelte sich auf den Festländern ein üppiger Pflanzenwuchs, aus dem die reichsten Kohlenlagerstätten der Erdgeschichte hervorgingen.

Die ansehnlichen Stämme der L y c o p h y t e n (Lepidodendren, Sigillarien) und A r t i c u l a t e n (Calamiten) bestanden zum überwiegenden Teil aus Rinde und nur untergeordnet aus Sekundärholz (Abb. 35, 36).

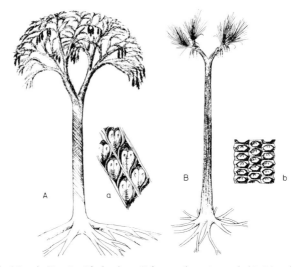

Abb. 35. A. Der *Lepidodendron* (Schuppenbaum) wurde bis 30 m hoch; Stammdurchmesser bis über 2 m. Die langen, geraden Blätter hinterließen nach dem Abfallen auf der Rinde in Schrägzeilen angeordnete Narben. Die Zapfen wurden bis 30 cm lang (n. Potonié 1899 u. Brinkmann 1963). B. *Sigillaria* (Siegelbaum) erreichte eine Höhe bis zu 20 m. Die Blattnarben bilden Geradzeilen. Die grasartigen, bis 1 m langen Blätter saßen an der Stammspitze; die Zapfen entsprangen unmittelbar dem Stamm (n. Mägdefrau 1953 u. Brinkmann 1963).

Bei den F a r n e n erschienen die bis zu 15 m hohen baumförmigen Marattiales. Die taxionomische Zuordnung des Farnlaubs (Pteridophylla) ist im einzelnen unsicher. Es kann zu echten Farnen aber auch zu primitiven Gymnospermen gehören (Abb. 37).

Die hochwüchsigen Cordaiten bildeten die Vorläufer der modernen C o n i f e r e n. Echte Nadelbäume *(Walchia)* erschienen erst im Stefan.

Obwohl Samenpflanzen weit verbreitet waren, wurden die Sumpfwälder von sporentragenden Bäumen beherrscht. Jahreszeitlich bedingt muß ein so dichter Sporenregen gefallen sein, daß ganze Kohlenlagen mit Sporen erfüllt sind (Kännel-Kohle).

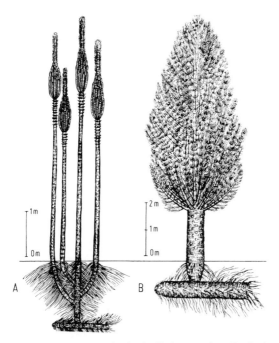

Abb. 36. Die *Calamiten* sind Schachtelhalmgewächse (Equisetinae), die bei einem Stammdurchmesser bis zu 1 m Höhen von über 20 m erreichen. Die Untergattung *Stylocalamites* (A) besitzt mehrere gleichartige, astfreie Stämme. Bei *Eucalamites* (B) entsprangen aus jedem Knoten mehrere Äste. Die Stämme saßen auf unterirdischen, waagerecht verlaufenden Sproßwurzeln. Erhalten sind zumeist nur die Ausfüllungen des Markhohlraumes im Stamminnern (n. HIRMER 1927).

In Europa vollzog sich im Namur ein besonders auffälliger Florenwechsel („Florensprung").

Die F o r a m i n i f e r e n wurden im Karbon das erste Mal gesteinsbildend. Vom Oberkarbon bis zum Perm bildeten sich großwüchsige Formen. Es entstanden unter gleichzeitiger Verstärkung der Kammerscheidewände scheibenförmige, später spindelige und kugelige Gehäuse (Fusulinacea).

Abb. 37. Blattumrisse und Aderung jungpaläozoischer Pteridophyllen (n. GOTHAN & REMY):
1. *Pecopteris plumosa* ART., Westfal-Stephan, 2. *Paripteris* [*Neuropteris*] *scheuchzeri* HOFFM., Westf. C–D, 3. *Linopteris neuropteroides* (GUTB.) H. POT., Westfal, 4. *Sphenopteris adiantoides* SCHLOTH., Namur A, 5. *Alethopteris lonchitica* (SCHLOTH.) UNG., Namur B–Westf. D, 6. *Lonchopteris rugosa* BRGT., Westf. A–B, 7. *Sphenopteris hoeninghausi* BRGT., Westf. A, 8. *Pecopteris candolleana* BRGT., Westf.-Rotliegendes, 9. *Imparipteris* [*Neuropteris*] *ovata* HOFFM., Westf. D-Stefan, 10. *Alloiopteris coralloides* GUTB., Westf. A–D.

S t r o m a t o p o r e n und T a b u l a t e n *(Michelinia)* verloren an Bedeutung. Bei den Rugosen entfalteten sich besonders die Zaphrentiden *(Zaphrentoides, Lithostrotion)*.

Die B r y o z o e n *(Archimedes)* bildeten Riffe. Die B r a c h i o p o d e n waren immer noch die vorherrschenden Zweischaler der

Meere. Unter ihnen entwickelten die Productiden *(Productus giganteus)* und die Spiriferaceen großwüchsige Formen (Abb. 38).

Die marine M u s c h e l fauna bestand u. a. aus Pectinaceen *(Posidonia)* und den neu auftretenden Pinniden und Limiden. Die Süßwassermuscheln *(Carbonicula)* erlangten im Oberkarbon Bedeutung.

In den Kohlenmooren erschienen neben den L a n d s c h n e k k e n die ersten S ü ß w a s s e r s c h n e c k e n *(Dendropupa).*

Bei den C e p h a l o p o d e n behielten die Goniatiten ihre Bedeutung, während die Clymenien am Ende des Devons erloschen. Die Kammerscheidewände begannen sich zu falten, Schalenverzierungen wurden häufiger. Im Oberkarbon wurden außerdem Rostren der frühesten endocochleaten Cephalopoden (Oleoidea) gefunden.

Die T r i l o b i t e n verschwanden bis auf die Proetaceen *(Phillipsia, Archegonus).* Andere A r t h r o p o d e n gruppen standen dagegen in voller Blüte. Die Waldmoore wurden von Krebsen, Eurypteriden, Xiphosuren, Spinnen und Tausendfüßlern bevölkert. Zu Beginn des Oberkarbons erlebten die geflügelten Insekten eine erste Blüte. *Stenodictya* erreichte eine Spannweite von 75 cm. Außerdem erschienen die echten Libellen.

Die seit dem Kambrium bekannten gestielten E c h i n o d e r m e n erloschen bis auf die Crinoiden und Blastoideen weitgehend. In karbonischen Schichten treten auch Skelettelemente von Holothurien auf.

Nach dem Aussterben der meisten Panzerfische zu Beginn des Karbons erlangten die K n o r p e l - (Cladodus) und K n o c h e n f i s c h e *(Acanthodes, Chirodus)* große Bedeutung.

Die anatomische Vielfalt der A m p h i b i e n spricht dafür, daß diese Tiergruppe im Karbon weit verbreitet war (Labyrinthodonten, Lepospondylen). Aus den Amphibien gingen noch im Oberkarbon die ersten R e p t i l i e n hervor.

Marine L e i t f o s s i l i e n des Karbons sind Goniatiten, Korallen (Unterkarbon), Brachiopoden (Unterkarbon), Fusuliniden (Oberkarbon) und Conodonten. Limnisch-terrestrische Ablagerungen können mit Hilfe von Pflanzenfossilien gegliedert werden.

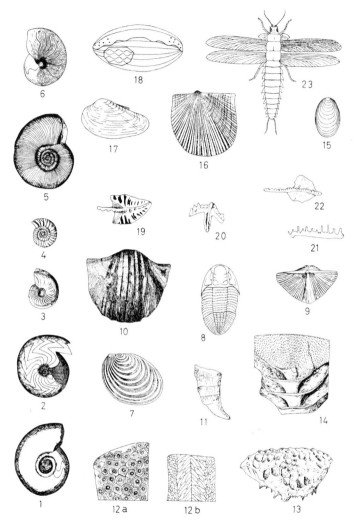

Abb. 38. Fossilien des Karbons. C e p h a l o p o d a : 1. *Gattendorfia subinvoluta* MSTR., Tournai, 2. *Goniatites crenistria* (PHILL.), Visé, 3. *Eumorphoceras bisulcatum* GIRTY, Namur A, 4. *Reticuloceras reticulatum*

b) Paläogeographie

Die Festlandsmassen der Nord- und der Südhalbkugel rückten im Karbon so nahe aneinander, daß ein globaler Großkontinent – die P a n g ä a – entstand (Abb. 42). Zwischen Europa und Afrika bildete die Paläotethys ein nach Osten geöffnetes ozeanisches Becken, das an seinem keilförmigen Westende vermutlich in ein epikontinentales Flachmeer überging.

In der Variszischen Geosynklinale Mitteleuropas verstärkten sich vom Unterkarbon an die orogenen Bewegungen.

Beim Vorrücken der Faltung von Süden nach Norden erweiterte sich auch der Ablagerungsraum nach Nordwesten auf den Rand des Old-Red-Kontinents.

Ein Kennzeichen der orogenen Zonen sind die Flysch-Sedimente der K u l m - F a z i e s. Die stabileren Plattformränder wurden dagegen von der K o h l e n k a l k - F a z i e s eingenommen.

Kohlenkalke sind in Großbritannien und in der Umgebung des Brabanter Massivs weit verbreitet. In den südlichen Randbereichen des Massivs treten Crinoiden- und Oolithkalke auf, nach dem Beckeninneren hin schließen sich Bryozoen-Riffe und bituminöse Plattenkalke an.

◄────

PHILL., Namur B, 5. *Gastrioceras subcrenatum* SCHLOT., Westfal. A, 6. *Anthracoceras aegiranum* H. SCHM., Westfal C.
L a m e l l i b r a n c h i a t a : 7. *Posidonia becheri* BRONN., 1 : 3.
T r i l o b i t a : 8. *Phillipsia gemmulifera* (PHILL.).
B r a c h i o p o d a : 9. *Spirifer striatus* MART., 10. *Productus giganteus* SOW., 1 : 4,5.
A n t h o z o a : 11. *Zaphrentoides konincki* (E. H.), 12. *Lithostrotion portlocki* E. H., 13. *Michelinia favosa* GOLDF.
B r y o z o a : 14. *Archimedes wortheni* HALL.
B r a c h i o p o d a : 15. *Lingula mytiloides* SOW., × 2,3.
L a m e l l i b r a n c h i a t a : 16. *Pterinopecten papyraceus* (SOW.), 17. *Carbonicola acuta* SOW.
F o r a m i n i f e r a : 18. *Fusulina cylindrica* FISCH., × 3,5.
C o n o d o n t a : 19. *Polygnathus orthoconstricta* THOMAS, × 9, 20. *Scaliognathus anchoralis* BRANSON & MEHL, × 9, 21. *Hindeodella segaformis* BISCHOFF, × 9, 22. *Gnathodus bilineatus* (ROUNDY), × 9.
I n s e c t a : 23. *Stenodictya lobata* BRONGN., 1 : 3,3.

Im Umkreis der Mitteldeutschen Schwelle überwog die Kulm-Fazies (Abb. 39).

Die Schuttmassen am Nordrand der Schwellenzone verlagerten sich dem Wandern der Faltung entsprechend im Laufe des Karbons ständig nach Nordwesten.

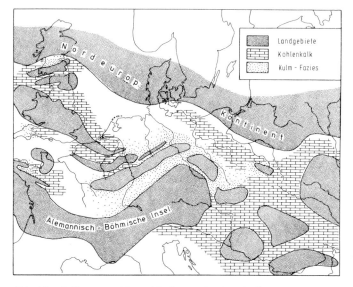

Abb. 39. Paläogeographie und Sedimentation in Mitteleuropa im unteren Visé (n. E. PAPROTH 1976).

So folgen im Harz, von SO nach NW, die Tanner Grauwacken (Tournai) des Mittelharzes, die Quarzite des Ackerbruchberges (Untervisé) und die mächtigen Grauwacken des Oberharzes (Obervisé-Namur) aufeinander. Im Obervisé bildeten sich auch Olisthostrome.

Im Lahn-Dill-Gebiet lebte im Tournai auch der Vulkanismus (300 m Deckdiabas) wieder auf.

Südlich der Mitteldeutschen Schwelle, in Thüringen, im Frankenwald und in Sachsen, ist das Tournai vorwie-

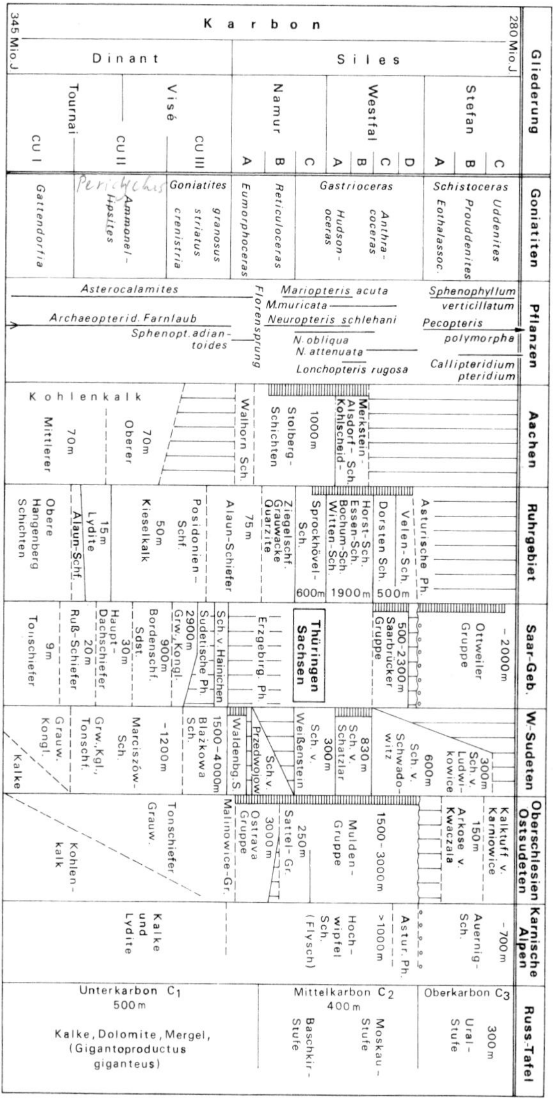

Tabelle 8. Gliederung des Karbon.

gend schiefrig (Dachschiefer), das Visé sandig-konglomeratisch ausgebildet. Die sudetische Diskordanz liegt hier zwischen Kulm-Grauwacken und den Schichten von Borna-Hainichen innerhalb des oberen Visés (Tab. 8).

Im S c h w a r z w a l d werden marine Ablagerungen des Devons und tieferen Karbons von pflanzenführenden Schottern des oberen Visé diskordant überlagert.

In den W e s t s u d e t e n führte die zunehmende Bodenunruhe zur verstärkten Anlieferung (> 5000 m) klastischer Sedimente.

In den O s t s u d e t e n überlagern mächtige Kulm-Sedimente den bretonisch gefalteten Untergrund. Eine Schichtlücke zwischen Unter- und Oberkarbon besteht nicht. Die Kulm-Fazies des P o l n i s c h e n M i t t e l g e b i r g e s wird im Süden, bei Krakau, und im Osten, am Rand der Osteuropäischen Plattform, vom Kohlenkalk abgelöst (Abb. 39). Kohlenkalk (1200 m) wurde auch auf der Insel Rügen erbohrt.

An der Wende vom Unter-/Oberkarbon führten die Bewegungen der sudetischen Phase zur Heraushebung weiter Gebiete Mitteleuropas. Das Meer verblieb jedoch in der nördlichen Molasse-Senke, die sich von Devonshire über Belgien ins Ruhrgebiet erstreckte und den Schutt des aufsteigenden Gebirges aufnahm. Ein weiterer Molasse-Trog entstand in Oberschlesien (Abb. 54).

Die R h e i n i s c h e V o r s e n k e enthält bis 7000 m mächtige, kohleführende Sedimente. Die zyklische Gliederung der Ablagerungen spricht dafür, daß am Gebirgsrand fluviatile Sedimentation, die Ausbreitung großer Waldmoore und kurzfristige Meereseinbrüche vielfach miteinander wechselten. Die Kohleführung ist in den Schichten des unteren Westfals am größten und nimmt im oberen Westfal rasch ab. Die größten Vorräte mit etwa 65,2 Mrd. t (bis 1200 m Tiefe) liegen im Ruhrgebiet (Flamm-, Magerkohle). Im ganzen sind hier 80–85 bauwürdige Flöze bekannt, bei Aachen 75, in Belgien 53–67 Flöze. Im Westfal D und Stefan verschwinden die Flöze und die Gesteine nehmen eine rote Farbe an.

An der Wende Westfal/Stefan wurden die südlichen Teile der Vorsenke gefaltet und dem Gebirge angegliedert. Wie die Zone stärkster

Absenkung (Abb. 40) wanderte östlich des Rheins auch die Faltung von Süden nach Norden.

Flachliegendes Vorlandkarbon ist auch in H o l l a n d (Südlimburg, Campine) weit verbreitet und reicht bis unter die Nordsee. Die flözführenden Partien keilen südlich des Doggerbank-Hochs aus.

Die O b e r s c h l e s i s c h e V o r s e n k e war im Westen (Sudeten) und Norden (Polnisches Mittelgebirge) von Faltungszonen umgeben und stand offenbar nach Süden mit einem offenen Meer in Verbindung. Im Gegensatz zur Rheinischen Vorsenke endeten die Meereseinbrüche hier früher, die Kohlenbildung setzte bereits im Namur ein. Die Kohlenvorräte bis in 1000 m Tiefe werden auf 80 Mrd. t geschätzt.

Im Gegensatz zu den paralischen Saumsenken[6] enthalten die Innensenken des Variszischen Gebirges ausschließlich limnische Sedimente (Westfal-Rotliegendes).

Im S a a r - B e c k e n zwischen Hunsrück und Pfälzer Wald besteht die flözführende Schichtfolge aus Sanden, Konglomeraten und Schiefern des Westfals (3700 m) und teils rotgefärbten Ablagerungen des Stefans (1500 m). Die Kohlenvorräte betragen etwa 2,3 Mrd. t.

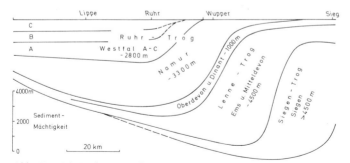

Abb. 40. Die Verlagerung der Sedimenttröge des Rheinischen Schiefergebirges im Devon und Karbon (n. R. TEICHMÜLLER 1973).

[6] paralisch: im Küstenbereich gebildet

Der S a a l e - T r o g weiter im Nordosten nahm den Schutt des Thüringer Waldes und Oberharzes auf (Abb. 48).

Im I n n e r s u d e t i s c h e n B e c k e n hielt die Sedimentation vom Unterkarbon bis in das Rotliegende an. Dabei verschob sich die Beckenachse ständig von Nordosten nach Südwesten. Eine sudetische Winkeldiskordanz an der Wende Unter-/Oberkarbon fehlt. An der Wende Westfal/Stefan drangen rhyolithische Laven auf. Die Schichten des Oberkarbons enthalten etwa 3 Mrd. t Kohle.

Im Becken von P i l s e n und K l a d n o begann die Sedimentation im Oberwestfal. Die Kohlenvorräte betragen etwa 280 Mio. t. Die stefanische Nürschaner Gaskohle lieferte zahlreiche Amphibienreste.

In S ü d e u r o p a und im M i t t e l m e e r g e b i e t (Iberische Halbinsel, Südfrankreich, Korsika, Karnische Alpen, Balkan) ist die Kulm-Fazies teils bis ins Oberkarbon entwickelt.

Die Variszische Geosynklinale erreichte also zwischen dem Old-Red-Kontinent des Nordens und der Afrikanischen Plattform im Süden, wenn man von der heutigen Position Afrikas ausgeht, eine Breite von mehr als 2000 km.

Die variszische Faltung unterbrach die marine Sedimentation in weiten Teilen des Mittelmeer-Gebietes.

In Teilen des östlichen Mittelmeer-Gebietes bestand bis in das Perm hinein ein epikontinentales Meeresbecken (Fusulinenkalke).

Gegen Ende des Unterkarbons wurde der größte Teil der Iberischen Halbinsel über den Meeresspiegel gehoben.

Die Hauptfaltung des Hochatlas erfolgte an der Wende Namur/Westfal. Damit begann auch die Senkung kohleführender Molassetröge. Im unteren Stefan griff die Faltung auf den Antiatlas über.

In den O s t - und W e s t a l p e n liegt klastisches, teils kohleführendes Oberkarbon auf variszisch gefaltetem Untergrund. In den Südalpen transgredierten aber bereits im Stefan die marinen Auernig Schichten (asturische Diskordanz).

Die Gebiete des alten devonischen Kontinents in N o r d - und O s t e u r o p a verhielten sich ähnlich wie im Devon. Während der Baltische Schild zusammen mit dem Kaledonischen Gebirge Norwegens aufstieg, lagen Teile Großbritanniens, Spitzbergens und der Russischen Tafel unter dem Meeresspiegel.

In G r o ß b r i t a n n i e n bestand ein nach Westen geöffneter Golf, in dem sich von Nordosten her ein großes Delta (Millstone Grit) vorbaute. Die meisten Flöze der auf dem englisch-schottischen Schelf abgelagerten Kohlen sind in den Middle Coal measures des Westfal B enthalten.

Unterkarbonische Kohlen sind auch in S p i t z b e r g e n erschlossen.

Auf der R u s s i s c h e n T a f e l liegen über den Sedimenten der oberdevonischen Lagune faunenreiche Kalke (Gigantoproductus ⌀ 35 cm) eines unterkarbonischen Binnenmeeres. Die Braunkohlen (6,8 Mrd. t) des Moskauer Gebiets bildeten sich während des Visés. Im Ostteil der Tafel sind Fusulinenkalke des mittleren (Namur B-Westfal D) und oberen Karbons weit verbreitet. Im Süden nahm der Donez-Trog (Donbass) mehr als 10 000 m mächtige paralische Sedimente (Visé-Oberkarbon) mit etwa 330 Flözen (70–90 Mrd. t Kohle) auf.

Der Höhepunkt der Kohlenbildung lag auch hier im Westfal. Der Donbass stellt das größte Anthrazit-Vorkommen der UdSSR dar.

In der U r a l - G e o s y n k l i n a l e stiegen im Tournai auf alten Nord-Süd-Spalten noch einmal basische Laven auf. Im Visé breiteten sich über weite Teile des Urals bis zum Tienschan monotone Kalkserien aus. Im Mittelkarbon setzte dann, von Osten nach Westen fortschreitend, die Faltung ein.

Auch in der A n g a r a - G e o s y n k l i n a l e begann die Faltung. Bei Karaganda liegen mächtige paralische Kohleserien des Visés. Das Unterkarbon des Altais entspricht der Kulm-Fazies (3000 m).

Am Ende des Unterkarbons wurden weite Teile der Geosynklinale gehoben, so daß das mittlere und obere Karbon nur lückenhaft erhalten ist. Die entstehenden Innensenken füllten sich mit Molasseablagerungen und Vulkaniten. Zu ihnen gehören die Becken von Kusnezk und Minussinsk. Im Balkasch-Trog liegen bis 3500 m mächtige klastische Sedimente und Porphyrite diskordant auf Unterkarbon. Mittel- und oberkarbonische Kupfersandsteine bilden die große Kupferlagerstätte Dsheskasgan (Kasachstan).

Die Sibirische Plattform senkte sich zunächst, wurde aber bald wieder Festland. Im Tunguska-Trog begann die bis ins Perm reichende Bildung ausgedehnter Kohlenserien. Bedeutende Kohlenlager entstanden während des Oberkarbons auch auf der Nordchinesischen Plattform (Schansi).

In der von Südeuropa über Südostasien nach Ostaustralien reichenden Paläotethys sind Ablagerungen des Karbons verbreitet. Am Südwestrand der Chinesischen Plattform (Kuenlun, Nanschan, Yünnan, Kwansi) müssen sich frühkarbonische orogene Bewegungen abgespielt haben, da das Visé diskordant auf ältere Gesteine übergreift. Das gleiche Gebiet wurde auch von der mittelkarbonischen Faltung erfaßt. Noch im Oberkarbon setzte aber eine erneute Überflutung ein.

Nach vorangegangener frühkarbonischer Faltung erlebte auch die Tasman-Geosynklinale im Osten Australiens gegen Ende des Unterkarbons den Höhepunkt ihrer orogenetischen Entwicklung (Kanimbla-Faltung). Mit ihren postkinematischen Graniten sind bedeutende Lagerstätten (Gold, Zinn, Wolfram, Molybdän, Wismut, Kupfer, Silber, Blei) verbunden.

In Nordamerika entspricht das Unterkarbon des Appalachen-Troges der Kulm-Fazies. Im Oberkarbon bis Mittelperm wandelte die Allegheny-Orogenese die verbliebenen Teile der Geosynklinale in ein Gebirge um. Die Vorsenke im Westen nahm die entstehenden Schuttmassen auf und bot die Voraussetzungen für die Bildung ausgedehnter Sümpfe und Marschen, aus denen große Kohlenlagerstätten entstanden. Die kleineren, noch gefalteten Becken im Osten (Pennsylvanian) enthalten Anthrazite (20 Mrd. t), die ungefalteten Zonen der Vorsenke dagegen gasreiche Kohlen (500 Mrd. t).

Auch auf den sinkenden Teilen der Nordamerikanischen Plattform entwickelten sich große Waldmoore. Das Oberkarbon von Illinois und Kentucky weist 8 Flöze mit Einschaltungen von Fusulinen-, Brachiopoden- und Korallenkalken (Westfal C und D) auf (Abb. 3). In dem weiter westlich gelegenen Becken von Iowa und Texas wächst die Sedimentmächtigkeit bis auf 8000 m an. Beide Midcontinent-Becken enthalten etwa 420 Mrd. t Kohle.

Der G o n d w a n a - K o n t i n e n t bildete ein von Sedimenttrögen umsäumtes Festland, in das zeitweilig das Meer einbrach.

Im unteren A m a z o n a s - B e c k e n bestand eine epikontinentale Flachsee. In N o r d a f r i k a stieß die Unterkarbon-Transgression bis zum Tibesti-Becken und auf die Halbinsel Sinai vor.

Ein erdgeschichtliches Ereignis von erstrangiger Bedeutung stellt die I n l a n d v e r e i s u n g des Gondwana-Kontinents dar.

In S ü d a f r i k a zeugen die Dwyka-Tillite, bis 400 m mächtige Blockpackungen mit gekritzten Geschieben, für eine ausgedehnte Vereisung. Die Gletscherschrammen auf dem Felsuntergrund weisen auf mehrere Vereisungszentren. Aus S ü d a m e r i k a sind die Gesteine der glazigenen Itararé-Formation, aus I n d i e n die Talchir-Tillite, aus A u s t r a l i e n Bändertone und Moränen der Kuttung-Serie sowie die höheren Lochinvar-Tillite und aus der A n t a r k t i s die Buckeye-Tillite (Horlick-Mts.) bekannt.

Der Meeresspiegelanstieg beim Eisrückzug führte an der Wende Karbon/Perm zu einer kurzfristigen marinen Transgression, die die Eurydesmen-Schichten hinterließ (Abb. 41). In Indien erfolgte die Überflutung von Norden her aus der Tethys.

Abb. 41. *Eurydesma ellipticum* WAAGEN – Perm – Salt Range. Rechte Klappe mit großem Schloßzahn (n. KOKEN 1904).

c) Klima

Im Laufe des Karbons scheint sich, vielleicht im Zusammenhang mit der variszischen Gebirgsbildung, eine zunehmende Klimadifferenzierung eingestellt zu haben. Der Umstand, daß im tieferen Karbon noch keine Florenprovinzen erkennbar sind, scheint u. a. für ein zunächst ausgeglicheneres Klima zu sprechen. Der Südpol rückte im Laufe des Karbons anscheinend von Südafrika in die Antarktis, während der Nordpol im Nordpazifik lag.

Die Kohlen Kasachstans und der Tunguska-Senke entstammen vermutlich dem gemäßigt-humiden Bereich. Demgegenüber läßt sich die Vegetation im Osten Nordamerikas, in Mittel- und Südeuropa einer tropisch-humiden Zone zuordnen (Abb. 2).

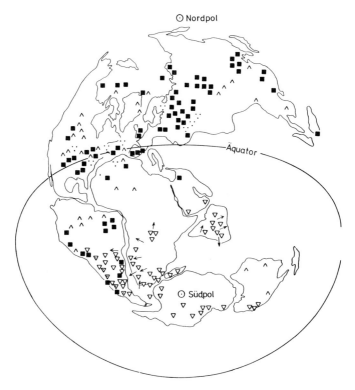

Abb. 42. Mutmaßliche Verteilung der Kontinente im Karbon mit Klimazeugen (n. SEYFERT & SIRKIN 1973). Legende wie Abb. 19 S. 68.

Neben den Kohlengürteln gibt es Hinweise auf eine aride Zone mit Salz- und Gipsablagerungen in Nordamerika (Utah, Colorado, Minnesota) und dolomitreichen Gesteinen auf der Russischen Tafel. Die Trockenzone südlich des Äquators querte den Norden Südamerikas und Nordafrika. Weiter südlich folgten die Vereisungsgebiete des Gondwana-Kontinents.

In Europa ist seit dem Devon eine Verlagerung der Kohlenvorkommen von N nach S zu erkennen. Oberdevonische und unterkarbonische Kohlen liegen im Norden (Bäreninsel, Spitzbergen, Ural), Kohlen des Oberkarbons häufen sich in Mitteleuropa und im Südteil der Russischen Tafel. Der Äquator scheint in diesem Zeitraum von Skandinavien um etwa 2000 km nach Süden gerückt zu sein.

Mit dem Stefan setzte sich in Europa allmählich trockeneres Klima durch. Die Kohlenbildung nahm nach dem Höhepunkt im Westfal ab. Zugleich erschienen zunehmend Rotsedimente.

Die Problematik solcher paläoklimatischer Rekonstruktionen wird klar, wenn man bedenkt, daß die heutigen Urwälder des Amazonas nur durch eine schmale Andenkette von den Wüsten an der Westküste Perus getrennt werden.

d) Krustenbewegungen

Am Ende des Unterkarbons erreichte die v a r i s z i s c h e O r o g e n e s e in Europa ihren Höhepunkt (Abb. 53). Aus den gefalteten Geosynklinalen stiegen langgestreckte Gebirge auf, die das Meer in die wandernden Vorsenken (Molasse) zurückdrängten (S. 134). Gleichzeitig entwickelte sich ein ausgedehnter Plutonismus (Diorite, Granodiorite, Granite), dem sich vulkanische Förderungen anschlossen (Andesite, Rhyolithe).

Am Rande der Tethys sanken Teile der variszischen Faltungszone bereits im Oberkarbon erneut unter den Meeresspiegel.

7. Perm (280–230 Mio. J.)

Die Formationsbezeichnung wurde von MURCHISON 1849 für bunte Sedimente im russischen Gouvernement *Perm* eingeführt. R o t l i e g e n d e s und Z e c h s t e i n sind alte Bergmannsausdrücke aus dem Mansfelder Revier (Tab. 9, 10).

a) Pflanzen- und Tierwelt

Im höheren Perm gelangten die N a d e l g e w ä c h s e zur Vorherrschaft. Dennoch wurden die feuchten Standorte immer noch von kohlebildenden Pflanzengesellschaften eingenommen, die denen des Oberkarbons nahestanden. *Glossopteris, Gangamopteris* und *Gigantopteris* waren bezeichnende Gymnospermen der Südhalbkugel (Abb. 43).

Zu den höheren Pflanzen des nun anbrechenden M e s o - p h y t i k u m s gehören neben den C o n i f e r e n *(Walchia, Ullmannia)* die G i n k g o p s i d a *(Baiera)*, ferner *Callipteris* und *Pterophyllum,* die beiden letzten mit Samen und farnähnlichem Laub.

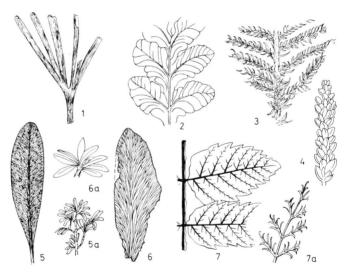

Abb. 43. Pflanzen des Perms.
1. *Baiera digitata* BRGT., Perm, nach GOTHAN, 2. *Callipteris conferta* BRGT., Rotliegendes, 3. *Lebachia (Walchia) piniformis* STERNB., (Stefan-) Rotlieg., n. BRINKMANN, 4. *Ullmannia bronni* GOEPP., Zechstein, n. GOTHAN, 5. *Glossopteris,* ab Oberkarb., n. GOTHAN, 5 a. beblätterter Sproß, n. SEWARD. 6. *Gangamopteris,* ab Oberkarb., n. GOTHAN, 6 a. beblätterter Sproß, n. SEWARD, 7. *Gigantopteris nicotianaefolia* SCHENK, ab Oberkarb., n. HALLE, 7 a. Kletterorgan.

Das Perm brachte auch in der T i e r w e l t eine Wende. Viele altertümliche Arthropoden (Trilobiten, Eurypteriden), Brachiopoden und Echinodermen starben aus.

Die R e p t i l i e n befanden sich in schneller Entfaltung.

Unter den P r o t o z o e n erschienen neben den spindelförmigen, bereits seit dem Oberkarbon vorhandenen Fusuliniden die kugelförmigen Neoschwageriniden.

Bei den C o e l e n t e r a t e n verschwanden die Tabulaten und Stromatoporen weitgehend. Aus den Rugosen entstanden Formen mit einer sechsstrahligen Symmetrie.

Die permischen Riffe wurden weitgehend von B r y o z o e n *(Fenestella, Acanthocladia)* und Schwämmen aufgebaut (Abb. 44). Die B r a c h i o p o d e n stellten weiterhin den Hauptanteil der marinen Zweischaler. Wichtig sind die Productaceen *(Productus, Strophalosia)*, die Spiriferaceen und die Strophomenaceen *(Streptorhynchus)*. Daneben erschienen Formen mit korallenähnlichem Höhenwachstum *(Richthofenia)* und zerschlitzter Dorsalklappe *(Oldhamina)*. Noch vor Beendigung des Perms starben die Productiden und viele andere Brachiopoden-Gattungen aus.

M u s c h e l n waren weit verbreitet. Zu erwähnen sind insbesondere die Pectinaceen *(Aviculopecten)*.

Die S c h n e c k e n zeigten keine auffälligen Veränderungen. Zu den häufigsten Formen gehören u. a. die Bellerophontaceen *(Bellerophon)* und die Pleurotomariaceen *(Worthenia)*.

Die A m m o n o i d e e n besaßen zwar immer noch glattschalige Gehäuse, zeigten aber bereits zerschlitzte Lobenlinien *(Medlicottia, Agathiceras, Waageoceras, Otoceras)*. Auch sie gingen an der Wende Perm/Trias bis auf zwei Unterordnungen (Ceratitina, Phylloceratina) zugrunde.

Unter den gestielten Echinodermen starben die Blastoideen, nachdem sie ihre Blütezeit erlebt hatten, aus.

Die alten I n s e k t e n gruppen des Karbons verschwanden. Dafür tauchten die heute noch lebenden Ordnungen: Odonata (Libellen), Hemiptera (Schnabelkerfe), Neuroptera (Netzflügler) und die Coleoptera (Käfer) auf.

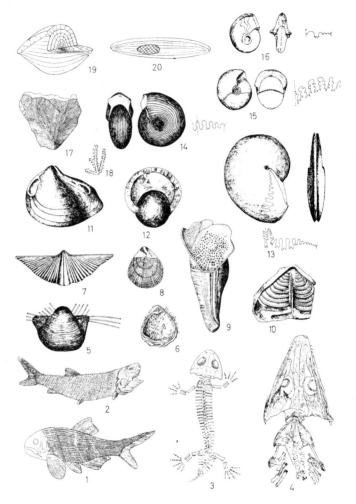

Abb. 44. Fossilien des Perms. P i s c e s : 1. *Amblypterus macropterus* BRONN (Rotliegend, 1 : 7, 2. *Palaeoniscus freieslebeni* AGASS., (Kupferschiefer), 1 : 7.
A m p h i b i a : 3. *Branchiosaurus amblystomus* CREDN., 4. *Archegosaurus decheni* GOLDF., 1 : 7.

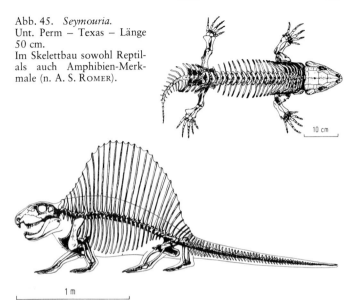

Abb. 45. *Seymouria.*
Unt. Perm – Texas – Länge 50 cm.
Im Skelettbau sowohl Reptil- als auch Amphibien-Merkmale (n. A. S. Romer).

Abb. 46. *Dimetrodon* – Unt. Perm – N-Amerika.
Raubechse mit differenziertem Gebiß, große Vorder- und Eckzähne, die den Zähnen der Säugetiere vergleichbar sind. Der etwa 3 m lange Körper war schlank und trug auf dem Rücken eine segelartige Haut, die von den stark verlängerten Dornfortsätzen der Rückenwirbel gestützt wurde (n. A. S. Romer).

←

Brachiopoda: 5. *Productus horridus* SOW., 1 : 4, 6. *Strophalosia goldfussi* MÜNST., 7. *Spirifer alatus* SCHLOTH., 8. *Streptorhynchus pelargonatus* SCHLOTH., 9. *Richthofenia communis* GEMM., 10. *Lyttonia nobilis* WAAG.
Lamellibranchiata: 11. *Schizodus obscurus* SOW.
Gastropoda: 12. *Bellerophon jacobi* STACHE.
Cephalopoda: 13. *Medlicottia orbignyana* VERN., 14. *Agathiceras suessi* GEMM., 15. *Waagenoceras stachei* (GEMM.), 16. *Otoceras trochoides* ABICH.
Bryozoa: 17. *Fenestella retiformis* SCHLOTH., 18. *Acanthocladia anceps* SCHLOTH.
Foraminifera: 19. *Pseudoschwagerina* sp. × 1,8, 20. *Parafusulina* sp.

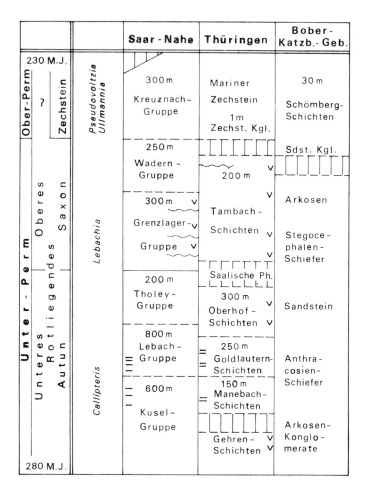

			Saar-Nahe	Thüringen	Bober-Katzb.-Geb.
230 M.J. Ober-Perm	? Zechstein	*Pseudovoltzia Ullmannia*		Mariner Zechstein 1 m Zechst. Kgl.	30 m Schömberg-Schichten
			300 m Kreuznach-Gruppe		
Unter-Perm Oberes Rotliegendes Oberes Saxon		*Lebachia*	250 m Wadern-Gruppe	200 m	Sdst. Kgl.
			300 m Grenzlager-Gruppe	Tambach-Schichten	Arkosen
					Stegoce-phalen-Schiefer
				Saalische Ph.	
Unteres Rotliegendes Autun		*Callipteris*	200 m Tholey-Gruppe	300 m Oberhof-Schichten	Sandstein
			800 m Lebach-Gruppe	250 m Goldlautern-Schichten	Anthra-cosien-Schiefer
			600 m Kusel-Gruppe	150 m Manebach-Schichten	
				Gehren-Schichten	Arkosen-Konglo-merate
280 M.J.					

Tabelle 9. Gliederung des Perm.

	Leitfossilien		Östl. Südalpen	Ural-Rand-senke
230 M.J. **Ober-Perm**	Araxoce-ras	Palaeo-fusulina	−200 m Bellerophon-Kalke	400 −1000 m Tatar-Stufe
		Codonofusiella		
		Yabeina		
Mittel-Perm	Waageno-ceras	Neo-schwagerina	−400 m Gröden-Sandstein / Sosio-Kalk (Sizilien)	Kasan-Stufe marin / Belebei-Stufe terr.
				20 − 200 m Ufa-Stufe
				10 − 700 m Kungur-St.
		Parafusulina		
Unter-Perm	Perrinites	Pseudo-fusulina	Tarvis-Breccie	10 − 1000 m Artinsk-St.
	Propopa-noceras		Trogkofel-Kalk / Bozener Quarzporphyr	5 − 500 m Sakmara-St.
		Pseudo-schwagerina		10 − 600 m Assel-St.
	Properri-nites		Ratten-dorf-Schichten	
280 M.J.				

Bei den Fischen dominierten die Strahlenflosser. Charakteristische Formen des deutschen Perms waren die Chondrosteer *Amblypterus* (Rotliegendes) und *Palaeoniscus* (Zechstein).

Die Amphibien hatten den Höhepunkt ihrer Entwicklung überschritten und verloren an Bedeutung. Den zahlreichen Fossilfunden nach müssen sie aber noch weit verbreitet gewesen sein *(Eryops, Archegosaurus, Branchiosaurus)*. Bei den Reptilien waren neben der Stammgruppe der Cotylosaurier und den Seymouriamorphen (Abb. 45) vor allem zwei Stämme bedeutsam: die Theromorpha, aus denen sich die späteren Säugetiere entwickelten und die Thecodontier, von denen die heutigen Krokodile und Vögel abzuleiten sind. Ein typischer Vertreter der Theromorpha war *Dimetrodon* (Abb. 46).

Leitfossilien des Perms sind Ammonoideen und Fusulinen. In terrestrischen Ablagerungen Europas eignen sich hierfür farnblättrige Gewächse wie *Callipteris, Pecopteris* und *Odontopteris*, auf den Südkontinenten und in Südostasien *Glossopteris, Gigantopteris* und *Gangamopteris*.

Abb. 47. *Mesosaurus* – Oberkarbon bis Unterperm.
Isoliert stehende Familie der Reptilien. Amphibische Lebensweise. Die dicht stehenden, feinen Zähne bildeten einen Reusenapparat zum Fang von kleinen Crustaceen.
Mesosaurus-Funde in S-Afrika und S-Amerika zeugen für den Zusammenhang beider Kontinente in der Perm-Zeit (n. McGregor).

b) Paläogeographie

Im Perm ging die Abtragung des Variszischen Gebirges in Mitteleuropa weiter (Abb. 48).

Lokale Diskordanzen (Saalische Phase) sind einer Bruchfaltung zuzordnen und nicht sicher zu synchronisieren. Diese spätorogenen

Bewegungen lösten einen Vulkanismus (Melaphyre, Quarzporphyre) aus und führten zur Intrusion von Subvulkanen und kleinen Granitplutonen (250 Mio. J.), zu denen die erzgebirgischen Zinngranite gehören.

Die v u l k a n i s c h e T ä t i g k e i t setzte in Thüringen im Unterrotliegenden, im Saargebiet im Oberrotliegenden ein. In der norddeutschen Senkungszone erfolgten im unteren Perm ebenfalls vulkanische Förderungen. Sie bestehen nordwestlich der Elbe aus mächtigen Spilitserien, die nach Osten hin in intermediäre und rhyolithische Laven (1000–800 m) übergehen. Das Maximum der vulkanischen Aktivität fiel ins höhere Unterrotliegende und tiefere Oberrotliegende.

Während des Unterrotliegenden verlagerten sich die intermontanen Becken und Schüttungsrichtungen. Die stärksten Senkungen erfolgten in der Saxo-thuringischen Zone (S. 135). Auch die Mitteldeutsche Schwelle wurde unter mächtigen Molasseablagerungen begraben.

Durch den fortschreitenden Reliefausgleich im Oberrotliegenden gewann der Windtransport bei der Sedimentbildung zunehmend an Einfluß (Kornberger Sandstein, Kreuznacher Schichten). Infolge der zunehmenden Trockenheit nahmen die Gesteine tiefrote Farben an. Episodische Schichtfluten hinterließen Fanglomerate.

Das Unterrotliegende im S a a r g e b i e t liegt teils auf stefanischen Schichten, teils greift es im Norden auf das Devon des Rheinischen Schiefergebirges über. Während der Ablagerung der Kuseler und Lebacher Schichten herrschte offenbar noch feuchteres Klima (Fische, Amphibien). Die Tholeyer Schichten bildeten sich bereits unter zunehmender Trockenheit. Mit den Bodenbewegungen an der Wende zum oberen Rotliegenden erreichte die vulkanische Förderung (Porphyre, Porphyrite, Melaphyre) ihr Maximum.

Rotliegend-Becken bestanden ferner in der U m r a n d u n g d e r
B ö h m i s c h e n M a s s e (Stockheim, Döhlen, Trautenau, Innersudetisches Becken, Boskowitzer Furche) und im französischen Zentralplateau (Autun).

Das Döhlener Becken enthält Steinkohlenflöze und thoriumhaltige Brandschiefer. Die Ablagerungen des Unterrotliegenden lieferten gut erhaltene Stegocephalen *(Branchiosaurus)* und Reptilien.

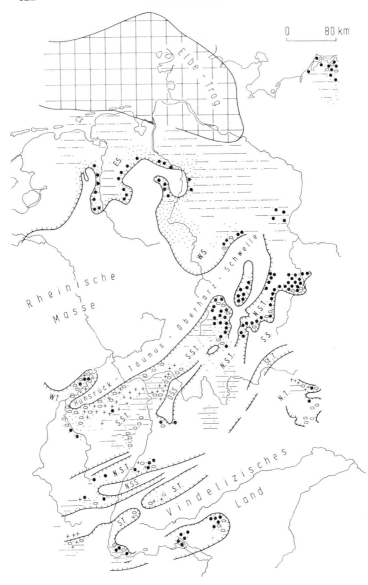

Im Unterelbegebiet entstanden infolge episodischer Meereseinbrüche während des Rotliegenden über 1000 m mächtige salinare Schichtfolgen (rote Tone, Gips, Steinsalz).

Im Zechstein stieß das arktische Meer über die Nordsee weit nach Mitteleuropa vor (Abb. 49). Es entstand das Germanische Becken. Wechselnde Salzwasserzuflüsse führten hier bei dem herrschenden Trockenklima zur Ablagerung zyklisch gegliederter Salzserien (Tab. 10).

Die Basiskonglomerate des Zechsteins I liegen teilweise diskordant auf dem gefalteten variszischen Unterbau. Bezeichnend für den ersten Zyklus sind die schwarzen bituminösen Schiefer, die in einer Periode behinderter Wasserzirkulation entstanden und neben Kupfer (2 %), Silber, Molybdän, Blei und Zink enthalten (Bergbaubezirke Mansfeld, Richelsdorf). Der Faunenreichtum des höheren Zechsteinkalkes zeigt, daß zu dieser Zeit der Wasseraustausch mit dem offenen Meer bereits wiederhergestellt war. Auf den Schwellen und an der Küste wuchsen Bryozoenriffe. Im Werra-Gebiet wurden, nach vorangegangener Konzentration der Laugen auf den weiten Schelfen, die Sulfate und Chloride der Werra-Serie ausgefällt.

Ähnlich verlief die Entwicklung in den jüngeren Folgen. Das Zentrum der Salzabscheidung verlagerte sich jedoch dabei allmählich nach Norden in das Hauptbecken. Die Kalisalzvorräte in Nord- und Mitteldeutschland betragen etwa 20 Mrd. t.

In Südeuropa, im Bereich des westlichen Mittelmeeres, füllten sich die intermontanen Tröge mit terrestrischen Sedimenten („Verrucano"). In den Südalpen entstanden die ausgedehnten (2500 km^2) mehr als 1500 m mächtigen Decken des Bozener Quarzporphyrs. Ein weiteres vulkanisches Förderzentrum lag bei Lugano.

←

Abb. 48. Die Paläogeographie Westdeutschlands zur Zeit des Oberrotliegenden n. FALKE.
E. S. Ems-Senke;   N. S. S. Nordschwarzwald-Schwelle;   N. S. T. Nideck-Oos-Saale-Trog;   N. T. Naab-Trog;   O. S. S. Odenwald-Spessart-Schwelle;   S. S. Schwarzburger Schwelle;   S. S. T. Saar-Selke-Trog; S. T. Schramberger Trog; St. T. Stockheimer Trog; W. S. Weser-Senke; W. T. Wittlicher Trog.

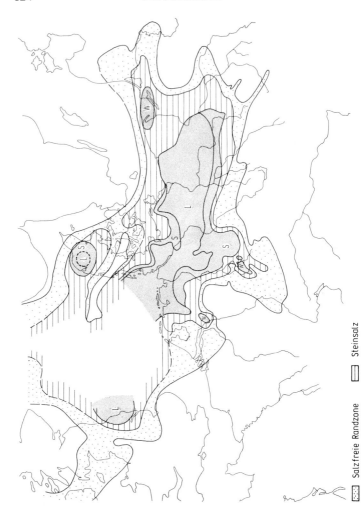

Abb. 49. Paläogeographie und Gesteinsfazies während der Zechsteinzeit in Mitteleuropa (n. Heybroek u. a. 1967, Sorgenfrei 1969 u. Podemski).

Tabelle 10. Gliederung des Zechsteins im Germanischen Becken

> 1000 m (handwritten)

Zechstein 4 (Aller-Folge)	Grenzanhydrit Aller-Steinsalz (100 m) Pegmatit-Anhydrit (1 m) Roter Salzton (20 m)
Zechstein 3 (Leine-Folge)	Leine-Steinsalz (200 m) mit den Kalisalz-Flözen „Riedel" und „Ronnenberg" Hauptanhydrit (30–60 m) oder Plattendolomit (25 m) Grauer Salzton (2–8 m)
Zechstein 2 (Staßfurt-Folge)	Deckanhydrit bzw. Decksteinsalz (2 m) Kalisalz-Flöz „Staßfurt" (10 m) Staßfurt-Steinsalz (200–600 m) Basalanhydrit (2–20 m) Hauptdolomit (50 m) Salztone (10–15 m) oder Stinkschiefer (5 m)
Zechstein 1 (Werra-Folge)	Oberer Werra-Anhydrit Werra-Steinsalz (250 m) mit den Kalisalz-Flözen „Hessen" und „Thüringen" Unterer Werra-Anhydrit Zechsteinkalk (8 m) Kupferschiefer (etwa 0,5 m) Zechsteinkonglomerat

Das Haselgebirge (Gips, Anhydrit, Salz) der nördlichen Kalkalpen entstammt oberpermischen Lagunen. In den Karnischen Alpen ist bereits das Unterperm marin entwickelt (Tab. 9). Dieses Meeresbecken läßt sich über Griechenland in die Ägäis verfolgen und reichte über Sizilien (Sosio) nach Tripolis und Südtunesien (Fusulinen- und Schwagerinenkalke).

Die lückenhaften lagunären und kontinentalen Ablagerungen auf der Russischen Tafel zeigen den Rückzug des oberkarbonischen Flachmeeres an. Der Ostrand der Tafel wurde ganz vom tektonischen Geschehen im Ural beherrscht. Die Ural-Vorsenke bildete eine Meeresstraße, über die das arktische Meer mit der Tethys in Verbindung stand (Abb. 50).

In der Sakmara- und Artinsk-Zeit breiteten sich vor dem Gebirge mächtige Schwemmkegel aus. Im Kungur entstanden Steinsalz- und Kalisalzlager (Werchnekamsk), die zu den reichsten der Erde gehö-

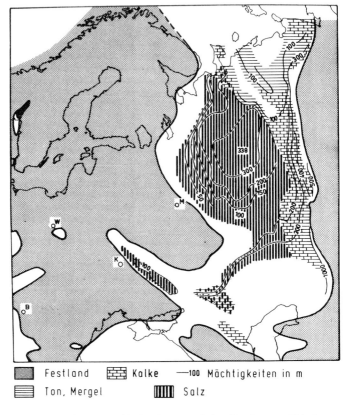

Abb. 50. Paläogeographie der Osteuropäischen Plattform zur Zeit des unteren Perms (n. VINOGRADOV 1960–61).
B Budapest, K Kiew, M Moskau, W Warschau.

ren. Humideres Klima ermöglichte die Bildung paralischer Kohlen in der Petschora-Senke. Im Oberperm wurde die terrestrische Sedimentation (Kupfersandsteine) durch einen kurzfristigen Meereseinbruch (Kasan) aus der Arktis unterbrochen.

Die Hauptfaltung des U r a l s muß sich im wesentlichen zwischen dem Oberkarbon und der Kasan-Stufe abgespielt haben. Die letzten Bewegungen am Gebirgsostrand erfolgten vermutlich im oberen Perm und in der unteren Trias.

Die Intrusion magmatischer Schmelzen begann bereits im Devon mit Duniten und Peridotiten. Später folgten Gabbros und Syenite. Vom Mittelkarbon an drangen große Granodiorit- und Granit-Plutone (320–250 Mio. J.) auf. Mit diesen Tiefengesteinen hängt die Genese der reichen Erz- (Platin, Chrom, Titan, Eisen, Gold, Kupfer) und Minerallagerstätten des Urals zusammen.

Jungvariszische Bewegungen erfaßten auch weite Teile der ehemaligen A n g a r a - G e o s y n k l i n a l e. Von der Ural-Vorsenke im Westen bis an den Ostrand des Sibirischen Schildes bildete sich ein zusammenhängendes Festland, der A n g a r a - K o n t i n e n t , in dessen Tiefebenen und Becken klastische Sedimente und Kohlen abgelagert wurden. Bedeutende Kohlevorkommen liegen im Tunguska-Becken (1750 Mrd. t, Karbon-Jura) und in den Becken von Kusnezk (260 Mrd. t, Karbon-Jura) und Minussinsk (36 Mrd. t, Karbon-Perm).

Die Hauptflözbildung erfolgte in Ostasien später als in Europa, vermutlich während des Artinsk.

Im Süden säumte die Tethys den Angara-Kontinent. Sie erstreckte sich von Südeuropa über Kleinasien und den Himalaya nach Indonesien und wurde im Osten durch die Teilstücke der Chinesischen Plattform in einzelne Meeresarme zerlegt.

Klassische Perm-Profile sind in der S a l t R a n g e (Pakistan) aufgeschlossen. Hier liegen auf den glazialen Blocklehmen der Talchir-Gruppe die Eurydesma-Sandsteine und darüber die Productus-Kalke des mittleren und oberen Perms.

Die permischen Flachwasser-Ablagerungen T i m o r s enthalten eine artenreiche Echinodermen-Fauna.

Permische Vulkanite sind aus dem Kaschmir-Himalaja, aus Indochina und von Timor (Diabas, Rhyolithe) bekannt.

Die Gliederung des n o r d a m e r i k a n i s c h e n P e r m s (Wolfcampian, Leonardian, Guadalupian, Ochoan) geht von den mächtigen marinen Schichtfolgen in Texas und Neu-Mexiko aus.

Im Leonardian bestanden hier weite marine Becken und Lagunen, auf deren Untiefen sich im Guadalupian die Riffe (Algen, Bryozoen, Schwämme) der Guadalupe Mts. bildeten. Während des Ochoan begannen sich große Teile der Nordamerikanischen Plattform erneut zu heben. In Zusammenhang damit wurden in den von Riffen (Guadalupian) abgeriegelten texanischen Becken mehr als 1000 m mächtige Anhydrit-Steinsalz-Folgen mit Kalisalzflözen abgelagert.

Der Kordilleren-Trog im W Nordamerikas bildete zusammen mit den tektonisch aktiven Senkungszonen Nordost-Sibiriens, Japans, Neuseelands, der Westantarktis und dem südamerikanischen Anden-Trog das z i r k u m p a z i f i s c h e G e o s y n k l i n a l s y s t e m.

Im unteren Perm wich das Inlandeis wieder vom G o n d w a n a - K o n t i n e n t. Über der Kaltwasserfazies der Eurydesma-Schichten liegen weit verbreitet kohleführende Serien mit *Glossopteris*.

In den intrakontinentalen Becken entstanden mächtige terrestrische Sedimentfolgen.

In S ü d a m e r i k a sind kontinentale Perm-Sedimente aus dem brasilianischen Paraná-Becken und dem argentinischen Vorkordilleren-Trog bekannt.

In S ü d a f r i k a folgt über den Dwyka-Tilliten die unterpermische kohleführende Ecca-Serie (1000 m). Die untere Beaufort-Serie des Oberperms enthält Reptilien und Amphibien.

Auf den oberkarbonischen Talchir-Tilliten I n d i e n s liegt die kohlenreiche (60–80 Mrd. t) untere Gondwana-Serie.

In A u s t r a l i e n breiteten sich über den Eurydesma-Schichten die Greta Coal measures mit mächtigen Basaltlagern und Andesittuffen aus.

Auch die oberkarbonischen Tillite der A n t a r k t i s (Ohio Range) werden von pflanzenführenden *(Glossopteris, Gangamopsis, Noeggerathiopsis, Schizoneura)* Schichten mit Kohleflözen überlagert.

c) *Klima*

Für das Perm kann man ähnliche Klimazonen konstruieren wie für das Oberkarbon.

An der Verteilung der Kontinente und den Pollagen hatte sich dem Karbon gegenüber wenig geändert (S. 112).

Die Äquatorialzone querte das Mittelmeer-Gebiet und den Südosten Nordamerikas. Die nördliche Trockenzone reichte bis nach Ostgrönland und Spitzbergen. In ihren Lagunen entstanden die reichsten Salzlagerstätten der Erdgeschichte. Die Kohlenvorkommen von Workuta, der Taimyr-Halbinsel, der Tunguska-Syneklise und der Becken von Kusnezk und Minussinsk gehörten der nördlichen gemäßigten Zone an.

Auch die unterpermischen Flöze in Schansi zeigen humides Klima an. Rotsedimente und Gipse des Oberperms sprechen aber für zunehmende Trockenheit.

Die Inlandeisfelder des Gondwana-Kontinents bestanden auch im unteren Perm. Die stratigraphische Einstufung der glazigenen Ablagerungen und ihre interkontinentale Parallelisierung bietet jedoch noch Probleme, so daß von einer „permokarbonischen" Vereisung gesprochen wird. Treibeismassen existierten anscheinend bis ins obere Perm (Abb. 51).

Nach dem Eisrückzug stellte sich in weiten Teilen des Gondwana-Kontinents gemäßigtes humides Klima ein, so daß es zur Ausbreitung kohlebildender Waldmoore kam.

Wärmeliebende marine Faunen, wie die Fusuliniden, Korallen und bestimmte Brachiopoden (Richthofeniiden, Oldhaminiden) waren vor allem in der Tethys und im nordamerikanischen Kordilleren-Trog verbreitet. Die Fusuliniden drangen im Anden-Trog weit nach Süden vor und erreichten die Arktis (Grönland, Spitzbergen).

Im Perm sind erstmals auch p f l a n z e n g e o g r a p h i s c h e   P r o v i n z e n zu erkennen. Auf dem Gondwana-Kontinent

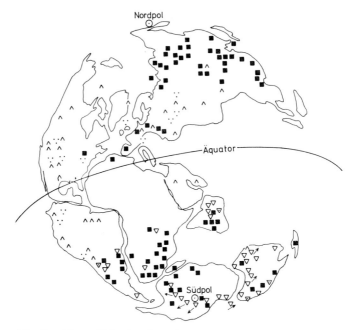

Abb. 51. Mutmaßliche Verteilung der Kontinente im Perm mit Klimazeugen (n. SEYFERT & SIRKIN 1973). Legende wie Abb. 19 S. 68.

herrschte die Glossopteris-Flora. In Nordamerika und Europa die subtropische euramerische Pflanzengesellschaft. Während des Perms erschienen Abkömmlinge der Glossopteris-Flora in Nordrußland, im Altai und Sibirien und bildeten zusammen mit euramerischen Pflanzen die Angara-Provinz. Die subtropische Cathaysia-Provinz Südostasiens und des südwestlichen Nordamerikas umfaßte *Gigantopteris* und euramerische Florenelemente.

Die Verbreitung der Amphibien und Reptilien vollzog sich u. U. in Abhängigkeit von der Entwicklung der Florenprovinzen. Der amphibisch lebende *Mesosaurus* (Abb. 47) des südamerikanischen und südafrikanischen Unterperms ist ein wichtiger Zeuge für den ursprünglichen Zusammenhang beider Kontinente. Auch im Oberperm bestanden in weiten Teilen des Gondwanalandes offenbar keine nennenswerten Unterschiede in der Wirbeltierfauna.

d) Krustenbewegungen

Im Perm endete die variszische Orogenese.

Die variszischen Faltengebirge der Erde durchliefen bereits seit dem Oberkarbon das Molasse-Stadium. Saumsenken und intermontane Becken wurden mit kontinentalen Sedimentmassen gefüllt, vulkanische Eruptionen und Granitintrusionen begleiteten die spätorogene Bruchfaltung.

Unter- und mittelpermische Krustenbewegungen sind aus den Appalachen, aus Mitteleuropa, dem Ural und Zentralasien bekannt. Die Sedimentation in der Tasman-Geosynklinale (Ostaustralien) endet erst im Oberperm.

In Zentralasien drang das Meer während des Oberkarbons und Unterperms wiederholt in die Längsdepressionen des Gebirges ein, so daß die Innensenken hier, im Gegensatz zu denen Europas, auch marine Schichten enthalten.

Epirogene Schollenbewegungen schufen in den ariden Bereichen Nordamerikas und Europas die Voraussetzungen zur Entstehung großer Salzlagunen.

Im Perm waren die Kontinente der Nord- (Laurasia) und der Südhalbkugel (Gondwana) in der P a n g ä a zusammengeschlossen. Marine Sedimente zwischen Madagaskar und Afrika zeigen aber, daß sich der tektonische Zerfall Gondwanas vorbereitete (Abb. 51).

8. Die variszische (herzynische) Gebirgsbildung

Tektonische Strukturen und Gesteinsverbände sind im variszischen[7] Faltengebirge der Erde weit vollständiger und besser erhalten als in den verbliebenen Schollen des älteren kaledonischen Orogens. Daher lassen sich auch die Entwicklung der Geosynklinalen, Verlagerungen von Hebungs- und Senkungszonen sowie der Zusammen-

---

[7] *Variszisch* nach dem Volksstamm der *Variscer* in NO-Bayern; *herzynisch* nach *hercynia silva* römische Bezeichnung für die deutschen Mittelgebirge.

Abb. 52. Präkambrische Plattformen und paläozoische Faltungszonen der Nordhalbkugel.
1 Nordamerikanische, 2 Hyperboräische, 3 Barents-, 4 Osteuropäische, 5 Sibirische, 6 Nordchinesisch-koreanische, 7 Südchinesische, 8 Vietnamesische, 9 Tibetische, 10 Tarim-, 11 Indische, 12 Afrikanische, 13 Südamerikanische Plattform.

hang zwischen Sedimentation und Bewegung klarer erkennen und rekonstruieren.

Durch die variszische Orogenese wurden die Plattformen der Nord- und Südhalbkugel offenbar zu einem Großkontinent, der P a n g ä a , zusammengefügt (Abb. 52). Damit endete ein globaler geotektonischer Entwicklungsabschnitt, der bereits durch die assyntische Orogenese eingeleitet worden war und von der kaledonischen Faltung fortgeführt wurde. Die variszische Gebirgsbildung begann in Mitteleuropa im höheren Devon und endete im Perm (Abb. 53).

Unterkarbonische Bewegungen (bretonische Phase) sind vom Südrand der variszischen Geosynklinale in Mitteleuropa aber auch aus dem Kordilleren-Trog Nordamerikas (Antler Orogenese) und aus dem Franklin-Trog (Abb. 12) bekannt.

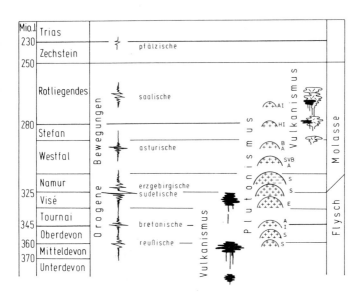

Abb. 53. Schema der tektonisch-magmatischen Ereignisse während der variszischen Gebirgsbildung in Mitteleuropa. A Alpen, B Böhmische Masse, E Sächsisches Erzgebirge, H Harz, I Iberische Halbinsel, S Schwarzwald.

Die mitteleuropäische Geosynklinale, Teile des Urals, des Tienschans, Zentralkasachstans, der Appalachen und Ostaustraliens wurden an der Wende Unter-/Oberkarbon (sudetische Phase) gefaltet.

Oberkarbonische (asturische Phase) Faltungen gliederten die rheinische Molassesenke Westfalens dem Gebirge an und sind auch in Südostengland, Asturien, Oberschlesien und im Ural nachzuweisen.

Permische Bewegungen ereigneten sich am Westrand des Urals, im Tienschan, im Altai, in Ostaustralien, in den Appalachen und in den argentinischen Kordilleren.

In Mitteleuropa lebte der Diabas-Vulkanismus im Unterkarbon noch einmal auf. Die granodioritischen und granitischen, spät- bis postkinematischen Intrusionen häuften sich im höheren Karbon.

Im späten Oberkarbon und Perm folgte im Zusammenhang mit der spätorogenen Bruchtektonik ein intermediärer bis saurer Spaltenvulkanismus (Abb. 53). Die radiometrischen Alterszahlen für magmatische Gesteine, Kristallisationen und Metamorphosen (310 Mio. J.) liegen vorwiegend zwischen 360 und 280 Mio. J.

Die Reste des Varizischen Gebirges in Mitteleuropa bilden heute ein kompliziertes Schollenmosaik (Abb. 54).

Die Niederländische Plattform und die Brabanter Scholle sind Bestandteile des kaledonisch konsolidierten Nordkontinents.

Die rheinische Molassesenke wanderte im Verlauf des Karbons von Süden nach Norden und ist mit ca. 7000 m mächtigen Sedimenten des Oberkarbons gefüllt.

Die Rheno-herzynische Zone enthält vorwiegend devonisch-karbonische Gesteine und wurde in nordwestvergente Falten gelegt.

Die überwiegend kambro-silurischen Gesteine der Saxo-thuringischen Zone zeigen eine stärkere Metamorphose und enthalten basische, vor allem aber saure Tiefengesteine (360–250 Mio. J.).

Hochmetamorphe Gneise und große Plutone postkinematischer Granite (340–280 Mio. J.) bauen die Moldanubische Zone auf.

Die Metamorphose des Moravikums erfolgte bereits vordevonisch. Das angrenzende Sudetikum besteht dagegen überwiegend aus va-

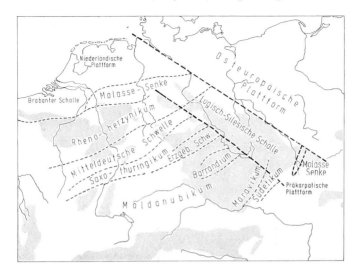

Abb. 54. Tektonische Gliederung des variszischen Gebirges in Mitteleuropa (n. Dvorak u. Paproth 1969).

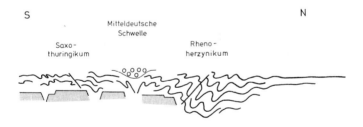

Abb. 55. Bauschema des variszischen Gebirges in Mitteleuropa (n. Brause 1970).
Während südliche der Mitteldeutschen Schwelle die Senkungszonen und Strukturen durch das kristalline Fundament festgelegt waren, zeigen die Tröge und Deformationen nördlich der Schwelle eine deutliche Polarität nach Norden.
Die mitteldeutsche Schwelle versank im Jungpaläozoikum unter mächtigen Molasse-Sedimenten.

riszischen Strukturen. Die Lugisch-silesische Scholle grenzt an den mobilen Westrand der Osteuropäischen Plattform und wird aus vorpaläozoischem Kristallin, einigen schmalen, mit altpaläozoischen Sedimenten gefüllten Senken und variszischen Plutonen aufgebaut.

In Westeuropa tauchen Teile des variszischen Gebirges im Armorikanischen Massiv und im französischen Zentralmassiv (Intrusionen 360–290 Mio. J.) auf.

Nach Osten hin ist der Zusammenhang mit den eurasiatischen Faltenketten unterbrochen, da die alpidische Faltung die variszischen Strukturen am Südrand der Osteuropäischen Plattform überwältigte.

Kennzeichnend für den Verlauf der variszischen Gebirgsbildung in Mitteleuropa ist ihre Abhängigkeit vom Schollenbau des älteren Untergrundes. Nördlich der Mitteldeutschen Schwelle ist eine deutliche Polarität nach Norden zu erkennen, d. h. die Falten sind nordvergent, die synorogenen Tröge verlagerten ihre Achsen nach Norden. Südlich der Schwelle konnten die Senken wegen der Hochlage des kristallinen Untergrundes ihre Lage nicht ändern. Die Vergenz ist hier nach Süden gerichtet oder wechselt (Abb. 55). Die Mitteldeutsche Schwelle selbst begann im Oberkarbon abzusinken und liegt heute unter mächtigen jungpaläozoischen Sedimenten begraben.

Variszische Strukturen und jungpaläozoische Magmatite sind auch aus den Alpen und dem gesamten Mittelmeer-Gebiet bekannt. Das variszische Gebirge muß daher eine Breite von etwa 2000 km erreicht haben.

In den Karnischen Alpen z. B. sind asturische Bewegungen nachzuweisen. Es scheint ein gefalteter variszischer Deckenbau vorzuliegen. Die variszische Metamorphose erreichte in den Alpen zwischen 360–300 Mio. J. einen Höhepunkt.

Die Frage, welche Rolle Aufwölbungen des Erdmantels (Manteldiapire) oder lithosphärische Subduktionen bei der variszischen Orogenese in Europa spielten, ist schwer zu beantworten. Geht man davon aus, daß Nordamerika, Afrika und Europa in der Pangäa vereinigt wurden, so sind zumindest krustale Subduktionen und Kollisionsstrukturen nicht auszuschließen. Der weit verbreitete jungpaläozoische Magmatismus ist durch diesen gigantischen Zusammenschub kontinentaler Blöcke zu erklären.

Diesem Ereignis sind auch die Allegheny Faltung in den Appalachen und die Strukturbildung in den Ouachita Mts. im Süden der Nordamerikanischen Plattform zuzuschreiben. Auf der afrikanischen Seite der Kollisionszone bildeten sich die jungpaläozoischen Strukturen Mauretaniens (Abb. 52).

Der Ural entstand durch die Annäherung und Kollision der Europäischen und der Sibirischen Plattform.

Während der Faltung der Geosynklinale kam es auf den Plattformen zur Bildung von T a f e l s t r u k t u r e n. Am Südrand des Baltischen Schildes brach der Oslo-Graben ein. Gleichzeitig intrudierten alkalireiche Tiefengesteine. Auf der Russischen Tafel hoben sich der Ukrainische Schild und die Woronesh-Anteklise. Im Osten der Sibirischen Plattform sank die Tunguska-Syneklise ein. Auf dem Gondwana-Block entstanden der Amazonas-Trog, der Paraná-Trog, das Kongo-Becken und der Kap-Trog.

Die variszische Gebirgsbildung bildete auch eine der Voraussetzungen für die einzigartige K o h l e b i l d u n g während des Jungpaläozoikums. Nachdem die Landflora einen hohen Entwicklungsstand erreicht hatte und klimatische Bedingungen für einen üppigen Pflanzenwuchs bestanden, boten die variszischen Saum- und Innensenken den Raum zur Speicherung großer Massen inkohlungsfähiger pflanzlicher Substanz.

D. Mesozoikum (230–65 Mio. J.)

1. Trias (230–195 Mio. J.)

Unter der Bezeichnung *Trias* faßte ALBERTI 1834 die bereits früher in Deutschland bekannten Stufen des Buntsandsteins, Muschelkalks und Keupers zusammen (Tab. 11).

a) Pflanzen- und Tierwelt

Kalkabscheidende A l g e n waren in der Trias wichtige Gesteinsbildner. Die Dasycladaceen siedelten in den Lagunen und riffnahen

Abb. 56. *Pleuromeia sternbergi* MÜNST., (n. MÄGDEFRAU). Kleinwüchsige Verwandte der älteren Sigillarien, jedoch ohne Sekundärholz. An Trockenklima angepaßt mit wasserspeicherndem Gewebe im Stamm. Endständiger heterosporer Zapfen (Mittlerer Buntsandstein).

Zonen *(Diplopora, Physoporella)* und können als Faziesfossilien verwendet werden.

Auf den Festländern starben die baumförmigen L y c o p h y t e n *(Sigillaria, Lepidodendron)* und die A r t i c u l a t e n *(Calamites)* aus. Sie wurden durch Formen mit geringerem Höhenwuchs (− 6 m) und reduziertem Holzteil abgelöst *(Pleuromeia, Schizoneura, Equisetites)* (Abb. 56).

Aus den Pteridospermen entwickelten sich neue G y m n o s p e r m e n g r u p p e n *(Thinnfeldia, Lepidopteris, Sagenopteris)*. Die F a r n e wurden u. a. durch die Marattiaceen *(Marattiopsis)*, die Osmundaceen *(Todites)*, die Dipteridaceen *(Dictyophyllum)* und Matoniaceen *(Phlebopteris)* vertreten. Außerdem entfalteten sich die Ginkgoaceen *(Ginkgoites, Baiera)*.

Besonders bemerkenswert sind die c y c a d e e n a r t i g e n G e w ä c h s e. Die zu ihnen gehörenden, teils zwitterblütigen Bennettiteen waren zwar keine direkten Vorläufer der Blütenpflanzen, brachten aber erstmals den Angiospermen ähnelnde Blüten hervor.

In der Trias traten auch deutliche Veränderungen in der Tierwelt ein.

Die H e x a k o r a l l e n (Scleractinia) lösten die Rugosen (Tetrakorallen) des Paläozoikums ab.

Unter den Brachiopoden gewannen die Terebratulaceen *(Rhaetina, Coenothyris)* an Bedeutung. Die Spiriferaceen *(Spiriferina)* gingen zurück, erloschen aber erst im Lias. Die Muscheln überflügelten nun die Brachiopoden und sind die häufigsten marinen Fossilien der Trias. Die Anisomyaria hatten besondere Bedeutung. Zu ihnen gehören die Aviculiden *(Avicula, Daonella, Monotis)*, die Limiden *(Lima)* und die erstmals auftauchenden Ostreiden. Wichtige heterodonte Formen waren die Trigoniiden *(Myophoria)*, Megalodon und die Cardiiden.

Bei den Schnecken verschwanden Familien (Bellerophonten, Murchisoniiden), die im Paläozoikum in Blüte standen, andere, wie die Littorinaceen und Naticaceen, erschienen neu.

Nach dem Rückgang am Ende des Perms erlebten Nautiloideen und Ammonoideen eine neue Blütezeit. Aus den verbliebenen Ophiceratiden entwickelten sich die reich skulpturierten Ceratiten *(Ceratites, Beneckeia)*, die Tropitiden, Trachyceratiden *(Trachyceras)* und die Pinacoceratiden *(Pinacoceras)*. Gegen Ende der Trias kamen die Nautiloideen wie auch Ammonoideen fast völlig zum Erlöschen (Abb. 57).

Die Belemnoideen *(Aulacoceras)* wurden häufiger. Die Crinoiden der Trias besaßen einfachere Kelche als die des Paläozoikums. Von vier Unterklassen überlebte nur eine das Paläozoikum.

Vom Beginn des Mesozoikums an dominierten unter den Fischen die Actinopterygier. Daneben lebten Elasmobranchier, Crossopterygier und Dipnoer *(Ceratodus)*.

Die Amphibien wurden vor allem durch Labyrinthodonten *(Mastodonsaurus, Trematosaurus)* vertreten.

Bei den Reptilien entfalteten sich die Thecodontier, Saurischier und Ornithischier (Abb. 58). Sie erreichten in der Obertrias bereits Körperlängen bis zu 10 m. Andere Gruppen wie die Ichthyopterygier *(Mixosaurus)*, die Sauropterygier *(Nothosaurus)* und die Placodontier *(Placodus)* wurden wieder Meeresbewohner. Die Therapsiden brachten säugetierähnliche Formen *(Oligokyphus)* hervor.

Abb. 57. Fossilien der Trias. Reptil-Fährten: 1. *Chirotherium barthi* KAUP, 1 : 20.
Amphibia: 2. *Trematosaurus brauni* BURM., Schädel 1 : 22.
Reptilia: 3. *Nothosaurus mirabilis* MÜNST., Schädel 1 : 13, 4. *Placodus gigas* AG., Schädelunterseite 1 : 3.
Amphibia: 5. *Mastodonsaurus giganteus* JAEG., Schädel, 1 : 33, 5 a. Fangzahn.

Abb. 58. *Plateosaurus* (Dinosaurier) – Ob. Trias – Deutschland, S-Afrika, China – Länge 6 m.
2 Schläfenöffnungen im Schädel, spatelförmige Zähne, herbivor. Becken vom Saurischiertypus. Biped, Vorläufer der vierfüßigen großen Dinosaurier des Jura und der Kreide (n. v. HUENE).

In Rät-Ablagerungen Westeuropas sind die ersten Reste kleiner S ä u g e t i e r e *(Morganucodon)* zu finden.

Wichtige L e i t f o s s i l i e n der Trias sind: Ammonoideen, Brachiopoden, Muscheln und Kalkalgen in marinen Ablagerungen, in kontinentalen Sedimenten Tetrapoden und Pflanzen.

Die Conodonten verschwanden am Ende der Trias.

⟵

L a m e l l i b r a n c h i a t a : 6. *Myophoria costata* ZENK., 7. *Myophoria vulgaris* SCHLOTH., 8. *Myophoria kefersteini* MÜNST., 9. *Hoernesia socialis* (SCHLOTH.), 10. *Lima striata* SCHLOTH., 11. *Trigonodus sandbergeri* v. ALB., 12. *Rhaetavicula contorta* PORTL.
B r a c h i o p o d a : 13. *Coenothyris vulgaris* (SCHLOTH.), 14. *Tetractinella trigonella* (SCHLOTH.), 15. *Rhaetina gregaria* SUESS., 16. *Spiriferina fragilis* SCHLOTH.
C e p h a l o p o d a : 17. *Beneckeia buchi* ALB., 18. *Ceratites nodosus* BRUG.
C r i n o i d e a : 19. *Encrinus liliiformis* SCHLOTH., 1 : 3.
L a m e l l i b r a n c h i a t a (a l p i n e T r i a s) : 20. *Pseudomonotis clarai* EMMR., 21. *Daonella lommeli* WISSM.
C e p h a l o p o d a (a l p i n e T r i a s) : 22. *Ptychites studeri* HAU., 23. *Trachyceras aon* MÜNST., 24. *Tropites subbullatus* HAU., 25. *Pinacoceras metternichi* HAU.. 26. *Cladiscites tornatus* BRONN.
R e p t i l i a : 28. *Oligokyphus triserialis,* HENN., Backenzahn v. d. Seite u. v. oben, 1 : 1.
P i s c e s : 27. *Ceratodus kaupi* AG., Zahn.

Das Mesozoikum

Gliederung		Germanische Trias		
		Fossilien	Schwarzwald Odenwald	Franken
195 M.J. Keuper	Oberer (Rät)	*Rhaetavicula contorta*	Tone, Sdst.	Tone, Sdst.
	Mittlerer	*Costaria goldfussi*	Knollenmergel Stubensdst.	Feuerletten
				Burg-Sdst.
			Bunte Mergel	Blasen-Sdst.
				Lehrberg-Sch.
			Schilfsandstein	Schilfsandstein
			Gipskeuper	Estherien-Sch.
	Unterer		Lettenkohle	Lettenkohle
Muschelkalk	Oberer	*Ceratites* nodosus spinosus compressus	Ceratiten-Schichten	Haupt-Muschelkalk
			Trochiten-Kalk	
	Mittlerer	*Judicarites*	Salinare Folge	Steinsalz Anhydrit Dolomit
	Unterer		Wellenkalk	Wellenkalk
Buntsandstein	Oberer (Röt)	*Beneckeia tenuis* buchi	Röt-Tone	Röt-Tone
			Plattensdst.	Pseudomorph.-Schichten
	Mittlerer	*Gervillia murchisoni*	Karneol-Bank	Karneol-B.
			Kristall-Sdst.	Fels-Sdst.
			Haupt-Kgl.	Feinkonglom.
	Unterer		Wechselfolge Tonlagen-Sdst. Eck'sches Kgl. Tiger-Sdst.	Sdst. Kulmbach. Kongl.
230 M.J.				Bröckel-Sch.

(Randfazies)

Tabelle 11. Gliederung der Trias.

			Alpine Trias	
Abt.	Stufe	Leitfossilien	Bayrische u. Tiroler Kalkalpen	Dolomiten
195 Mio.J. Obere Trias	Rät	*Diplopora phanerospora* — *Choristoceras marshi* / *Rhaetavicula contorta* / *Halorites*	150 m Kössener Sch. (dunkle Kalke u. Mergel) / Plattenkalk	Dachsteinkalk / 600 m
	Nor	*Neomegalodon complanatus* — *Juvavites magnus*	1000 m Hauptdolomit	Hauptdolomit
	Karn	*Poikiloporella duplicata* — *Tropites subbulatus* / *Trachyceras aonoides*	250 m nordalpine Raibler Schichten (Mergel, Sandsteine, Kalke u. Dolomite)	50 m Raibler Schichten (Mergel, tuffit. Sandsteine) / 250 m Dürrenstein-Dolomit / 50m Tuffe / Ob. Schlerndolomit 100 m / 200 m Cassianer Schichten
212 Mittlere Trias	Ladin	*Diplopora annulata* — *Trachyceras aon* / *Maclearnoceras maclearni* / *Protrachyceras reitzi*	200 m Partnach-Schichten (Mergel) / 1000 m Wettersteinkalk (Riffkalke) / 80 m Reiflinger Kalk	300 m Wengener Sch. / Vulkanite / 1000 m Unt. Schlerndol. (Marmolatakalk) / 150 m Buchensteiner Schichten (Kalke, Tuffe)
	Anis	*Physo-Oligoporella* — *Paraceratites trinodosus* / *Balatonites balatonicus* / *Nicomedites osmani*	200 m „Alpiner Muschelkalk" (graue, z.T. feinklast. Kalke)	80 m Sarldolomit / 40 m gracilis-Schichten (Mergel, Siltsteine) / Richthofensches Kongl.
220 Untere Trias **230 Mio.J.**	Skyth	*Tirolites cassianus* / *Claraia clarai*	250 m „Alpiner Buntsandstein" (rote oder entfärbte Sdst.)	250 m Werfener Schichten / Campiler Sch. / Seiser Sch.

b) Paläogeographie

Wie im Perm bestanden auch in der Trias ausgedehnte Festländer. Eurasien und der Gondwana-Block wurden durch die T e t h y s[8] voneinander getrennt. Ein weiteres Geosynklinalsystem umgab den Pazifik. Episodische Überflutungen weiter Plattformteile führten zu einem Wechsel kontinentaler und mariner Tafelsedimente, während sich in den erdumspannenden Geosynklinalen vorwiegend pelagische Sedimente ablagerten.

In E u r o p a blieb die Geographie der Perm-Zeit im wesentlichen erhalten. Die Osteuropäische Plattform bildete ein Festland, Mittel- und Südwesteuropa hingegen erlebten episodische Transgressionen und wurden von Randmeeren der Tethys bedeckt. Die Ablagerungen dieser g e r m a n i s c h e n F a z i e s weisen eine charakteristische Dreigliederung in: Buntsandstein, Muschelkalk und Keuper auf (Tab. 11).

In M i t t e l e u r o p a füllte sich das Germanische Becken während der B u n t s a n d s t e i n - Z e i t mit dem Verwitterungsschutt der umgebenden Hochgebiete, auf denen lateritische Verwitterung vorherrschte. Im Beckeninneren treten auch marine und brackische Siltsteine und salinare Serien auf (Abb. 59).

Durch die Kippung des Beckens griff die Sedimentation immer weiter nach Süden vor. Die Ablagerungen lassen eine zyklische Gliederung (grob- → feinklastisch) erkennen.

Im Becken des u n t e r e n Buntsandsteins nahm der Kalkgehalt nach Norden bis zur Bildung kalkig-dolomitischer Oolithbänke (Rogensteine) zu. Die Sedimente enthalten Tongallen, Wellenfurchen, Trockenrisse und Trittsiegel.

Im m i t t l e r e n Buntsandstein wurde das Klima anscheinend feuchter. Breite Sandfächer schoben sich von den Küsten her in das flache Lagunenmeer vor. Die marinen Lagen enthalten u. a. *Gervillia, Myophoria, Pleuromya*. In kieseligen kontinentalen Sandsteinen finden sich Pflanzen *(Pleuromeia)*, Reptilreste und Fische.

---

[8] Begriff von E. Suess für die Meereszone am Nordrand des Gondwana-Kontinents. „*Tethys*" nach der Gemahlin des Okeanos.

Da während des o b e r e n Buntsandsteins (Röt) die Verbindung zum offenen Meer im Norden abbrach, entstanden in der übersalzenen Flachsee bis zu 100 m mächtige Steinsalzlager (Abb. 59).

Die Transgression des M u s c h e l k a l k - M e e r e s erfolgte von Südosten her durch die Oberschlesische Pforte.

Die Wellenkalke des u n t e r e n Muschelkalks sind häufig umgelagerte Flachwasserbildungen. Typische Merkmale sind: Kreuzschichtung, Wellenfurchen, Brachiopoden- und Muschelschill-Bänke sowie Reste von Landwirbeltieren und Reptilien *(Nothosaurus, Placodus)*. Eine vorübergehende Abriegelung des Beckens im m i t t l e r e n Muschelkalk führte bei dem herrschenden Trockenklima zu einem Eindampfungszyklus mit der Ablagerung von dolomitischen Mergeln, Anhydrit und Steinsalz (Abb. 59).

Noch vor Beginn des o b e r e n Muschelkalks brach das Südmeer erneut, nun aber aus Südwesten, durch die Burgundische Pforte in das Germanische Becken ein. Seine kalkigen Sedimente (Trochitenkalke) sind oft ganz mit Crinoidenresten *(Encrinus liliiformis)* erfüllt. Höher folgen Plattenkalke und Mergel, deren Ammonoideen (Ceratiten) für Ablagerung in tieferem Wasser sprechen.

Im K e u p e r trat an die Stelle des bisherigen Flachmeeres eine weite Deltalandschaft mit abflußlosen Becken (Abb. 59).

Auf die kohleführenden Sandsteine des u n t e r e n Keupers (Lettenkeuper) folgten bunte, feinklastische, teils salinare Sedimente des m i t t l e r e n Keupers. Bei Trossingen in Schwaben und bei Halberstadt am Harz konnten aus den Knollenmergeln neben Mollusken, Krebsen, Fischen und Amphibien gut erhaltene Reptilien *(Plateosaurus)* geborgen werden (Abb. 58). In den brackisch-marinen Schichten des Räts verliert sich die Buntfärbung. Die dunklen Tone und Sande mit eingeschalteten Bonebeds von Land- und Meerestieren sind Ablagerungen eines Meeres, das von Norden her bis nach Schwaben vorstieß und im Osten bis zur Oder reichte.

Auf der variszischen Plattform des w e s t l i c h e n M i t t e l m e e r r a u m e s und der westlichen Alpen entwickelte sich die Trias ebenfalls in germanischer Fazies. In der Obertrias erreichten jedoch Vorstöße der Tethys aus dem östlichen Mittelmeer-Becken Südspanien und Marokko.

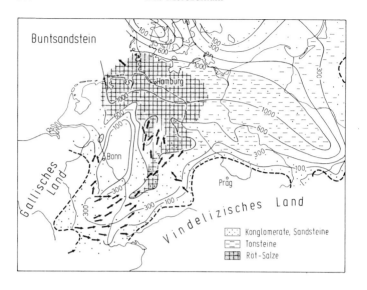

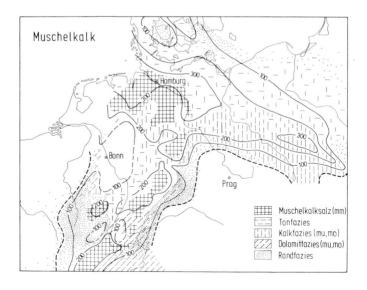

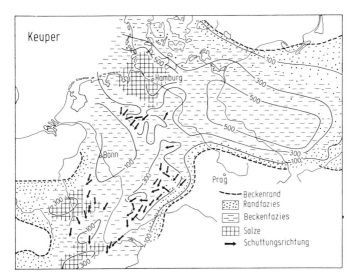

Die pelagischen Ablagerungen der Tethys sind in den alpinen Gebirgen Südeuropas erschlossen. Durch die starke Faltung und Deckentektonik der alpidischen Gebirgsbildung ist es aber schwer, ein Bild von der ursprünglichen Anordnung der Ablagerungsräume zu gewinnen.

Der erste Meereseinbruch in den Ablagerungsraum der nördlichen Kalkalpen (Ostalpen) erfolgte im oberen Perm.

Abb. 59. Paläogeographie der germanischen Trias.
Die festländischen Schuttmassen des Buntsandsteins entstammen wechselfeuchten Abtragungsgebieten mit Roterde-Verwitterung. Grobe Schotter wurden von Süden her aus dem Gebiet der heutigen Vogesen und des Schwarzwaldes in das Rheinische Becken verfrachtet.
In dem aus wechselnden Richtungen überfluteten Muschelkalk-Becken kam es zur Evaporitbildung. Die Salzablagerungen gehen zum Beckenrand hin in Dolomite und Sandsteine über.
Die Sedimente des Keupers dehnten sich von Norden her als weitflächige Deltabildungen über das Germanische Becken aus. Vom Vindelizischen Land wurden Sandsteine (Stuben-, Burgsandstein) nach Westen in das Becken geschüttet (n. WURSTER 1968).

In der Untertrias breiteten sich zunächst klastische Rotsedimente aus, über denen die dunklen knolligen Kalke des alpinen Muschelkalks (Anis) folgten. Im Ladin entstanden lang hinziehende Riffe (Korallen, Kalkschwämme, *Tubiphytes obscurus*) und mit Kalkalgenrasen besiedelte Lagunen, aus denen die mächtigen, gipfelbildenden Wettersteinkalke und Ramsaudolomite hervorgingen. Daneben bildeten sich Beckensedimente wie die Partnach-Schichten und die Reiflinger Kalke. Während des Karns gelangten klastische Sedimente in das flacher werdende Becken. Sie enthalten bei Lunz Steinkohlenflöze. An die Lagunenfazies des norischen Hauptdolomits (Ölschiefer von Seefeld) schlossen sich im SE, in sauerstofffreicherem Wasser, die Riffe des Dachsteinkalkes *(Thecosmilia, Montlivaultia, Megalodon)* an. In den zwischengelagerten Becken entstanden die Hallstätter Kalke. Die fossilreichen Kössener Schichten *(Rhaetavicula contorta, Gervillia inflata)* gehören ins Rät.

In den S ü d a l p e n begann die marine Sedimentation früher als im Norden. Über den permischen Bellerophonkalken liegen hier die Sandsteine und Mergel der Seiser und Campiler Schichten. Nach örtlichen Verlandungen im tieferen Anis bauten im Oberanis Diploporen, Korallen und andere kalkabscheidende Organismen bis zu 1000 m mächtige Kalke, z. T. auch Riffe auf (Sarldolomit, Schlerndolomit). Gleichalte Beckensedimente sind die vulkanogenen Buchensteiner Schichten. Bituminöse Schichten der Anis/Ladin-Grenze am Monte San Giorgio lieferten vorzüglich erhaltene Reptilien *(Ticinosuchus, Ceresiosaurus, Tanystropheus u. a.)*.

Im Gegensatz zum Norden entwickelte sich in den Südalpen ein Vulkanismus (Alkalibasalte), dessen Hauptphase ins mittlere Anis fiel. Die Becken zwischen den aufsteigenden Kalkklötzen füllten sich daher mit Kalkdetritus, Laven und Tuffen (Wengener Schichten).

Im Karn trat wie im Norden eine Verflachung und Regression ein. An der Basis der Raibler Schichten liegen Bohnerze. Die Profile von Raibl enthalten Schiefer mit Pflanzen und Fischen. Vom Nor ab wurden erneut mächtige Kalke (Hauptdolomit) abgelagert (Abb. 60).

Die Sedimentbecken der Ost- und Südalpen setzten sich über die Karpaten und den Balkan sowie die Adriatische Geosynklinale (Apennin, Dinariden) nach Osten fort. Die Gesteinsentwicklung

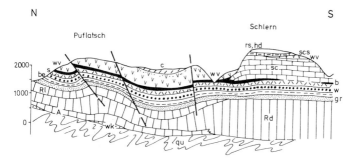

Abb. 60. Die Trias der Südtiroler Dolomiten (n. BÖGEL & SCHMIDT 1977).
qu Brixener Quarzphyllit, wk Waidbrucker Konglomerat, Brixener Quarzporphyr: A andesitische, Rd rhyodazitische, Rl rhyolithische Gruppe, gr Grödener Sandstein, be Bellerophon-Schichten, w Werfener Schichten, s Sarldolomit, b Buchensteiner Schichten, wv Wengener Schichten, c Cassianer Schichten, sc Unterer Schlerndolomit, scs Oberer Schlerndolomit, rs, hd Raibler Schichten und Hauptdolomit.

blieb hier in großen Zügen die gleiche. In den K a r p a t e n und im B a l k a n liegen jedoch die pelagische und die germanische Fazies nebeneinander, so daß man hier das Randgebiet zum eurasiatischen Festland annehmen darf. In den dinarischen Trögen der A d r i a t i s c h e n G e o s y n k l i n a l e bahnte sich die Entwicklung zur Tiefwasser- bzw. ozeanischen Fazies eher an als in den Alpen. Hallstätter Kalke traten bereits im Skyth auf.

Die pelagischen Ablagerungen der Tethys reichen über Kleinasien, den Himalaja und Indochina bis nach Indonesien.

Im H i m a l a j a gehen 1000–2000 m mächtige Triasserien ohne Lücke aus den permischen Productus-Schichten hervor. In der S a l t R a n g e bestand ein epikontinentales Becken, dessen Amphibien- und Reptilienreste auf den nahen Rand des Gondwana-Kontinents hindeuten. Auf dem erneut überfluteten Südrand der C h i n e s i s c h e n P l a t t f o r m (Yünnan, Kweitschou) wechsellagern marine Flachwasserkalke mit paralischen Kohlen (Nor).

Trias-Sedimente sind auf der O s t e u r o p ä i s c h e n P l a t t f o r m kaum erhalten. Im U r a l stiegen während der unteren Trias basische Instrusivkörper und liparitische Schmelzen auf.

Tektonische Gräben im Transural enthalten kohleführende Serien (1000 m) der Obertrias. Auf der Sibirischen Plattform hielt der bereits im Oberkarbon eingeleitete Vulkanismus mit der Förderung tholeiitischer Laven und Tuffe („Sibirische Trappe") bis in die Untertrias an. Die Vulkanite nehmen eine Fläche von 1,5 Mio. km² ein.

Für das arktische Becken sind kalkarme klastische Sedimente mit reichen Ammoniten-Faunen charakteristisch. Sie liegen u. a. auf Spitzbergen, der Bäreninsel, in Ostgrönland und im Norden Kanadas. Die Ablagerungen der ostgrönländischen Obertrias bestehen aus roten Mergeln, Gips und Arkosen.

In der Nordsee wurde der Viking-Zentralgraben angelegt.

In Nordamerika griff ein arktischer Golf südwärts bis nach British-Columbia vor.

Die zirkumpazifischen Geosynklinalen zeichneten sich durch Kalkarmut, mächtige klastische Sedimente und verstärkten Vulkanismus aus. Von der mittleren Trias an steigerte sich die orogene Aktivität (Altkimmerische Faltung) deutlich.

Vollständige Triasprofile mit Kalken, Schiefern und Sandsteinen findet man im Sichote-Alin am Japanischen Meer. Nach Norden hin werden die Schichten lückenhafter. Im Gebiet von Werchojansk liegen 4000–5000 m mächtige marine Schiefer und Sandsteine (Obertrias).

In Japan ereignete sich nach einer Flyschsedimentation im Skyth und Anis die Akiyoshi-Faltung (Ladin). Die Ablagerungen der Obertrias haben daher zum Teil Molassecharakter.

In der Anden-Geosynklinale begann im Zusammenhang mit einer ausgedehnten Bruchbildung während der Obertrias die Intrusion der mesozoischen Plutone.

Im Kordilleren-Trog liegen mächtige (8000 m) Trias-Sedimente mit Vulkaniten. In der Obertrias traten Faltungen, Bruchbildungen und Hebungen ein. Außerdem begann auch hier die Intrusion granitischer Plutone.

An der atlantischen Seite Nordamerikas sanken tiefe intermontane Gräben ein (Connecticut Valley), die sich mit Sedimenten der höheren Trias (Newark Group u. a.) und Basaltströmen („Hudson Palisaden") füllten. Bruchbildung und Vulkanismus standen vermutlich mit Krustendehnungen (Rift-Bildungen) bei der beginnenden Ablösung Nordamerikas vom Gondwana-Kontinent im Zusammenhang.

Im Inneren Nordamerikas finden sich kontinentale Ablagerungen arider und semiarider Klimazonen (Red beds, äolische Sedimente, „petrified forest").

Auf dem noch zusammenhängenden G o n d w a n a - K o n t i n e n t entstanden ebenfalls ausgedehnte kontinentale Becken, deren Sedimente (Angara-Schichten) nur schwer gegen das Perm abzugrenzen sind. Im Gegensatz zu den überwiegend grauen permischen Ablagerungen nahmen die Triasgesteine infolge der zunehmenden Trockenheit eine immer kräftigere Buntfärbung an.

In S ü d a f r i k a liegt die Stormberg-Serie (2700 m) mit dem kohleführenden Molteno-Sandstein, den Red beds (verkieselte Baumstämme, Reptilien) und dem Cave-Sandstein. Darüber folgen die Drakensberg-Vulkanite, eine 1300 m mächtige Folge basaltischer Decken. Triassisches Alter haben auch die mächtigen Karru-Dolerite.

Im P a r a n á - B e c k e n Südamerikas kam es während des Karn zu einem kurzfristigen Meereseinbruch.

c) Klima

Schon zu Beginn der Trias waren die ausgeprägten Klimagegensätze des Jungpaläozoikums offenbar weitgehend ausgeglichen. Der Nordpol lag auf der Nordostspitze Asiens, der Südpol in der Antarktis. Polare Eiskappen bestanden anscheinend nicht. Soweit zu erkennen, verlagerte sich der Äquator von Südeuropa nach Nordafrika. Über die Zone tropisch-humider Kohlebildung rückte daher in Europa nun der aride bis semiaride Klimabereich mit übersalzenen Flachmeeren und Salzlagunen nach Süden vor. In den ehemaligen Vereisungsgebieten der Südkontinente entstanden die bunten, teils gipsführenden Ablagerungen einer südlichen ariden Zone. In den Kohlevorkommen Südamerikas, Südafrikas und Ostaustraliens (Queensland, Victoria, Tasmanien) zeichnet sich ein südlicher Gürtel gemäßigt humiden Klimas ab.

Weite Teile der Triasmeere waren einheitlich besiedelt. Aus der Tethys drangen Faunen in die epikontinentalen Randmeere vor und entwickelten dort eigene Formen.

Der Gondwana-Kontinent und die Kontinentalmasse der Nordhalbkugel besaßen hinsichtlich ihrer Pflanzen- und Tierwelt immer noch eigene Züge.

d) Krustenbewegungen

Die Trias war, wie das Jungproterozoikum und Unterdevon, eine Zeit der Landvormacht.

Bedeutende orogenetische Bewegungen ereigneten sich erst in der höheren Trias (Altkimmerische Faltung). Sie erfaßten Teile der Tethys (Krim, Kaukasus), vor allem aber Ostasien (Indonesien, China, Japan), Australien und den Westen Nord- und Südamerikas. Offenbar entwickelten sich in der pazifischen Randzone Subduktionssysteme, in denen pazifische Teilplatten unter die angrenzenden Kontinentalmassen sanken. Die dadurch hervorgerufenen Vulkanzonen förderten große Mengen basaltischer und andesitischer Laven.

In der höheren Trias begann die Ablösung Nordamerikas vom Gondwana-Block. Die entstehenden Bruchzonen (Rifts) bildeten die Förderwege für den basaltischen Vulkanismus der Appalachen (Newark Group). In NW-Afrika (Marokko, Liberia) intrudierten basische Schmelzen (Obertrias – Unterer Jura).

Mit dem Zerbrechen der Pangäa begann die Öffnung des heutigen Atlantiks (Abb. 92).

Das Westende der Tethys, an dem Europa und Afrika mit einander in Verbindung standen, blieb davon nicht unberührt. Der alkalibasaltische Vulkanismus und eine deutliche synsedimentäre Bruchtektonik zeigen, daß die variszische Plattform zwischen beiden Kontinenten gedehnt wurde und zerbrach. Die entstehenden Bruchstrukturen (Rifts) sind vielleicht mit dem heutigen Roten Meer zu vergleichen. Ophiolite sprechen dafür, daß die Bildung ozeanischer Zonen von SE (Kleinasien, Griechenland) nach NW fortschritt.

Mit diesen Ereignissen kündigte sich eine neue globaltektonische Ära an, in deren Verlauf das Erdbild des Jungpaläozoikums völlig verändert wurde.

2. Jura (195–140 Mio. J.)

Die Formationsbezeichnung *Jura* (n. d. Schweizer Jura) wurde von BRONGNIART und A. VON HUMBOLDT 1785 eingeführt. Die Begriffe Lias (blaugraue Kalke und Mergel), Dogger (eisenschüssige Sandsteine, Mergel, Kalke) und Malm (helle Kalke) stammen aus der englischen Steinbruch-Industrie (Tab. 12).

a) Pflanzen- und Tierwelt

F a r n e und G y m n o s p e r m e n beherrschten die Landvegetation der Jurazeit zum großen Teil mit den gleichen Gattungen wie in der Trias. Die Artenvielfalt der leptosporangiaten Farne, Bennettiteen, Nilssonien und Ginkgo-Gewächse war aber in dieser Zeit besonders groß. Unter den Coniferen entwickelten sich Sonderformen *(Podozamites)*.

F o r a m i n i f e r e n , vor allem Kalkschaler (Lageniden), sind in den marinen Ablagerungen des Juras weit verbreitet. Unter ihnen erschienen die ersten planktonischen Formen *(Globigerina)*. Die R a d i o l a r i e n bildeten Kieselgesteine (Radiolarit). Die pelagischen Kalke der Jura/Kreidegrenze enthalten als charakteristische Einzeller die kalkschaligen C a l p i o n e l l e n , die zu den Ciliaten zu stellen sind.

K i e s e l s c h w ä m m e entwickelten einen großen Formenreichtum *(Tremadictyon, Cnemidiastrum)*.

Die H e x a k o r a l l e n zeigen vom Jura an kaum mehr Veränderungen. In den Riffen der Mediterranzone lebten *Thamnasteria, Stylina, Thecosmilia, Isastrea* (Abb. 61, 62).

Unter den G a s t r o p o d e n treten die ersten sicheren Neogastropoden *(Nerinea)* auf. Neue Gruppen entwickelten sich auch bei den L a m e l l i b r a n c h i a t e n *(Pholadomya, Inoceramus)*. *Trigonia* und *Gryphaea* erschienen zuerst in der pazifischen Obertrias und breiteten sich im Jura über weite Teile der Erde aus. Mit *Diceras* begann die Reihe der dickschaligen, später riffbildenden Muscheln.

Nach dem großen Ammonoideen-Sterben an der Trias/Juragrenze ging aus den überlebenden Phylloceratinen die Fülle der Jura-A m m o n o i d e e n hervor, deren besondere Kennzeichen die

154   Das Mesozoikum

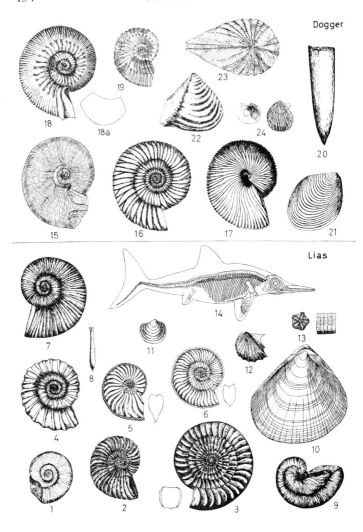

Abb. 61. Fossilien des Juras. L i a s : C e p h a l o p o d a : 1. *Psiloceras planorbe* SOW., 2. *Schlotheimia angulata* (SCHLOTH.), 3. *Arietites bucklandi* SOW., 4. *Androgynoceras capricornu* (SCHLOTH.), 5. *Amaltheus*

starke Loben-Zerschlitzung und zunehmende Schalenverzierung sind. Im englischen Portland sind auffallend großwüchsige Formen *(Titanites)* zu finden.

Die B e l e m n o i d e e n erlebten ihre Hauptentfaltung. Im Lias traten kleinwüchsige *(Nannobelus)*, im Dogger auch Riesenformen *(Megateuthis)* auf. *Hastites* (Lias-Dogger) und *Hibolites* (Malm) gehörten zu den häufigsten Gattungen.

Die C r i n o i d e n siedelten als kurzgestielte Formen im Riffbereich (Eugeniacrinus) oder verdrifteten als Pseudoplankton wie der langstielige (bis 16 m) *Seirocrinus*. Außerdem lebten freibewegliche Formen *(Saccocoma)*. Bemerkenswert ist die Entwicklung der irregulären S e e i g e l vom Dogger an.

Aus dem Jura sind etwa 1000 I n s e k t e n arten bekannt.

Bei den F i s c h e n herrschten die Holosteer (Schmelzschupper) vor. Im Lias erschienen auch die Teleosteer (Knochenfische) mit *Leptolepis*.

Jura - A m p h i b i e n (Anuren, Urodelen) sind selten.

Der Jura war das Zeitalter der R e p t i l i e n. Es verschwanden zwar die Theromorphen, dafür erreichten aber die Sauromorphen den Höhepunkt ihrer Entwicklung. In den Meeren lebten Sauropterygier *(Plesiosaurus)*, Ichthyosaurier, Krokodile und Schildkröten

◄──

margaritatus MONTF., 6. *Grammoceras radians* REIN., 7. *Lytoceras fimbriatum* SOW., 1 : 7, 8. *Hastites clavatus* (SCHLOTH.).
L a m e l l i b r a n c h i a t a : 9. *Gryphaea arcuata* LAM., 10. *Plagiostoma gigantea* (SOW.), 1 : 4,5, 11. *Posidonia bronni* VOLTZ, 12. *Oxytoma inaequivalvis* (SOW.).
C r i n o i d e a : 13. *Seirocrinus tuberculatus* (MILL.), Stielglieder.
R e p t i l i a : 14. *Ichthyosaurus quadriscissus* QUENST., 1 : 40.
D o g g e r : C e p h a l o p o d a : 15. *Leioceras opalinum* REIN., 16. *Parkinsonia parkinsoni* SOW., 17. *Macrocephalites macrocephalus* SCHLOTH., 1 : 5, 18. *Stephanoceras humphriesianum* SOW., 1 : 3, 19. *Kosmoceras ornatum* SCHLOTH., 20. *Megateuthis giganteus* (SCHLOTH.).
L a m e l l i b r a n c h i a t a : 21. *Inoceramus polyplocus* ROEM., 22. *Trigonia interlaevigata* QUENST., 1 : 3, 23. *Pholadomya murchisoni* SOW., 24. *Pseudomonotis echinata* SOW.

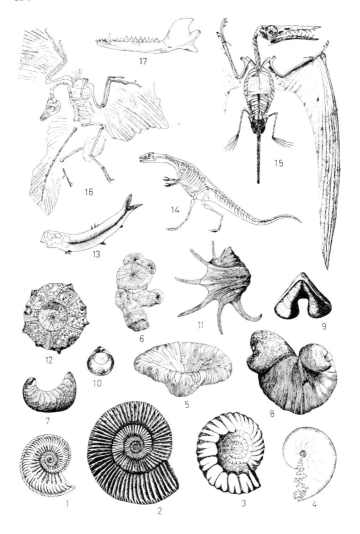

Abb. 62. Malm: Cephalopoda: 1. *Cardioceras cordatum* SOW., 2. *Perisphinctes plicatilis* SOW., 3. *Gravesia gravesiana* d'ORB., 4. *Streblites tenuilobatus* (OPPEL).

mit rückgebildetem Panzer (Abb. 63). Die Süßwasserbecken und das Festland wurden von den Saurischiern und Ornithischiern besiedelt. Dies waren teils zweibeinige, schnelle Raubtiere *(Compsognathus)*, teils schwerfällige, pflanzenfressende Zwei- *(Camptosaurus)* oder Vierfüßer (Abb. 64) mit kolossalen Körpermaßen (Abb. 65).

Die Pterosaurier *(Rhamphorhynchus)* eroberten durch die Entwicklung von Flughäuten den Luftraum.

Im Malm erschienen die ersten V ö g e l. Der im Solnhofener Plattenkalk gefundene *Archaeopteryx* ist ein wichtiges stammesgeschichtliches Bindeglied zwischen Reptilien und Vögeln (Abb. 62).

Von den Reptilien sind die an der Wende Trias/Jura auftauchenden S ä u g e t i e r e abzuleiten. Die etwa rattengroßen Kleinraubtiere können nach ihren Zahnformen in Triconodonta, Symmetrodonta, Multituberculata und Pantotheria gegliedert werden. Aus den Pantotheria gingen die höheren Säugetiere hervor.

Wichtig als L e i t f o s s i l i e n sind die Ammonoideen.

b) Paläogeographie

Mit Beginn des Juras traten an die Stelle des Germanischen Beckens in E u r o p a ausgedehnte Schelfmeere. Das Gallische Land verschwand, allein die Ardennisch-rheinische Insel blieb bestehen (Abb. 66). Das aus Norden nach Mitteleuropa einbrechende Liasmeer hinterließ im Nordsee-Küstenbereich mehr als 1000 m dunkle,

---

←

P o r i f e r a (Lithistida): 5. *Cnemidiastrum rimulosum* GOLDF.
A n t h o z o a : 6. *Thecosmilia trichotoma* (GOLDF.).
L a m e l l i b r a n c h i a t a : 7. *Exogyra virgula* THURM., 8. *Diceras arietinum* LAM., 1 : 4,5.
B r a c h i o p o d a : 9. *Pygope diphya* COL., 10. *Aulacothyris impressa* (ZIET.).
G a s t r o p o d a : 11. *Pterocera oceani* BRONGN., 1 : 4,5.
E c h i n o i d e a : 12. *Cidaris coronata* SCHLOTH.
P i s c e s (Teleostei): 13. *Leptolepis sprattiformis* AG.
R e p t i l i a : 14. *Compsognathus longipes* WAGN., 1 : 13, 15. *Rhamphorhynchus gemmingi* v. MEYER, 1 : 7.
A v e s : 16. *Archaeopteryx lithographica* v. MEYER, 1 : 7.
M a m m a l i a (Pantotheria): 17. *Amphitherium* sp., 1 : 1.

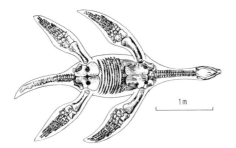

Abb. 63. *Thaumatosaurus victor* FRAAS (Plesiosauria) – Länge 3 m – Lias – Holzmaden (n. WILLISTON).

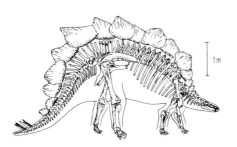

Abb. 64. *Stegosaurus ungulatus* MARSH (Ornithischia) – Länge 6 m – Ob. Jura – N-Amerika (n. MARSH & GILMORE). Gepanzerter Landbewohner. Ahnen biped. Kleiner Schädel. Pflanzenfresser.

Abb. 65. *Brachiosaurus brancai* JANENSCH (Saurischia) – Länge 23 m – Ob. Jura – Ostafrika (Tendaguru), Nordamerika.
Amphibische Lebensweise, herbivor.

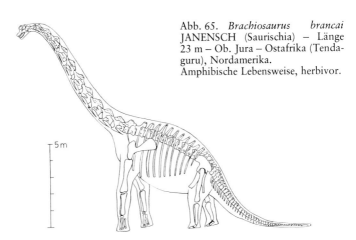

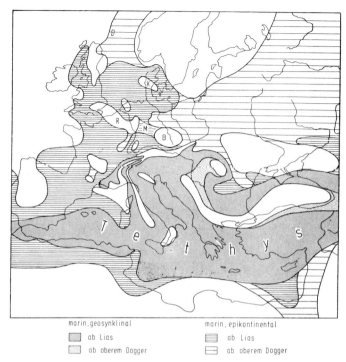

Abb. 66. Die Paläogeographie Europas zur Zeit des Juras (n. BRINKMANN 1966).
B Böhmische Insel, K Kimbrisches Land, M Mitteldeutsches Festland, R Ardennisch-rheinische Insel.

teils bituminöse Tone. Die Westküste der allmählich nach Süden vorstoßenden See wurde von der Ardennisch-rheinischen Insel, das Ostufer von der Böhmischen Insel gebildet. Im Lias α 3 erreichte die Transgression die Vindelizische Schwelle.

In S c h w a b e n und F r a n k e n sind die Schichtfolgen des L i a s geringmächtiger als in Nordwestdeutschland. Es sind lükkenhafte blaugraue Kalke und Mergel, die an der Küste des Vindelizischen Landes in Sandsteine mit Eisenoolithen übergehen.

Das Mesozoikum

Gliederung		Ammoniten	NW-Deutschland
140 M.J.	Berrias	Berriasella	Bückeburg-Sch. / Serpulit / Münder Mergel
Malm	Tithon	Semiformiceras / Franconites	Eimbeckhausen-Plattenkalk / Gigas-Sch.
Malm	Kimmeridge	Aulacostephanus / Rasenia / Pictonia	Kimmeridge-Kalke u. Mergel
Malm	Oxford	Ringsteadia	Korallen-Oolith
Malm	Oxford	Cardioceras	Heersum-Sch.
Dogger	Callov	Peltoceras / Kosmoceras / Macrocephalites	Ornaten-Ton / Macroceph.-Oolith / Porta-Sdst.
Dogger	Bathon	Clydoniceras / Tulites	Aspidoides-Sch. / Corn-brash
Dogger	Bajoc	Parkinsonia / Stephanoceras	Parkinsoni- / Subfurcatum- / Coronaten- / Sowerbyi- Ton
Dogger	Aalen	Ludwigia / Leioceras	Ludwigia-Ton / Polyploken-Sdst. / Opalinum-Ton
Lias	Toarc	Pleydellia / Hildoceras / Harpoceras / Dactylioceras	Jurense-Mergel / Posidonien-Schf.
Lias	Pliensbach	Amaltheus	Amaltheen-Ton
Lias	Pliensbach	Tragophylloceras	Capricornu Mergel / Jams. Oolith
Lias	Sinemur	Oxynoticeras	Raricostatum- / Obtusum- Tone / Turneri-
Lias	Sinemur	Arietites	Arieten-Ton
195 M.J.	Hettang	Schlotheimia / Psiloceras	Angulaten-Ton / Psilonoten-Ton

Tabelle 12. Gliederung des Jura.

Jura

Schwaben	Franken	Nördl. Kalkalpen Rand	Nördl. Kalkalpen Innenzonen	
	Neuburg-Bankkalk	Stramberg Fazies (Riffe)	−800 m	Berr.
	ζ Rennertshofen-Sch.		500 m Plassen-Kalk (Riffe)	Tithon
ζ ε Bankkalke δ Felsenkalk	Solnhofen-Plattenkalk		Aptychen- u. Hornstein- Kalke	
γ Mergel	ε δ Treuchtlingen Marmor Obere Graue Mgl.	Arzberg Kalk		Kimm.
β Wohlgeb.Kk	γ	Franken-Dolomit		
α Mergel	β Werk-Kk. Untere Graue Mgl.	Diceras-Kalke		Oxford
	α			
ζ Ornaten-Ton	ζ Ornaten-Ton		20 m	100 m Vils-Kalke	Callov
ε Macroceph. Oolith		−1700 m	Klaus-	Bath.
Tulites-Kalk	Fe-ooidische	Allgäu-	Kalke	
	δ-ε Kalke u.	Schichten	(Bunte Schwellenkalke)	
ε Tone u. δ Oolithe	Mergelkalke		100 m Lauben-stein-Kalke	Bajoc
γ Sandige Tone	γ Kalksandstein			
β Sandflaser-Sch. Fe-Sdst. u.-Oolithe	β Sandstein Fe-Oolith-Flöze			Aalen
α Opalinum - Ton −100 m				
ζ Jurense-Mgl.	ζ Mergelschf.	Kieselkalke Fleckenmergel u.-kalke	30 m Adnet-Kalke	Toarc.
ε Posidonien-Schichten −20 m				
δ Amaltheen-Mgl.	δ Tonmergelschf.			Pliensb.
γ Numismalis-Mgl.	γ Mergel u. Kalk			
β Oxynotum-Turneri- Ton	β Mergel, Schiefertone		Cephalopod.-Kalk Hierlatz-Kalk	Sinem.
α Arieten - Sandstein Angulaten - Schichten Psilonoten-Ton Sdst. Rätolias-			Rote Kalke	Hett.

Bezeichnend sind die bitumenreichen Posidonienschiefer des Lias ε. Sie enthalten bei Holzmaden eine Fülle gut erhaltener Fossilien: Ichthyosaurier mit Embryonen und Jungtieren, Mystriosaurier, Plesiosaurier und Flugsaurier, Fische, Arthropoden, Echinodermen u. a.

O s t d e u t s c h l a n d und P o l e n bildeten eine weite Flußebene, die vereinzelt bis zur Odermündung vom Meer überflutet wurde.

Westlich der Ardennisch-rheinischen Insel bestand das A n g l o g a l l i s c h e B e c k e n . An die Stelle seines Westufers tritt heute der Atlantische Ozean. Reste dieses Landes sind in der Bretagne, in Südengland, Irland und Schottland erhalten.

An der nordenglischen Pennin-Schwelle entstanden bedeutende Eisenoolitherze.

Im D o g g e r erschien im Norden das K i m b r i s c h e L a n d , dem Teile der heutigen Nordsee, der dänischen Inseln und der südlichen Ostsee angehörten (Abb. 66). Das aufsteigende Mitteldeutsche Festland unterbrach allmählich die Verbindung zwischen norddeutschem und süddeutschem Becken.

Über den Opalinustonen (Dogger α) wurden im Norden vorwiegend sandige Tone *(Inoceramus polyplocus),* im Südbecken braunrote Sandsteine mit Eisenoolithen (Dogger β, δ, ε), Kalksandsteine, Tone und Korallenkalke (Lothringen) abgelagert.

Die bedeutendsten Eisenerze (Minette) liegen an der lothringischen Küste der Ardennen-Insel. Sie enthalten in mehreren Flözen (Lias, Dogger α–β) 10 Mrd. t Erz (35 % Fe).

Im oberen Dogger entstanden auch in der sandigen Randfazies (Cornbrash, Porta-Standstein) des Nordbeckens bauwürdige Toneisensteine.

Während des oberen Doggers öffnete sich durch die fortschreitende Überflutung des Vindelizischen Landes im Süden der Böhmischen Insel die Regensburger Meeresstraße.

Im Callovien erfolgte eine der größten Transgressionen der Erdgeschichte. Das westeuropäische Flachmeer griff nach Osten über

(Baltische Straße) und vereinigte sich mit der Flachsee der Russischen Tafel. Im Süden versank das Vindelizische Land vollends.

Da sich das Mitteldeutsche Festland während des Malms weiter nach Süden ausdehnte, wurde S ü d d e u t s c h l a n d zum Randmeer der Tethys.

Hier entstanden feinkörnige Kalke und Mergel mit eingelagerten Kieselschwamm-Riffen. Die Riffbildung begann im Malm α und erreichte an der Wende Malm δ/ε ihren Höhepunkt. Von da an füllten sich die verbliebenen Lagunen mit feinschichtigen Kalken.

Die berühmten Solnhofener Plattenkalke des Malms ζ liefern vorzüglich erhaltene Fossilien: Medusen, Crinoiden, Schlangensterne, Ammoniten, Krebse, Insekten, Fische, Flugsaurier, Dinosaurier und den berühmten Urvogel *(Archaeopteryx)*.

In N o r d w e s t - D e u t s c h l a n d wurde das Malmmeer auf das N i e d e r s ä c h s i s c h e B e c k e n am Nordrand der Rheinischen Masse eingeengt. In ihm lagerten sich neben karbonatischen Sedimenten (Korallenoolith) Sandsteine (Wiehengebirgs-Quarzit) mit bauwürdigen Eisenoolithen (Wesergebirge) und mit fortschreitender Verlandung die gips- und salzführenden Münder Mergel ab (Tab. 12).

Diese paläogeographischen Veränderungen sind der Ausdruck verstärkter B o d e n b e w e g u n g e n, die an der Jura/Kreide-Wende die Konturen der Rheinischen Masse, des Harzes und die N–S bzw. NW–SE verlaufenden Grabenzonen in Mitteldeutschland schufen. Verlagerungen des Zechsteinsalzes (Halokinese) im Untergrund bewirkten zusätzliche Reliefveränderungen.

In E n g l a n d und F r a n k r e i c h , im Anglo-gallischen Bekken, ist der Malm ähnlich entwickelt wie in Mitteleuropa. Im oberen Malm bildete sich in Südengland eine Lagune (Purbeck), deren Sedimente (Wurzelböden, Süßwasserkalke, Gipslagen, Austernbänke) von episodischen Überflutungen zeugen.

Gegen Ende des Juras zog sich das Meer aus weiten Teilen Mittel- und Westeuropas zurück.

Auf der R u s s i s c h e n T a f e l stieß zu Beginn des Juras ein schmaler Meeresarm aus der Kaukasus-Geosynklinale in das Do-

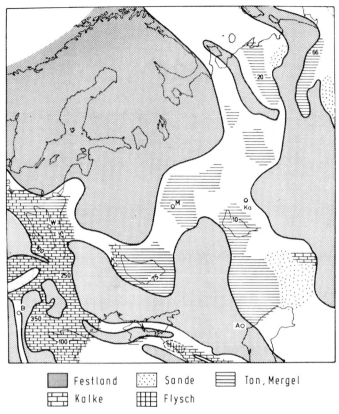

Abb. 67. Paläogeographie und Gesteinsfazies der Osteuropäischen Plattform im oberen Oxford (n. VINOGRADOV 1960–61).
A Astrachan, B Budapest, Ka Kasan, M Moskau, W Warschau.

nez-Becken vor. Im Dogger wurde das Transwolga-Gebiet bis zum Ural überflutet. Weiter nördlich entstanden kontinentale Sedimente mit Pflanzenresten. Während der Callovien-Transgression sanken dann weite Teile der Tafel unter den Meeresspiegel (Abb. 67).

Starke Strömungen schwemmten in manchen Zonen Glaukonit- und Phosphoritlager (Jaroslaw) zusammen. In ruhigeren Gewässern reicherte sich organisches, vorwiegend planktonisches Material (Brandschiefer) an.

Im Gegensatz zur Osteuropäischen Tafel blieben der A n g a r a - K o n t i n e n t und C h i n a Festland. In den kontinentalen Becken entstanden Sandsteine, Schiefertone und Kohlenflöze (Braunkohlen). Unterjura-Kohlen treten bei Karaganda und im Becken von Kusnezk auf, mitteljurassische Kohlen in der Tuwa-Senke.

In China sind Jurakohlen bei Peking, in Shansi und Shantung verbreitet. Sie häufen sich vor allem weiter südlich in Szechwan, Kiangsi und Hupeh. Das größte einheitliche Kohlenbecken mit flachlagernden Anthrazit- und Fettkohlenflözen nimmt in den Provinzen Shansi, Shensi und Kansu eine Fläche von 22 000 km² ein.

Die Kontinente der Nordhalbkugel umschlossen auch im Jura das A r k t i s c h e M e e r, das zeitweilig in der Ural-Vorsenke, in Ostsibirien (Lena), im westlichen Nordamerika oder im Nordseegebiet mit einer charakteristischen Fauna *(Buchia, Cadoceras, Virgatites, Craspedites, Pachyteuthis* u. a.) nach Süden vorstieß.

Der Viking-Zentralgraben entwickelte sich im Jura und in der Kreide zur Hauptstruktur der Nordsee.

Die W e s t a l p e n, die bisher im Bereich der germanischen Fazies lagen, S ü d s p a n i e n, A l g i e r und T u n i s wurden während des Juras in die Alpidische Geosynklinale einbezogen. Pelagische Kalke des Portlands finden sich bis zu den Kapverdischen Inseln. Infolge der zunehmenden tektonischen Aktivität dieser Zone entstand ein bewegtes Relief mit schmalen Senken, Schwellen und Inselketten, so daß sich Bereiche mit kondensierten Schichten, mächtigen Beckensedimenten oder Riffen gegenüberstehen. Die gesteigerte Bodenunruhe bewirkte synsedimentäre Bruchbildungen (Luganer Linie u. a.) und löste submarine Gleitungen (Breccien, Olisthostrome) aus.

Die Sedimente der Helvetischen Zone (Sand, Mergel, Eisenoolithe, Echinodermen- und Korallenkalke) am Nordsaum der A l p e n bildeten sich auf dem nördlichen Schelf der Tethys.

Im Alpeninneren liegen als Sedimente des eugeosynklinalen Penninischen Troges, die mächtigen Bündner Schiefer mit basischen Vulkaniten (Ophiolite) und Radiolariten. Der nordpenninische Valais- und der südpenninische Piemont-Trog wurden durch die Briançonnais-Schwelle von einander getrennt. Die basischen Schmelzen (Basalte, Peridotite) und Tiefwasser-Sedimente zeigen, daß nun die in der Trias vorhandene kontinentale Plattform vollends zerbrach und durch ozeanische Zonen aufgeweitet wurde. Die ursprüngliche Breite dieser ozeanischen Streifen ist kaum zu rekonstruieren. Sie dürfte einige 100 km betragen haben.

In den klastischen, teils kohleführenden Sedimenten (Grestener Schichten) der O s t a l p e n macht sich der terrestrische Einfluß der Böhmischen Masse bemerkbar. Weiter südlich entstanden auf Schwellen Crinoiden-(Hierlatz-Kalke) und Brachiopoden-Kalke (Vilser Kalke), teils auch Riffe (Plassenkalk), in den Becken die ammonitenreichen, mit Mangankrusten durchsetzten Adneter Kalke, die Fleckenmergel und Aptychen-Schichten.

Reste penninischer Ozeanböden sind vielleicht im Engadiner Fenster und in den Hohen Tauern (Glockner Decke) erhalten.

In den S ü d a l p e n liegen vollständigere Juraprofile mit roten Knollenkalken (Ammonitico rosso), Radiolariten und dichten pelagischen Kalken (Maiolica) in den lombardischen und vizentinischen Bergen.

An die Alpen-Geosynklinale schlossen sich im Osten die K a r p a t e n - T r ö g e , im Südosten die D i n a r i s c h e G e o s y n k l i n a l e Jugoslawiens und der Sedimentationsraum der H e l l e n i d e n in Griechenland an. Dazwischen bestand in Ungarn zeitweilig ein Festland (Grestener Schichten mit Kohleflözen).

Der K r i m - und der K a u k a s u s -Trog lagen am Tethys Nordrand (Abb. 67).

In der Kaukasus-Hauptkette wird der Jura bis 15 000 m mächtig. Bemerkenswert sind Flyschsedimente und mächtige intermediäre bis basische Laven.

Auch im O s t a b s c h n i t t t d e r T e t h y s finden sich Anzeichen orogener Bewegungen.

Teile Zentralpersiens wurden an der Wende Jura/Kreide gefaltet. Gleichzeitig erfolgten magmatische Intrusionen.

In der Salt Range, im südlichen Randbereich der Himalaja-Geosynklinale, liegen glaukonitische Unterkreide-Sandsteine diskordant über Tonen, Mergeln und Nerineen-Kalken des Malms. In Nordvietnam kam es zu wiederholten Granitintrusionen (Obere Trias–Mitteljura). Die Zinngranite Indonesiens drangen im oberen Jura und in der unteren Kreide auf.

Die Papua-Geosynklinale der östlichen Tethys verlief über Sumatra, Java, Timor, Neuguinea und vereinigte sich in Neukaledonien und Neuseeland mit dem zirkumpazifischen Geosynklinalsystem (Abb. 68).

In der Umrandung des Pazifischen Ozeans erreichte die tektonisch-magmatische Aktivität einen Höhepunkt (jungkimmerische Faltung).

In den Geosynklinalen entstanden mächtige Folgen klastischer Sedimente und Vulkanite. Ein Teil der Gesteine ist sicher ozeanischen Ursprungs und wurde erst durch die Subduktion ozeanischer Plattenteile den Kontinentalrändern angegliedert (Abb. 68).

In Nordostasien (Werchojansk) sind basische und intermediäre Eruptivgesteine weit verbreitet. Das paläozoische Kolyma-Massiv (Abb. 17) wird von einem Kranz oberjurassischer Porphyrite und Quarzporphyre umgeben.

Im Bereich der heutigen Japanischen Inseln trennte eine Inselkette den offenen Ozean im Süden und Osten von einer Flachsee im Westen.

Die Kuroma-Gruppe (10 000 m) des japanischen Juras besteht aus Sandsteinen, Konglomeraten und monotonen Schieferfolgen.

Die ozeanischen Gesteine der Neuseeland-Geosynklinale (Zentralfazies) wurde an der Wende Jura/Kreide unter Hochdruckbedingungen (Glaukophan, Lawsonit) deformiert.

In Nordamerika stieß das Arktische Meer in einer flachen Bucht über das Mackenzie-Tal bis nach Colorado vor (Sundance-See), gewann aber keine Verbindung mit dem Pazifik (Abb 68).

Im Kordilleren-Trog am Pazifikrand wurden zur gleichen Zeit mächtige Sandsteine, Schiefer, Radiolarite und Vulkanite teils oze-

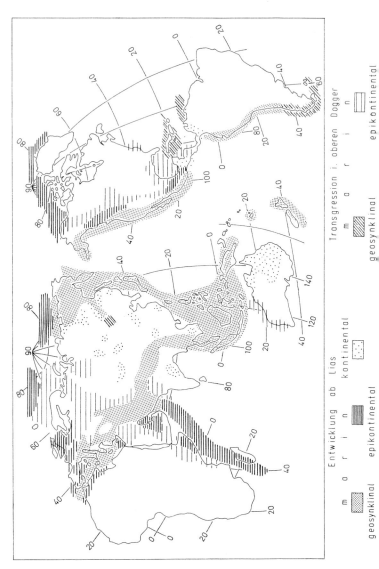

Abb. 68. Paläogeographie der Erde zur Zeit des Juras (abgeändert n. BRINKMANN 1966).

anischer Herkunft (Mariposa Formation u. a.) aufgehäuft. Gegen Ende des Juras (Kimmeridge) verwandelte die n e v a d i s c h e O r o g e n e s e weite Teile der Geosynklinale, von Alaska bis nach Mexiko, in ein zusammenhängendes Faltengebirge. In Zusammenhang damit erfolgte die Intrusion der großen Kordilleren-Plutone (Granodiorite) und die Förderung vulkanischer Laven (Andesite, Liparite).

Die Sedimentation im Randbereich der A n d e n - G e o s y n k l i n a l e war wie auch in der Trias vielfältig und lückenhaft. In der eugeosynklinalen Zone liegen mächtige Grauwacken, flyschartige Sedimente und Vulkanite. Die bis zu 10 000 m mächtige „Porphyrit"-Formation umfaßt andesitische Laven, Tuffe und marine Einlagerungen. Seit der Trias bestand hier offenbar ein aktiver Plattenrand mit vulkanischen Inselbögen, an dem die Pazifische Platte unter den Kontinent sank. Die oberjurassischen Deformationen sind u. U. einer Beschleunigung der Subduktion zuzuschreiben.

Auf dem G o n d w a n a - K o n t i n e n t sind terrestrische Sedimente verbreitet (Amazonas-, Paraná-, Karru-, Great Artesian Becken u. a.). Sie enthalten Reptilfährten, Pflanzenreste, verkieselte Hölzer und bituminöse Schiefer mit Süßwasserfischen und Ostracoden. Die äolischen Botucatú-Sandsteine (Oberjura-Unterkreide) im Paraná-Becken Südamerikas nehmen 2 Mio. km² ein und werden als die größte Paläowüste der Erde betrachtet.

Bemerkenswert ist auch der gewaltige Spaltenvulkanismus des Südkontinents (Paraná-Basalte, Drakensberg-Vulkanite; Basalt- und Dolerit-Decken in der östlichen Antarktis). Die basaltischen Trappe des Paraná-Beckens (Oberjura-Unterkreide) überdecken 1,2 Mio. km².

Im Norden überflutete die Tethys M a r o k k o , T u n e s i e n , L i b y e n und Teile der S i n a i - H a l b i n s e l . Das Ä t h i o p i s c h e B e c k e n , eine südliche Ausbuchtung der Tethys, trennte die afrikanische und indische Scholle (Abb. 68).

Lagunäre Sedimente (Portland/Wealden) in Tansania lieferten zahlreiche Riesensaurier (Abb. 65).

Pflanzenführende (Cycadeen, Coniferen) Schiefer und marine Schichten mit Ammoniten liegen auch in der A n t a r k t i s (Trinity-Halbinsel, Alexander Island).

Die marinen Ablagerungen auf M a d a g a s k a r und im Westen A u s t r a l i e n s zeigen, daß sich zwischen den einzelnen Schollen Gondwanas Meeresstraßen öffneten und der Zerfall des Großkontinents voranschritt (Abb. 68).

Dogger-Sedimente bilden die ältesten Ablagerungen in den h e u t i g e n O z e a n e n.

Östlich der Bahamas liegen Callovien-Sedimente auf Basalten und geben damit ein Mindestalter für die Öffnung des Mittleren Atlantiks. Bajocien-Sedimente sind auch aus der Labrador-See bekannt. Im Pazifik fanden sich, 8000 km vom Ostpazifischen Rücken entfernt, ebenfalls Jurasedimente.

c) Klima

Soweit zu erkennen, hatte sich der Nordpol im Jura von NO-Asien in das arktische Becken verlagert. Der Südpol rückte in das Seegebiet vor der Westantarktis. Dementsprechend näherte sich der Äquator von Norden her seiner heutigen Position.

Eine breite Trockenzone zog aus den südlichen Teilen Nordamerikas über Südeuropa nach Zentralasien. Zeugen eines südlichen Trockengürtels finden sich im S Südamerikas und Afrikas. Da die Pole offenbar keine Eiskappen trugen, bestand keine ausgeprägte Klimagliederung. Die Pflanzengemeinschaften breiteten sich ziemlich gleichmäßig über die Erde aus und auch in der Arktis und Antarktis bestanden artenreiche Vegetationen.

In Asien wurde die gemäßigte Zone von einer Coniferen-Ginkgo-Taiga eingenommen. Farne und Cycadeen wuchsen in tropischen und subtropischen Breiten. Kohleführende Serien des unteren und mittleren Juras liegen in Alaska, Grönland, Spitzbergen, Europa, Sibirien und China sowie weiter südlich in Kalifornien, Mexiko, Indien, Australien, Südafrika und in der Antarktis.

Vom höheren Dogger an entwickelten sich deutlichere Klimagegensätze. Auch Evaporite und bunte Sedimente sprechen dafür, daß das Klima der Kontinente trockener wurde.

Nach der einheitlichen Faunenausbreitung im tieferen Jura zeichnen sich vom Dogger an wenigstens zwei F a u n e n p r o v i n z e n (Cephalopoden, Foraminiferen) ab: die T e t h y s - P r o v i n z mit *Phylloceras, Lytoceras* und *Perisphinctes* und die b o r e a l e (arktische) P r o v i n z mit *Cadoceras, Virgatites* und *Buchia*.

Der boreale Einfluß reichte in Nordamerika durch den Vorstoß der Sundance-See weit nach Süden. Die Faunen Mittelamerikas und Mexikos zeigen dagegen mediterran-europäischen Charakter.

d) Krustenbewegungen

Die K i m m e r i s c h e O r o g e n e s e des Juras wirkte sich vor allem im z i r k u m p a z i f i s c h e n G e b i e t aus. Pazifische Teilplatten wurden an den Randzonen der Asiatischen und der Amerikanischen Platte subduziert und entsprechende Orogenesen ausgelöst (Abb. 69). Die kimmerischen Deformationen und Metamorphosen wie auch der begleitende Magmatismus haben ihre Spuren u. a. in NO-Asien, im Sichote Alin, in Indochina und im Westen der Südchinesischen Plattform hinterlassen.

Am Ostrand des Pazifiks entstanden Orogene vom „Kordilleren-Typ" (S. 235) im Kordilleren-System Nordamerikas und in den Anden. Damit war zugleich ein starker basischer bis intermediärer Inselbogen-Vulkanismus und die Intrusion ausgedehnter granitischer Plutone verbunden.

Die T e t h y s verblieb demgegenüber, von örtlichen Deformationen (Krim, Kaukasus) abgesehen im Geosynklinalstadium. Auch hier wurden große Mengen submariner basischer Laven gefördert.

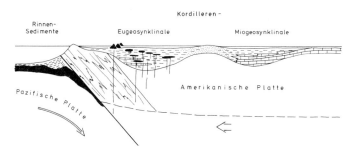

Abb. 69. Das Subduktionssystem der Kordilleren Geosynklinale Nordamerikas im oberen Jura (n. Seyfert & Sirkin 1973).

Im Mittelmeer-Gebiet führte der weitere Aufstieg von Manteldiapiren zur fortschreitenden Krustendehnung, so daß sich die bereits in der Trias angelegten Riftzonen zu ozeanischen Becken erweiterten. Auf diese Weise entstand aus dem epikontinentalen mediterranen Randmeer, von Osten nach Westen fortschreitend, eine gegliederte Eugeosynklinale, in deren ozeanischen Teiltrögen Ophiolite und mächtige klastische Sedimente abgelagert wurden.

Deformationen, Intrusionen und Metamorphosen sind in der Umgebung der Rhodopen-Masse festzustellen.

An der Wende Jura/Kreide vollzogen sich in den Helleniden tektonische Überschiebungen (Eohellinische Phase).

M i t t e l e u r o p a erlebte im oberen Jura und in der unteren Kreide mehrere Phasen „saxonischer" Bruchfaltung (Deister-, Osterwald-, Hils-Phase). Im Verbreitungsgebiet der Zechsteinsalze wurden die entstehenden Strukturen zusätzlich durch Salzbewegungen (Halokinese) im Untergrund beeinflußt.

Der fortschreitende Zerfall des G o n d w a n a - K o n t i n e n t s bewirkte einen starken Spaltenvulkanismus. Im Dogger erweiterte sich der Indische Ozean, wie u. a. die Überflutung Ostafrikas erkennen läßt (Abb. 68).

Für die Existenz des Südatlantiks zwischen Südamerika und Afrika finden sich noch keine Hinweise. Auch die Umrisse des jurassischen Pazifiks sind unsicher.

3. Kreide (140–65 Mio. J.)

Die Formationsbezeichnung leitet sich von den auf der Nordhalbkugel weit verbreiteten hellen, organogenen Kalken *(Schreibkreide)* ab. Die Gliederung führte, unter Verwendung französischer und Schweizer Orts- und Provinznamen, vor allem D'ORBIGNY (1840–1855) durch (Tab. 13).

a) Pflanzen- und Tierwelt

Das Auftreten der A n g i o s p e r m e n in der Kreide stellt, nach der Besiedlung des festen Landes im Devon, den bedeutendsten Fortschritt der Pflanzenwelt dar. Er schuf die Voraussetzungen für die Entfaltung der Säugetiere und Vögel.

Mit der Gattung *Cycadeoidea* und ihren Verwandten starben in der Oberkreide die Bennettiteen aus (Abb. 70). Zur gleichen Zeit erschienen in wachsender Zahl die Verwandten der heute lebenden Laubpflanzen (Abb. 71). Neben ihnen existierten auch altertümliche Angiospermen wie z. B. *Dewalquea* mit handförmig geteiltem Laub. Von der Mittelkreide an boten die Wälder etwa das heutige Bild (Buchen, Birken, Ahorn, Eichen). C o n i f e r e n , vor allem Taxodiaceen, waren auf der nördlichen Halbkugel weit verbreitet.

Marine Sedimente enthalten große Massen von Kalkskeletten ($2-10\,\mu$) pflanzlicher Einzeller (Coccolithophoriden).

Die F o r a m i n i f e r e n erlebten eine Blütezeit (Textulariiden, Rotaliiden, Buliminiden, Globotruncanen) und entwickelten in der Oberkreide wiederum Großformen (Orbitoliniden, Orbitoiden).

Die Formenfülle der K i e s e l s c h w ä m m e war noch größer als im Jura.

Die Häufigkeit der B r a c h i o p o d e n nahm weiter ab. B r y o z o e n besaßen in der Oberkreide weite Verbreitung.

Für die M o l l u s k e n bedeutete die Wende Kreide/Tertiär das Ende einer Ära. Ammonoideen, Rudisten und Inoceramen starben aus.

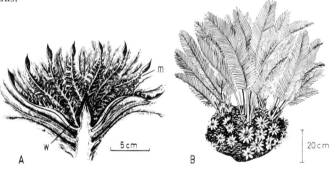

Abb. 70.
A *Cycadeoidea marshiana* WARD, n. HIRMER.
B *Cycadeoidea ingens* WARD, n. WIELAND.
Zweigeschlechtliche Blüte mit farnartig gebauten männlichen Mikrosporophyllen (m) und einem weiblichen Blütenteil (w) im Zentrum auf konischem Blütenboden.

Bei den an Häufigkeit gewinnenden Gastropoden stellten sich bereits während der Oberkreide die Gemeinschaften der tertiären und rezenten Schneckenfauna ein.

Die pachyodonten Muscheln entwickelten Formen mit korallenähnlichem Höhenwachstum. *Requienia* stand den Diceraten des Juras nahe. In der mittleren Kreide erschienen Formen mit kegelförmiger rechter Klappe *(Caprina)*. Bei den im Alb auftretenden Rudisten *(Hippurites, Radiolites)* ist eine Klappe als Deckel ausgebildet. Stratigraphisch wichtig sind die Inoceramen (Abb. 72).

Der Niedergang der Ammonoideen zeichnete sich an den teils anomal gestalteten Gehäusen *(Crioceras, Turrilites, Scaphites)* mit vereinfachten Lobenlinien und im monströsen Riesenwuchs *(Pachydiscus*, ⌀ 2,4 m) ab (Abb. 72). Das biologische Schicksal dieser bedeutenden Tiergruppe ist schwer zu deuten. Gegen Ende des Devons, am Ende des Perms und am Ende der Trias starb jeweils die dominierende Gruppe der Ammonoideen aus. Die überlebenden

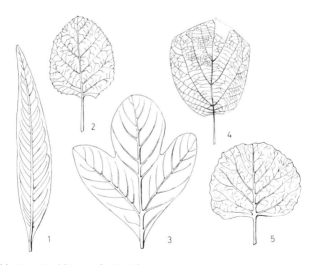

Abb. 71. Laubbäume der Kreidezeit.
1. *Ficus*, 2. *Betula*, 3. *Sassafras*, 5. *Populites* (n. E. W. BERRY u. L. W. WARD), 4. *Credneria* (n. GOTHAN).

Gattungen wurden aber immer wieder zu Stammformen einer raschen neuen Entfaltung. Am Ende der Kreide erloschen sie endgültig. Wenig später, im Eozän, verschwanden auch die B e l e m - n i t i d e n , die während der Kreide die Oxyteuthiden, Duvaliiden und Belemnitelliden *(Actinocamax, Belemnitella)* hervorbrachten.

Die C r i n o i d e n wurden seltener *(Pentacrinus, Marsupites)*. I r r e g u l ä r e S e e i g e l *(Holaster, Toxaster, Micraster)* siedelten auf Schlick und Sand, während die regulären *(Cidaris, Salenia)* anscheinend auf festeren Meeresböden lebten.

Bei den F i s c h e n traten vom Cenoman ab die Teleosteer *(Clupea)* in den Vordergrund.

Die R e p t i l i e n behielten ihre Lebensweise bei, starben aber an der Wende zum Tertiär bis auf die heute noch lebenden Schildkröten, Eidechsen, Schlangen und Krokodile aus. In marinen Ablagerungen der Kreide findet man Meeresschildkröten, große Eidechsen (Mosasaurier), Ichthyosaurier und Plesiosaurier. Pflanzenfressende Ornithischier wie *Iguanodon, Trachodon* und *Triceratops* bevölkerten die Festländer (Abb. 73, 74). Neben ihnen lebten Saurischier als fleischfressende Raubtiere, wie *Megalosaurus* und *Tyrannosaurus* (Abb. 75). Die Flugsaurier *(Pteranodon, Quetzalcoatlus)* erreichten Spannweiten bis zu 15 m (Abb. 76).

Der Körperbau der V ö g e l entsprach, abgesehen von bezahnten Kiefern, im wesentlichen dem der heute lebenden Formen.

Mit dem Niedergang der Reptilien begann die Entfaltung der S ä u g e t i e r e . In der höheren Oberkreide Nordamerikas fanden sich gemeinsam mit Dinosauriern erstmals Reste von Huftieren. Die ältesten Beuteltiere sind aus der Kreide Asiens bekannt.

Zu den wichtigsten L e i t f o s s i l i e n der Kreide gehören: Ammonoideen, Belemnoideen, Rudisten, Inoceramen und Foraminiferen.

b) Paläogeographie

In die Kreide-Zeit fielen einschneidende Veränderungen des geographischen und tektonischen Erdbildes. Mit der Öffnung des Südatlantiks erlangten Südamerika und Afrika etwa ihre heutigen Konturen. Transgressionen brachten weite Teile der Kontinente vorüber-

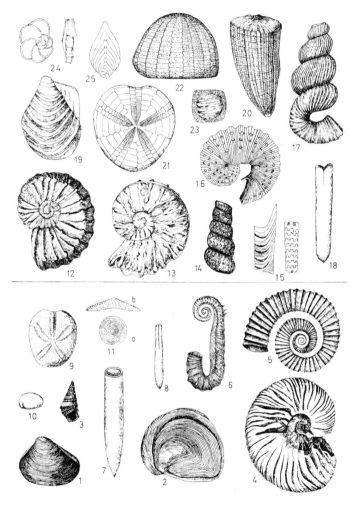

Abb. 72. Fossilien der Kreide. Unterkreide: Lamellibranchiata: 1. *Cyrena bronni* DUNK., Wealden, 2. *Exogyra couloni* d'ORB., 1 : 4,5, Valendis.
Gastropoda: 3. *Glauconia strombiformis* SCHLOTH., Wealden.
Cephalopoda: 4. *Polyptychites keyserlingi* (NEUM. & UHL.), Va-

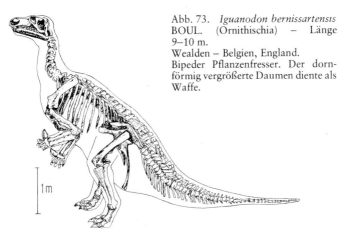

Abb. 73. *Iguanodon bernissartensis* BOUL. (Ornithischia) – Länge 9–10 m.
Wealden – Belgien, England.
Bipeder Pflanzenfresser. Der dornförmig vergrößerte Daumen diente als Waffe.

gehend unter Meeresbedeckung. In den Geosynklinalen begann die Alpidische Gebirgsbildung.

Nachdem am Ende des Malms das Meer aus weiten Teilen Mitteleuropas zurückgewichen war, verblieb in Nordwestdeutschland das

⬅

lendis, 5. *Aegocrioceras capricornu* (ROEM.), Hauterive, 6. *Ancyloceras matheronianum* d'ORB., 1:7, Apt., 7. *Oxyteuthis brunsvicensis* (STROMB.), Barrême, 8. *Neohibolites minimus* (LIST.), 1 : 1, Alb.
Echinoidea: 9. *Toxaster complanatus* AG., Hauterive.
Ostracoda: 10. *Cypridea valdensis* SOW., × 7, Wealden.
Foraminifera: 11. *Orbitolina lenticularis* BLUMB., a × 4,5, b (Querschnitt) × 9, Apt.
Oberkreide: Cephalopoda: 12. *Acanthoceras rhotomagense* (DEFR.), 1 : 7, Cenoman, 13. *Schloenbachia varians* (SOW.), Cenoman, 14. *Turrilites costatus* LAM., Cenoman, 15. *Baculites anceps* LAM., Campan, 16. *Scaphites spiniger* (SCHLÜT.), Campan, 17. *Cirroceras polyplocum* (ROEM.), 1 : 4,5, Ob. Campan, 18. *Actinocamax quadratus* (BLAINV.), Campan.
Lamellibranchiata: 19. *Inoceramus lamarcki* PARK., 1 : 3, Turon, 20. *Hippurites gosaviensis* DOUV., 1 : 7, Coniac-Campan.
Echinoidea: 21. *Micraster cortestudinarium* GOLDF., Turon, 22. *Echinocorys vulgaris* BREYN., Campan.
Pisces: 23. *Ptychodus latissimus* AG., (Zahn), Turon.
Foraminifera: 24. *Globotruncana lapparenti* BROTZ., × 20, Turon – Campan, 25. *Neoflabellina rugosa* (d'ORB.), × 11, Campan.

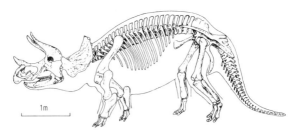

Abb. 74. *Triceratops prorsus* MARSH (Ornithischia – Ob. Kreide – N-Amerika. Großer, gehörnter Schädel mit knöcherner Nackenkrause, Pflanzenfresser.

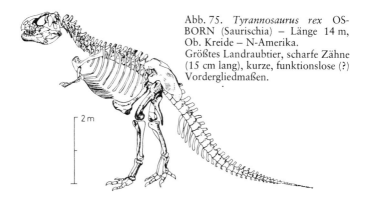

Abb. 75. *Tyrannosaurus rex* OSBORN (Saurischia) – Länge 14 m, Ob. Kreide – N-Amerika. Größtes Landraubtier, scharfe Zähne (15 cm lang), kurze, funktionslose (?) Vordergliedmaßen.

Niedersächsische Becken und im Osten die Dänisch-polnische Furche. Beide trennte ein nur langsam absinkendes Schwellengebiet (Pompeckjsche Scholle). Das ehemalige Süddeutsche Becken wurde nur vorübergehend überflutet.

Zu Beginn der Unterkreide breiteten sich die Sedimente der brackisch-limnischen Wealden-Fazies aus. In Nordwest-Deutschland schoben sich vom Mitteldeutschen Festland her mehrere mit Sumpfwäldern (Wealden-Kohle) bedeckte Deltakegel in das Brackwasserbecken vor. Erst im Valendis begann das Meer von Norden her erneut überzugreifen (Abb. 77). Vom Hauterive bis

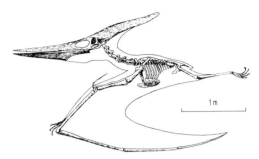

Abb. 76. *Pteranodon ingens* MARSH (Pterosauria) – Ob. Kreide – Europa, N-Amerika.
Letzte hochspezialisierte Form der jurassischen Flugsaurier. Zahnlos, mit knöchernem Hinterhauptkamm. Der vierte Finger mit 4 verlängerten Phalangen trug die Flughaut. Flügelspannweite 8 m (n. EATON).

Alb entstanden die marinen Küstensedimente des Osning- und Hils-Sandsteins, die beckenwärts in mächtige Tone übergingen. In der Küstenzone wurden eisenreiche Doggergesteine aufgearbeitet und zu Trümmererzen (Salzgitter) zusammengeschwemmt. Das in der Dänisch-polnischen Furche eindringende Valendis-Meer vereinigte sich vorübergehend mit der Flachsee der Russischen Tafel.

Das Mitteldeutsche Festland erstreckte sich über das Rheinische Schiefergebirge und die Ardennen bis nach Südengland und trennt hier das Nordsee-Becken von der südenglischen Wealden-See, in der sich die mächtigen Hastings-Sandsteine und Wealden-Tone ablagerten.

Im Bereich des alten Festlandes wurden bei Bernissart (Belgien) in Talrinnen mit sandig-tonigen Süßwasser-Ablagerungen 24 vollständige *Iguanodon*-Skelette gefunden (Abb. 73).

Im Apt sank der Nordwestteil der Hochscholle unter den Meeresspiegel. Die Nordsee stieß nach Frankreich vor und gewann über das Rhônetal eine Verbindung mit der Tethys. Im Alb wurde auch die Nordscholle des Rheinischen Schiefergebirges im heutigen Münsterland überflutet.

Das bei der Alb-Transgression entstandene Großbecken erweiterte sich zu Beginn der Oberkreide und erreichte im Cenoman und Tu-

Gliederung			Leitfossilien	Alpen	
				Helvetische Zone	Nördl. Kalkalpen
65 M.J.		Dan		20 m Dreiangel-Sch.	500 m Zwieselalm-Schichten (Kalkpelite, Konglom.)
K R E I D E	Oberkreide	Maastricht	*Belemnella lanceolata*	Gerhardsreuth-Sch. / Wang-Sch.	400 m Nierental-Schichten (Kalkpelite)
		Campan (Senon)	*Belemnitella mucronata, Gonioteuthis quadrata*	Pattenau-Pinswang- Stallau-Grünsand	300 m Obere
					300 m Mittlere "Gosau" Konglomerate,
		Santon	*Gonioteuthis granulata, Gonioteuthis westfalica*	100 m Amden-Sch. (Leist-Mergel)	Kalke, Sandst., Tonmergel, Kohleflözchen
		Coniac (Emscher)	*In. subquadr., In. (Volvi- ceramus) involutus*	30 m Leiboden- Mergel 50 m Seewen-Schf.	700 m Untere
		Turon	*Inoceramus schloenbachi, striatocon- centricus, lamarcki, labiatus*	100 m Seewen-Kalk	100 m Mergel
		Cenoman	*Acanth. rho- tomagense, Schloenb. varians*	Turriliten-Sch.	200 m Mergel, Sandstein, Dolomitbreccien
	Unterkreide	Alb (Gault)	*Neohibolites minimus, Hoplites*	2 m Alb- Concen- Grünsand tricus-Sch.	150 m Dunkle Mergel
		Apt	*Parahoplites, Cheloniceras, Deshayesites*	40 m Apt-Grünsand 200 m	100 m Bunte Mergel
		Barrême	*Oxyteuthis*	Schratten- kalk -50 m Drusberg-Sch. (Mergelschf. m. Kalk)	300 m Neokom- Aptychenmergel
		Hauterive (Neokom)	*Crioceras, Endemoceras*	200 m Kieselkalk	300 m Roßfeld-Sch. (Sandst., Mergel Konglomerate)
		Valendis (Valan- ginien)	*Dichotomites, Polyptychites, Platylenti- ceras*	400 m Valendiskalk u.-mergel, Ohrlikalk u.-mergel, Zementstein-Schichten	100 m Schrambach- Sch. (Mergel u. Kalke)
140 M.J.		Wealden	*Cyrenen, Unio*		

Tabelle 13. Gliederung der Kreide.

Kreide

Stufe	N-Rand der Ardennen	Westfälisches Kreidebecken	Nordsee-Becken Emsland	Nordsee-Becken Hannover, Harzvorland
Maastr.	−100m Tuffkreide, Kreidemergel, z.T. mit Feuerstein			
Campan	−40m Grünsand −120m Sande, Ton	−350m Baumberger Sandst. (gelbe Kalksandst.) Graue Mergel, Tonmergel Sandkalke, z.T. fossilreich −300m Halterner Sande (Sandmergel u. reine Sande) Geröll	Sande, Kalksande, Tone (lückenhaft)	−100m Ilsenburg-Schichten (Mergel, Sandmergel, Trümmerkalk mit paläoz. Geröllen) −80m Blankenburg-Schichten (Mergel, Kalksandstein, Kongl. mit mesoz. Geröllen) −40m Heimburg Schichten (Mergel, Kalksandst., Kongl. mit mesozoischen Geröllen) −75m Sandst.(bunte) Tone
Santon	Kreide im Pariser Becken			−10m Trümmer- erz v. Ilsede −100m Mergel, Kongl., Kr. Ger. −50m Sandst.
Coniac		200−500m Emscher Mergel (graue Mergel)		
Turon		im S (Haarstrang) Einlagerung v. 2 glauk. Grünsandst.	90−260m hellgrauer Pläner hellgraue, z.T. rote fossilreiche Mergel	
Cenoman		−10m glauk. Grünsandst.	60−250m helle bis weiße Kalke Pläner hellgrauer Mergel	glaukonit. Sandsteine
Alb		ca 70m dunkelgrauer Flammenmergel, z.T. als Kieselmergel; Tone, (Gault-) Sandsteine Grünsande		−80m Hils-Sandstein
Apt		bis über 100m gelbbrauner Osning Sandstein im NW mit tonig-sandigen Zwischenschichten	−30m Rothenberg-Sandst. 80 bis über 1000m Hils-Ton, Neokom-Ton (dunkle Tonsteine)	
Barrême				
Hauterive			−30m Gildehäuser Sandst.	−100m Trümmer-Erz v. Salz- gitter
Valangin	10m sandig-tonige, kontinentale Ablagerung		−70m Bentheimer Sandstein −25m z.T. Valendis-Sdst.	
Berrias			Bückeberg-Folge „dtsch. Wealden" Delta-Sande, Kohle 400m Serpulit 25m Graue Mergel 30m	

182 Das Mesozoikum

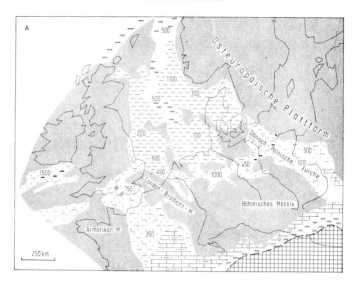

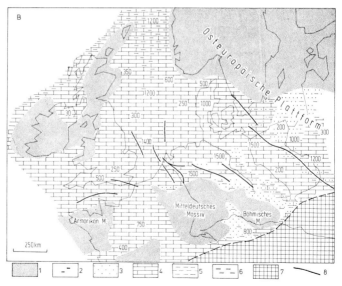

ron seine größte Ausdehnung (Abb. 77). Von England im Westen bis zum Kaspi See im Osten bestand über die Baltische Straße ein breites epikontinentales Flachmeer. Diese Transgression war eine der bedeutendsten der jüngeren Erdgeschichte.

Der H a r z und N i e d e r h e s s e n lagen vom Cenoman bis zum Turon unter dem Meeresspiegel. In Zonen bewegten Wassers entstanden Grünsande, in den Becken Kalke, Pläner und Mergel.

Auch das Ostende des Mitteldeutschen Festlandes, die B ö h - m i s c h e M a s s e , senkte sich im Cenoman.

In S a c h s e n , B ö h m e n und in den S u d e t e n wurden Klippenkalke, Konglomerate und Glaukonit-Sandsteine des Cenomans auf den älteren Gesteinen einer unterkretazischen Landoberfläche abgelagert. Episodische Grobsand-Schüttungen von der Küste und von Inseln in die mit Plänern gefüllten Becken führten zu einer Wechsellagerung von grobbankigen Quadersandsteinen, Plänerkalken und Mergeln, die noch heute das reizvolle Landschaftsbild des Elbsandstein-Gebirges und der Heuscheuer (Sudeten) bestimmt.

Im Süden der Böhmischen Masse stieß das Meer aus dem helvetischen Becken in die O s t b a y e r i s c h e K r e i d e b u c h t vor. Hier entstanden im tieferen Cenoman die Eisenerzlager von Amberg. Die Regensburger Grünsande bildeten sich im oberen Cenoman.

Während der O b e r k r e i d e erlebte N o r d d e u t s c h - l a n d eine zweite, von halokinetischen Bewegungen begleitete starke Bruchfaltung (subhercyne Bewegungen). Im Verlauf der dadurch bedingten Regression entstanden die Quadersandsteine des Harzvorlandes und die Trümmereisenerze von Ilsede-Lengede (Santon).

Die im Santon erneut nach Süden vorgreifende Transgression hinterließ unterschiedliche Ablagerungen. Diskordanzen im tieferen

←

Abb. 77. Paläogeographie und Gesteinsfazies in Mittel- und NW-Europa während der Unterkreide (A) und Oberkreide (B) (n. P. A. ZIEGLER 1975).
1 Festland, 2 Kohle, 3 Sand, 4 Karbonate, 5 Marine Tone (Flachwasser), 6 Marine Tone (tieferes Wasser), 7 Geosynklinale, 8 Hebungsachsen („Inversionsachsen"). Die Zahlen geben die Schichtmächtigkeit an.

(Ilseder Phase) und im höheren Santon (Wernigeröder Phase) belegen die Schollenbewegungen (Tab. 13).

Zwischen A a c h e n und M a a s t r i c h t liegen auf pflanzenführenden, kreuzgeschichteten Sanden der Oberkreide Glaukonitmergel und fossilreiche Kalksandsteine (Tuffkreide). In D ä n e m a r k , auf S c h o n e n und in O s t d e u t s c h l a n d ist die bis 800 m mächtige organogene Schreibkreide (Foraminiferen, Bryozoen, Coccolithen) als typisches Sediment der Oberkreide verbreitet.

Die D ä n i s c h - p o l n i s c h e F u r c h e am Südwest-Rand der Osteuropäischen Plattform nahm etwa 3500 m mächtige Kreidesedimente auf. Im Maastricht wurde der Trog durch inversive Bodenbewegungen in ein Antiklinorium umgewandelt.

Im M i t t e l m e e r g e b i e t begann in der höheren Unterkreide die alpidische Gebirgsbildung. Sie führte durch Faltungen und Überschiebungen zur Einengung der Sedimentationsräume (S. 212).

Während der Unterkreide bestand im heutigen R h ô n e - T a l ein tiefes Becken (vokontischer Trog) mit mächtigen grauen Cephalopoden-Mergeln (1500 km), in denen die klassische Unterkreide-Gliederung durchgeführt wurde. Westlich davon schloß sich ein Schelf mit Seichtwasserbildungen, Rudisten-Riffen und organogenen Trümmerkalken (Urgon-Fazies) an.

Während die Kreide des S c h w e i z e r F a l t e n j u r a s einer Schelf-Fazies angehört, bestehen die vom Süden herangeführten h e l v e t i s c h e n D e c k e n vorwiegend aus Mergeln und Tonen eines tieferen Schelfes bzw. Kontinentalabhanges.

Typisch helvetische Gesteine der O s t a l p e n sind die grobbankigen, harten Schrattenkalke der Unterkreide. In einem weiter südlich gelegenen Trog entstanden die Aptychenmergel der nördlichen Kalkalpen (Tab. 13).

Vom Rhône-Tal reichte eine Meeresverbindung nach S ü d s p a n i e n in die Betische Kordillere. In den W e s t p y r e n ä e n entstanden mächtige Deltaablagerungen aus bunten Sandsteinen, Gipsmergeln und Kalken (Wealden).

Während der Oberkreide verstärkte sich die alpidische Orogenese. Die Tiefenfazies des Rhône-Beckens wurde durch neritische Schichtfolgen mit limnischen Einschaltungen und Braunkohlen ersetzt. Im Inneren der Westalpen bildeten sich vor den aufsteigenden Faltenketten Flysch-Tröge, die mit der Faltung allmählich aus den inneren Gebirgszonen gegen das Vorland wanderten. Sie lassen sich über die Ostalpen weiter bis in die Karpaten verfolgen. Weitere Flyschsenken durchzogen den Balkan, Anatolien und den Südkaukasus.

Die rhythmisch geschichteten Flysch-Ablagerungen (Unterkreide-Alttertiär) bestehen vorwiegend aus Sandsteinen, Kieselkalken und Mergeln und enthalten außer Lebensspuren nur selten Mikrofossilien. Charakteristische Sedimentgefüge (graded bedding, convolute bedding u. a.) sprechen für episodische Sedimentgleitungen und Suspensionsströme. Der Wildflysch enthält mächtige erratische Blöcke.

In den Ostalpen erreichte die Gebirgsbildung mit der vorgosauischen Faltung (Turon/Coniac) einen ersten Höhepunkt. Das variszische Basiskristallin splitterte auf und wurde mit seinen mesozoischen Deckschichten zu einem mächtigen Deckenstapel zusammengeschoben. Im Coniac sanken die neu entstandenen Strukturen unter den Meeresspiegel und Gosau-Sedimente wechselnder Fazies (Konglomerate, Mergel, Hippuritenkalke, kohleführende limnische Ablagerungen) breiteten sich darüber aus.

Im Süden der aufsteigenden Zentralalpen entstanden in Tiefwasserzonen rote Mergelkalke (Scaglia) mit Foraminiferen und Radiolarien. Die östlich anschließenden neritischen Rudistenkalke der Oberkreide setzten sich nach Albanien, Griechenland, Kreta und Kleinasien fort.

Auf der Osteuropäischen Plattform schließen sich Sedimente der Unterkreide lückenlos an die Ablagerungen des oberen Juras an. Es sind Sande und Tone mit Resten einer borealen Fauna *(Buchia, Craspedites, Polyptychites).* Am Westrand des Urals stieß das Arktische Meer vom Petschora-Becken bis zur unteren Wolga vor. Vom Apt an hob sich die Plattform im Norden, und an Stelle der Nord-Süd-Meeresstraße entstand im Süden ein Ost-West gestrecktes Randmeer mit mächtigen Schreibkreide-Ablagerungen (Campan-Maastricht) in der Ukraine und im Transwolga-Gebiet. Sedimente des Dan sind nur im Emba-Becken und im Becken des Ural-Flusses erhalten.

Auf dem A n g a r a - K o n t i n e n t breiteten sich kontinentale, teils salinare Sedimente (Angara-Serie) aus, in denen unter anderem Iguanodonten, Fische, Insekten und Eiergelege von Sauriern gefunden wurden. Während der Oberkreide drang das Meer östlich des Urals von Süden durch die Turgai-Straße nach Norden vor und bedeckte große Teile des westsibirischen Tieflandes. Auch das Arktische Meer bildete am Ural-Ostrand im Gebiet der Lena und Jana einen südwärts gerichteten Golf.

Die Unterkreide-Sedimente der A r k t i s schließen eng an die des borealen Juras an. Oberkreidegesteine fehlen meist ganz. Marine Einlagerungen in den ästuarinen pflanzenführenden Schichten Westgrönlands zeigen die beginnende Abtrennung Grönlands vom Kanadischen Schild an.

Von Turkestan über den Pamir bis nach Szechwan kennzeichnen rote Sandsteine, Konglomerate und Salzlager der Unterkreide den nördlichen Küstensaum der T e t h y s. Meeresablagerungen sind aus dem Antikaukasus, dem südlichen Iran, Afghanistan, aus dem Himalaja, von Südsumatra und den Molukken bekannt. Das Oberkreide-Meer transgredierte weit über die alten variszischen Gebirgsrümpfe im Norden und Osten. Die Regression am Ende der Kreide stand vermutlich mit der laramischen Faltung in Zusammenhang.

Am p a z i f i s c h e n R a n d E u r a s i e n s, von Werchojansk bis zur Tschuktschen-Halbinsel und im Sichote Alin, ging die kimmerische Faltung in der Unterkreide weiter. Im Gebiet Kamtschatkas und Sachalins blieb die Geosynklinale erhalten.

Durch diese Bewegungen (Kolyma-Phase) wurde die Faltung des Werchojansker Gebirges, des Tscherski-Gebirges, des östlichen Transbaikal- und des Bureja-Gebietes abgeschlossen. Vielleicht gehört auch der Lomonosow-Rücken des Arktischen Meeres zur kimmerischen Faltungszone.

Kimmerische Granite mit Gold-, Zinn-, Wolfram- und Molybdän-Lagerstätten umsäumen das alte Kolyma-Massiv Nordostasiens. Die Kreide-Ablagerungen bestehen hier aus marinen Sedimenten, kontinentalen, teils kohleführenden Schichten und vulkanischen Gesteinen. Große Kohlelagerstätten liegen im östlichen Transbaikal-Gebiet, im Bureja- und Sutschan-Becken. Im Küstengebiet des Ochotskischen Meeres besteht fast die gesamte Oberkreide aus Vulkaniten und Tuffen.

In Japan wurde die marine Sedimentation durch die Sakawa-Orogenese unterbrochen. Neben andesitischen und rhyolithischen Vulkaniten drangen posttektonische Granite auf.

In der Neuseeland-Geosynklinale ist eine Faltung an der Wende Jura/Kreide festzustellen. Intrusivgesteine ergaben ein Oberjura-Mittelkreide-Alter.

Die Pazifikküste Nordamerikas sank nach der nevadischen Faltung weiter (Coast Range Geosynklinale), so daß sich in Kalifornien, British Columbia und Alaska mächtige klastische Sedimentfolgen mit Laven und Tuffen bildeten (Great Valley-, Franciscan Formation). Die aufsteigenden Zentralketten der Kordilleren trennten dieses pazifische Randbecken (Eugeosynklinale) vom Rocky Mountains Trog (Miogeosynklinale) im Osten, der den Kontinent von Norden nach Süden durchzog und im Osten in einen Schelf überging.

In der Coast Range Geosynklinale ereigneten sich in der Mittelkreide weitere, von Intrusionen (100 Mio. J.) begleitete Deformationen. Faltung und Intrusionen (95–75 Mio. J.) gingen auch in der Oberkreide weiter.

Der Sierra Nevada- und der Idaho-Pluton, sowie die südkalifornischen und die Coastal Range-Plutone bestehen aus einer Vielzahl selbständiger mesozoischer Intrusionen.

Das Subduktionssystem am Westrand Amerikas war also anscheinend während der ganzen Kreide-Zeit aktiv.

Der Rocky Mountains Trog verlagerte sich im Verlauf der Kreide nach Osten und nahm die Schuttmassen der sich hebenden Kordilleren auf. Er wurde durch die lamarische Faltung zum großen Teil dem Gebirge angegliedert. In dem absinkenden Becken entstanden mächtige Steinkohlen- und Braunkohlenlager (2000 Mrd. t). Gegen Ende der Kreide zog sich das Meer aus den inneren Teilen Nordamerikas zurück.

Die kohleführende Montana-Serie des Campans besteht aus ästuarinen Schichten mit Pflanzen, Muscheln, Schildkröten und Dinosauriern. In der bis 2000 m mächtigen terrestrischen Laramie-(Lance)-Formation der obersten Kreide treten Reste großer Saurier (Triceratops, Tyrannosaurus) und primitive Säuger auf. Die überlieferte Flora besitzt z. T. bereits tertiären Charakter.

Am Ostrand Nordamerikas entstanden durch die Öffnung des Atlantiks Senkungszonen, in denen sich mächtige meso- und känozoische Sedimente (– 6000 m) ablagerten.

In den A n d e n bestanden auch in der Kreide aktive Vulkanzonen. In der Magellanes-Senke Patagoniens und Feuerlands entstanden vom Cenoman an Flysch-Sedimente.

Die Hauptdeformation und die Metamorphose begannen in der oberen Unterkreide und hielten auch während der Oberkreide an. In den gleichen Zeitraum fiel ein starker Plutonismus. Durch die laramischen Bewegungen an der Wende Kreide/Tertiär wurde das Meer schließlich aus weiten Teilen der Anden-Geosynklinale verdrängt.

Im Inneren Südamerikas liegen kontinentale Ablagerungen (Reptilien, Fische) der Oberkreide. Marine Flachwasser-Sedimente findet man an der Ostküste Brasiliens wie auch an der westafrikanischen Küste von Angola und Kamerum. Die endgültige Trennung Südamerikas und Afrikas vollzog sich erst am Ende der Kreide.

Der fortschreitende Zusammenbruch des G o n d w a n a - K o n t i n e n t s führte immer wieder zum Ausbruch großer Spaltenvulkane. Im Paraná-Becken drangen tholeiitische Trappdecken auf. In Afrika entstanden die Doleritgänge Kameruns sowie die Kimberlitschlote des Kongo-Gebietes, Angolas und Südafrikas.

Die Oberkreide-Transgression brachte weite Teile N o r d - a f r i k a s unter Meeresbedeckung. Die Sahara wurde bis zum Ahaggar überflutet. Ablagerungen des höchsten Cenomans sind auch am Golf von Guinea erhalten. In Ägypten reichte die Transgression bis nach Assuan, auf der Arabischen Halbinsel bis nach Mekka. Marine Sedimente findet man auch an der Ostseite des Kontinents, in Äthiopien, Somalia und beiderseits der Straße von Mozambique. Die Vulkane Äthiopiens und Madagaskars förderten basaltische Laven.

Auf der Indischen Plattform flossen an der Wende Kreide/Tertiär die gewaltigen Lavamassen der tholeiitischen Dekkan-Trappe aus. Sie nehmen ein Areal von nahezu 300 000 km² ein und erreichen Mächtigkeiten von mehr als 2 km. Soweit zu erkennen, löste sich Indien in der Unterkreide von Afrika wie auch von den noch zusammenhängenden Kontinentalmassen Australiens und der Antarktis. Seine Kollision mit Eurasien erfolgte an der Wende Kreide/Tertiär.

In Australien hielt die limnische Sedimentation vom oberen Jura bis in die untere Kreide an. Im Apt erfolgte jedoch eine ausgedehnte Transgression, die weite Teile des Kontinents unter Wasser setzte. Gegen Ende der Kreide zog sich das Meer wieder zurück.

Marine, teils fossilreiche Sedimente der Kreide sind auch aus der Antarktis bekannt. Hier drangen vom Mitteljura bis zur Unterkreide Rhyolithe und Basalte auf.

Ablagerungen der Kreide sind in den heutigen Ozeanen weit verbreitet. In der Karibischen See gehören die ältesten Sedimente ins Coniac, in der Biscaya ins Maastricht.

c) Klima

Während der Unterkreide herrschte offenbar weithin ein ziemlich ausgeglichenes warmfeuchtes Klima. Dafür sprechen die ausgedehnten Kohlenlager in Nordamerika und Ostasien. Im zunehmenden Kalkgehalt der Oberkreidesedimente zeichnet sich ein Temperaturanstieg ab.

Der Äquator lag etwa 10 bis 20 Breitengrade nördlicher als heute. Der Verbreitung salinarer Gesteine nach erstreckte sich die nördliche Trockenzone vom Süden Nordamerikas über Mitteleuropa nach Zentral- und Ostasien. Die Wassertemperaturen in Mitteleuropa lagen während der Oberkreide ($^{18}O/^{16}O$ Bestimmungen) etwa zwischen 15°–23°, im Bereich des Aralsees bei 22° und im Nordteil des westsibirischen Tieflandes bei etwa 13 °C.

Die riffbildenden Rudisten kennzeichnen die Tethys als Warmwasserzone. Kaltwassergebiete und kalte Meeresströmungen bildeten sich in den Sedimenten der kalkarmen borealen Kreide und der Uitenhagen-Serie Ostafrikas und Madagaskars ab. Die Pole nahmen etwa ihre heutige Lage ein.

Somit scheint das ganze Mesozoikum eine Periode relativ warmen Klimas ohne ausgedehnte Vergletscherungen gewesen zu sein.

In der Unterkreide ist eine boreale und mediterrane Faunenprovinz (Cephalopoden, Foraminiferen) zu erkennen. Die Alb-Cenomatransgression, eine der größten Überflutungen der Erdgeschichte, führte aber zu einer gleichmäßigeren Besiedlung der Meere. Bezeichnender Bestandteil der Lebewelt in der Tethys waren Rudisten und Nerineen.

In den wärmeren Zonen der Kontinente breiteten sich immergrüne Wälder aus. In Bereichen niederer Temperaturen herrschten Misch- und Koniferenwälder vor.

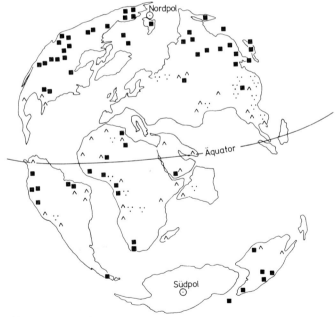

Abb. 78. Mutmaßliche Verteilung der Kontinente in der Kreide mit Klimazeugen (n. SEYFERT & SIRKIN 1973). Legende wie Abb. 19 S. 68.

d) Krustenbewegungen

In der Tethys und in der zirkumpazifischen Mobilzone setzte in der Kreide die Alpidische Gebirgsbildung ein. Bewegungen in der höheren Unterkreide, bzw. an der Wende Unter-/Oberkreide sind von den Pyrenäen über die Alpen, den Karpatenbogen und Vorderasien bis nach Indonesien bekannt. Sie erfaßten außerdem die westlichen Randzonen Nord- und Südamerikas wie auch die westpazifischen Gebirgs- und Inselbögen.

In den Ostalpen, in den Dinariden und den Helleniden ereigneten sich an der Wende Unter-/Oberkreide (austrische Phase) und in der Oberkreide (vorgosauische Phase) Faltungen und Deckenbewegungen.

Mittelkretazische Deformationen sind auch in der Antarktis zu erkennen.

Die laramische Bewegungsphase an der Wende Kreide/Tertiär war in den Rocky Mts., in den Anden, auf den Antillen und im westlichen Pazifik wirksam. Im Zusammenhang damit begann in weiten Teilen der Nordhalbkugel der Meeresrückzug.

Die Deformationen an den Kontinentalrändern führten auch innerhalb der Plattformen zu tektonischen Deformationen. Mitteleuropa wurde in der Oberkreide von einer verstärkten Bruchfaltung betroffen (subhercyne Bewegungen).

Im Westen der Nordamerikanischen Plattform entstanden Hebungszonen (Uplifts).

Bemerkenswert ist der starke Vulkanismus und Plutonismus in der Umgebung des Pazifischen Ozeans. Hier häuften sich während des Mesozoikums in den vulkanischen Inselbögen vulkanische Förderprodukte von mehreren Kilometern Mächtigkeit auf. Gleichzeitig intrudierten von der Trias bis in das Alttertiär, in mehreren Schüben, die großen pazifischen Granit- und Granodiorit-Plutone.

Mesozoische (Jura-Kreide) Ophiolite bilden einen mehr oder weniger zusammenhängenden Zug von Südeuropa über den Himalaja bis nach Ostasien. Sie kennzeichnen offenbar den Südrand der früheren Eurasiatischen Platte und bilden zugleich eine metallogenetische Zone, die mit zirkumpazifischen Erzzonen in Verbindung steht.

Kupfererze, vor allem porphyry copper ores, spielen hier eine besondere Rolle.

Die tektonischen Deformationen, der Magmatismus und die Metallogenese zeigen, daß die genannten Kontinentalränder zugleich aktive Plattenränder darstellten, an denen ozeanische Krustenteile in die Tiefe sanken, während in den ozeanischen Rücken durch aufsteigendes Mantelsubstrat neue ozeanische Kruste gebildet wurde.

In der Kreide glitten die Schollen des alten Gondwana-Kontinents endgültig auseinander und wurden randlich von Flachmeeren überflutet. Südamerika, Afrika, Indien, Australien und die Antarktis besaßen weitgehend ihre heutigen Konturen und drifteten in ihre derzeitige Position. Damit erlangten auch die Ozeane der Erde nahezu ihre heutigen Umrisse (Abb. 78, 92).

Die Schollentrift wurde auch in der Kreide von einem starken Spaltenvulkanismus begleitet, dem die kretazischen Basaltmassen der Südkontinente und der ozeanischen Vulkanzonen (mittelozeanische Rücken) entstammen.

E. Das Känozoikum (Beginn vor 65 Mio. J.)

1. Tertiär (65–2 Mio. J.)

G. ARDUINO (1759) verwendete die Bezeichnung *„Montes tertiarii"* für wenig verfestigte Gesteine am Südrand der oberitalienischen Alpen, deren Fossilien der heutigen Fauna sehr nahestehen. T. DESHAYES und CH. LYELL stellten 1830 die Gliederung des Tertiärs auf (Tab. 14).

a) Pflanzen- und Tierwelt

Die A n g i o s p e r m e n wurden im Tertiär zum dominierenden Element unter den Landpflanzen und eroberten mit über 225 000 Arten fast alle Lebensräume der Erde. Die G y m n o s p e r m e n , mit Ausnahme der Pinaceen, hatten den Höhepunkt ihrer Entwicklung zwar bereits überschritten, besaßen aber immer noch weite Verbreitung.

Mit dem drastischen Faunenwechsel an der Kreide/Tertiär-Grenze begann das K ä n o z o i k u m.

Die F o r a m i n i f e r e n bildeten eine große Zahl neuer Gattungen. Wie schon mehrfach in der Erdgeschichte, entfalteten sich Großforaminiferen *(Alveolina, Nummulites, Discocyclina, Orbitolites)*, die sich vor allem im Alttertiär in der Tethys ausbreiteten und im Lutet Durchmesser bis zu 15 cm erreichten.

B r a c h i o p o d e n waren im Tertiär nur noch selten. Die B r y o z o e n bildeten wie schon im Silur und Perm riffähnliche Bauten.

Unter den M o l l u s k e n erlangten die S c h n e c k e n die größte Bedeutung. Zu den marinen Formen gehörten: *Fusus, Turritella* und *Aporrhais*. Im Brack- und Süßwasser lebten u. a. *Viviparus, Hydrobia, Limnaea* und *Planorbis*. Zu den Landschnecken gehörten *Plebecula* und *Cepaea* (Abb. 79).

Bei den marinen M u s c h e l n standen die sinupalliaten Heterodonten, vor allem die Veneriden *(Tapes),* im Vordergrund. *Congeria, Unio* und *Limnocardium* lebten im Süß- und im Brackwasser.

Die B e l e m n o i d e e n starben im Eozän aus. Zur gleichen Zeit erlebten die Sepioideen *(Spirulirostra)* eine Blüte. Teuthoideen und Octopoden *(Argonauta)* wurden seltener.

Bei den F i s c h e n und V ö g e l n entwickelten sich die heute lebenden Gattungen.

Auf dem Festland wurden S ä u g e t i e r e zur herrschenden Tiergruppe. Von den im Mesozoikum entstandenen Formen starben viele wieder aus. M u l t i t u b e r c u l a t a, M a r s u p i a l i a und E u t h e r i a überschritten die Kreide/Tertiär-Grenze.

Während die Multituberculata im Eozän ausstarben, führte die Entwicklung der übrigen Säugetiere zu größeren Körpermaßen und zur Spezialisierung des Gehirns, der Zähne und der Extremitäten. Die größte Bedeutung erlangten die C a r n i v o r e n (Amphicyon, Machairodus, Felis), die pflanzenfressenden U n g u l a t e n

194   Das Känozoikum

Abt.		Stufe		Leitfossilien	Pariser Becken u. Nördl. Frankreich
2 M.J.	**Neogen** Pliozän	Asti-Piacentin		*Viviparus bifarcinatus u.a.*	Muschelsande der Bretagne
— 5 —		Messin		*Congeria subglobosa*	
		Torton			
	Miozän	Serraval		*Cepaea sylvestrina* *Mactra podolica*	
				Arca diluvii *Natica helicina*	5m Sande v. Gourbeville
T		Langh		*Unio eseri* *Conus dujardini*	15m Muschelsande Touraine u. v. Anjou
E		Burdigal		*Ancilla glandiformis* *Melania escheri*	15m Sande v. Orléanais
R		Aquitan		*Hydrobia elongata* *Corbicula faujasi*	Orléanais-Kalk
T	— 25 —				
I	Oligozän	Chatt		*Glycymeris obovatus* *Terebratula grandis* *Echinolampas kleini*	Étampes-Kalk
Ä		Rupel		*Pitaria incrassata* *Leda deshayesiana*	40m Fontainebleau-Sande 5m Austern-Mergel
R		Latdorf	Sannois	*Fusus elongatus* *Ostrea ventilabrum*	5m Brie-Kalke / 20m Gipsmergel
	— 37 —				
	Paläogen Eozän	Priabon	Lud	*Pholadomya ludensis* *Pecten corneus*	10m Champigny-Kalk / 25m Gips v. Montmartre
			Auvers (Barton)	*Planorbis similis* *Cerithium giganteum*	St. Quentin-Kalk Beauchamp-Sande
		Lutet		*Lymnaea michelini* *Nummulites laevigatus*	10–50m Grobkalk
		Ypern (s.l.)		*Numm. planulatus*	30m Cuise-Sande
	— 58 —				
	Paleozän	Sparnac		*Cyrena cuneiformis*	Soissonnais-Lignit u. Plastische Tone
		Thanet		*Ostrea bellovacina* *Cerithium variabile*	30m Bracheux-Sande Konglomerate
65 M.J.		Dan / Mont		*Physa montensis*	15m Meudon-Mergel 5m Meudon-Kalke

Tabelle 14.   Gliederung des Tertiär.

Tertiär

Schleswig-Holstein u. Dänemark	Hessen u. Mainzer Becken	Südalpiner Raum
Fluviatil-terrestrische Ablagerungen	30m Braunkohle u. Sande d. Wetterau / jüngste Basalte	Schichten v. Asti
		Sch. v. Piacenza
	10m Dinotherien-Sande	Gips-Schwefel-Mergel
200m Glimmerton	25m Algenkalke und Mergel / 150m Ergußgst. u. Tuffe	Sch. v. Tortona
		Superga-Kgl.
20m Reinbeker Stufe		
50m Ob. Braunkohlen-Sd.		Sch. v. Langhe
30m Hemmoorer Stufe	50m Braunkohle u. Sande in Hessen	
150m Unt. Braunk.-Sd.		
150m Vierländer Schichten	120m Kalke im Mainzer Becken	Sch. v. Schio
15m Glaukonit-Sandstein	20m Kasseler Meeressd. / 50m Cyrenenmergel	Sch. v. Lonedo
100m Septarienton m. Sandlg.	100m Ton / 30m Schleichsand / 25m Meeressand	Sch. v. Castel-Gomberto
20m Gassand v. Neuengamme	30m Melanienton	Sch. v. Sangonini
		Sch. v. Priabona (mergelige Kalke)
200m Sandsteine und Tuffe		Diaboli-Schichten
		Roncà-Schichten Sch. v. S. Giovanni Ilarione
		Sch. v. Monte Postale
< Tuffe		Spilecciano
40m Mergel und Sande		
3m Kopenhagener Glaukonitmergel		

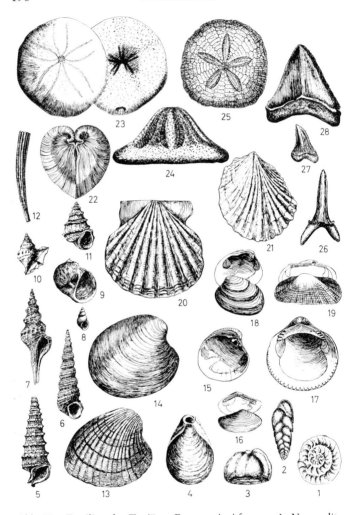

Abb. 79. Fossilien des Tertiärs. Foraminifera: 1. *Nummulites germanicus* (BORNEM.), Eozän, 2. *Bolivina beyrichi* REUSS, × 20, Oligozän, 3. *Gyroidina soldanii* (d'ORB.), × 30, Oligozän.
Brachiopoda: 4. *Terebratula grandis* BLUM., 1 : 3, Oligozän-Pliozän.

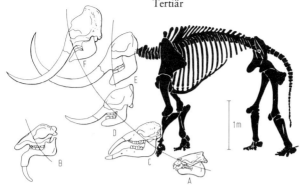

Abb. 80. Entwicklung der Rüsseltiere. Die Zunahme der Körpergröße war mit einem starken Längenwachstum der vorderen Schneidezähne („Stoßzähne") verbunden. A. *Moeritherium* (Eozän), B. *Deinotherium* (Jungtertiär), C. Miozänes *Mastodon*, D. E. Pleistozäne Mastodonten (Nordamerika), F. Pleistozäner Elefant (Waldelefant) (n. COLBERT 1965).

(Perissodactylen, Artiodactylen, Proboscideer), die N a g e t i e r e und die P r i m a t e n.

Eindrucksvolle Beispiele für die Entwicklung der Ungulaten bieten die Pferdereihe *(Hyracotherium, Orohippus, Epihippus, Miohippus, Parahippus, Merychippus, Pliohippus, Equus)* und die Elefantenreihe (Abb. 80).

←

G a s t r o p o d a : 5. *Cerithium serratum* BRÜGN., Eozän, 6. *Turritella turris* BAST., Miozän, 7. *Fusus longirostris* BROCCHI, Miozän, 8. *Hydrobia elongata* FAUJAS, × 1,4, Miozän, 9. *Natica millepunctata* LAM., Pliozän, 10. *Aporrhais pespelicana* LAM., Pliozän, 11. *Viviparus hoernesi* NEUM., Pliozän.
S c a p h o p o d a : 12. *Dentalium sexangulare* LAM., Pliozän.
L a m e l l i b r a n c h i a t a : 13. *Venericardia planicosta* LAM., Eozän, 14. *Cyprina rotundata* BRAUN., Oligozän, 15. *Pitaria incrassata* (SOW.), Oligozän, 16. *Leda deshayesiana* DUCH., Oligozän, 17. *Glycimeris obovatus* LAM., Oligozän, 18. *Tapes gregaria* PARTSCH., Miozän, 19. *Arca barbata* L., Miozän, 20. *Pecten solarium* LAM., Miozän, 21. *Ostrea ventilabrum* GOLDF., Oligozän, 22. *Congeria subglobosa* PARTSCH., Miozän.
E c h i n o i d e a : 23. *Echinolampas kleini* GOLDF., Oligozän, 24. *Clypeaster altecostatus* MICH., Miozän, 25. *Scutella subrotundata* LESKE, Miozän.
P i s c e s : 26. *Isurus cuspidatus* (AG.), Oligozän, 27. *Hemipristis serra* AG., 1 : 3, Miozän, 28. *Carcharodon megalodon* AG., 1 : 7, Miozän.

Das *Indricotherium* aus der Familie der Rhinocerotiden ist mit einer Schulterhöhe von etwa 5 m das größte der bekannten Landsäugetiere.

Ähnlich wie die Saurier des Juras paßten sich jetzt auch Säugergruppen an das marine Milieu an (Seekühe, Wale, Robben).

Aus einer Stammgruppe kleiner Säugetiere gingen in der späten Kreide die P r i m a t e n hervor. Im Paleozän waren bereits die

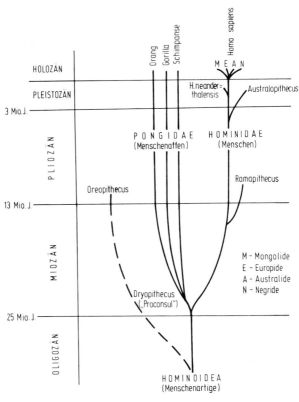

Abb. 81. Die Entwicklung der Hominoidea (n. HEBERER, V. KROGH u. a.).

Prosimii (Halbaffen) vorhanden, von denen sich im Oligozän die
A n t h r o p o i d e a *(Propliopithecus)* abspalteten. Die H o m i -
n o i d e a *(Proconsul, Dryopithecus)* verzweigten sich im Miozän
in die Hominidae und Pongidae (Abb. 81). Die Entwicklungs-
linie des Menschen durchlief offenbar im Pliozän die H o m i -
n i s a t i o n s p h a s e (Tier/Mensch-Übergangsfeld).

b) Paläogeographie

In der Paläogeographie des Tertiärs sind die Grundzüge des heutigen
geographischen Erdbildes bereits weitgehend erkennbar.

Nach der Regression am Ende der Oberkreide setzte eine Überflutung aus der Nordsee die westlichen Teile N o r d d e u t s c h -
l a n d s und D ä n e m a r k s im P a l e o z ä n erneut
unter Wasser (Abb. 82). Im E o z ä n erreichte die Transgression
einen ersten Höhepunkt. In den zentralen Teilen der Nordsee wird
das Tertiär bis 3,5 km mächtig.

Die Moler Schichten des unteren Eozäns in Dänemark und Schleswig-Holstein enthalten neben Diatomeen-Ablagerungen auch basaltische Aschen, deren Ausbruchsstelle vermutlich im Skagerrak
lag.

Die alte Anglo-gallische Senke W e s t e u r o p a s gliederte sich
jetzt in mehrere Teilbecken (Londoner, Hampshire-, Belgisches, Pariser Becken), in die der Atlantik und die Nordsee mehrfach einbra-
chen.

Im unteren Eozän (Ypresien) gelangten von Süden her die ersten
Nummuliten in das Pariser Becken, etwas später (Lutet) auch großwüchsige Muscheln und Schnecken (Pariser Grobkalk). Eine Regression im obersten Lutet bedingte die Bildung brackischer Schichten und Süßwasserkalke, über denen die Gipse von Montmartre mit
der berühmten, von Cuvier beschriebenen Säugetierfauna folgen.

Im Londoner und Belgischen Becken lagerten sich in tieferem Wasser die London- und Yperntone ab.

Auf dem südlich anschließenden M i t t e l e u r o p ä i s c h e n
F e s t l a n d entstanden Verebnungsflächen mit lateritischen Ver-
witterungsdecken oder flächenhafter Kaolinisierung. In den Roter-

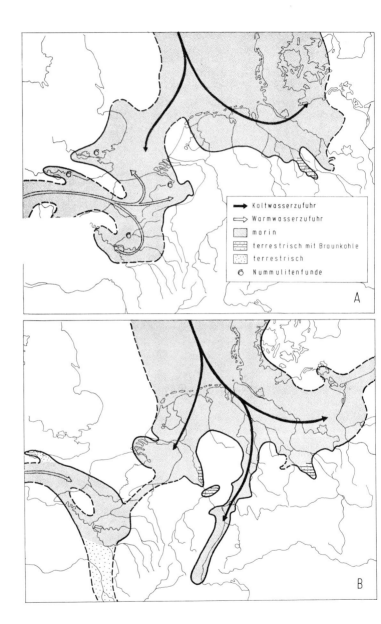

den und Bohnerzen der Karstschlotten wurden Säugetierreste aller Tertiärstufen zusammengeschwemmt.

Besonders aufschlußreich sind die Floren- und Faunenfunde des Geiseltales (Oberlutet). Sie zeigen, daß in der Grassteppe Mitteldeutschlands vermoorte Senken mit tropischer Vegetation bestanden, die von großen Insekten, Schlangen, Schildkröten, Eidechsen, Krokodilen, Vögeln und Säugern (*Lophiodon, Necrolemur* u. a.) bevölkert wurden.

Die Vorräte an eozänen Kohlen belaufen sich in Mitteleuropa auf 13 Mrd. t.

Im O l i g o z ä n folgte eine zweite Transgressionswelle. Sie stellte vermutlich eine Meeresverbindung mit Osteuropa her und stieß über Hessen in das Oberrhein-Gebiet vor (Abb. 82).

Zu den Ablagerungen des Oligozän-Meeres gehören die mächtigen Hamburger Gassande (Erdgas) und die Septarientone. In der südlichen Ostsee entstanden bernsteinführende Glaukonitsande. Die im Bernstein (Coniferenharz) eingeschlossenen Insekten und Pflanzenreste vermitteln ein anschauliches Bild von der Kleinlebewelt der alttertiären Wälder.

Die Pechelbronner Schichten (Unteroligozän) des O b e r - r h e i n - G e b i e t e s enthalten Anhydrit, Steinsalz und bauwürdige Kalisalz-Flöze.

Im Norden verbreitete sich die Oberrhein-Senke zum M a i n z e r B e c k e n , in dem die fossilreichen Alzeyer Meeressande, brackische Cyrenenmergel und Süßwasserkalke abgelagert wurden.

Während der Regression im Oberoligozän zog sich das Meer auf den Raum des heutigen Nordsee-Beckens zurück und griff während des Miozäns nur noch kurzfristig auf die Küstensäume Belgiens, der Bretagne und Südenglands über.

Im Pliozän liefen auch die bei Sylt und am Niederrhein noch überfluteten Landstriche trocken.

⟵

Abb. 82. Die Verbreitung des mitteleozänen Meeres (A) und des mitteloligozänen Meeres (B) in Mitteleuropa (n. KRUTZSCH u. LOTSCH 1958).

In Mitteleuropa verstärkten sich die t e k t o n i s c h e n
S c h o l l e n b e w e g u n g e n während des Jungtertiärs erneut.
Die heutige Höhenlage der altpliozänen Verebnungsflächen zeigt,
daß die Horste des variszischen Gebirges um einige hundert Meter
gehoben wurden. Die Tiefscholle des Oberrhein-Grabens senkte
sich um mehr als 2000 m.

Tiefreichende Brüche öffneten erstmals wieder seit dem Paläozoikum v u l k a n i s c h e n S c h m e l z e n den Weg zur Erdoberfläche.

Im Oberrhein-Graben flossen die Laven des Kaiserstuhls aus. Im
Hegau drangen Phonolithe und Basalte auf. Die Schwäbische Alb
wurde von etwa 300 Tuffschloten durchschlagen. In Nordböhmen
erfolgten gewaltige Basalt-, Phonolith- und Tephrit-Ausbrüche.
Vulkanische Förderzentren entwickelten sich auch in der Rhön, im
Vogelsberg, Habichtswald, im Westerwald und im Siebengebirge.
Das Nördlinger Ries (Ø 20 km) in der Schwäbisch-Fränkischen Alb
ist kein vulkanisches Gebilde, sondern der Krater eines im Miozän
(14 Mio. J.) niedergegangenen Meteors („Ries-Ereignis").

Die Braunkohlenbildung hielt auch im Jungtertiär an.

Das Hauptflöz (100 m) der Niederrheinischen Bucht entstand im
Miozän. In dem Schwemmland-Becken zwischen Elbe und Weichsel
lagerten sich die Lausitzer Braunkohlenflöze ab. Etwa gleiches Alter
haben die Braunkohlen Hessens und des Nordböhmischen Beckens.

Die Vorräte an oligozänen und miozänen Braunkohlen belaufen
sich in Mitteleuropa auf etwa 45 Mrd. t.

Die a l p i d i s c h e G e b i r g s b i l d u n g veränderte das geographische Bild S ü d e u r o p a s grundlegend. Während die
Zentralalpen bereits seit der Kreide ein Festland bildeten oder zu Beginn des Tertiärs aufstiegen (Abkühlungsalter 80–10 Mio. J.) hielt
die Sedimentation in der nördlich vorgelagerten Flysch-Senke und
im Helvetischen Trog bis in das Eozän bzw. Oligozän an. Die orogenen Bewegungen an der Wende Eozän/Oligozän verfrachteten
westalpine Flysche samt ihrer mesozoischen Unterlage über die Zentralmassive hinweg nach Norden (Helvetische Decken). In den
Ostalpen glitten die kalkalpinen Decken über die Flysch-Zone und

überschoben zusammen mit verfrachtetem Flysch das nördlich vorgelagerte Helvetikum.

Im Vorland der aufsteigenden Gebirgsketten senkte sich vom höheren Eozän an der Molasse-Trog und nahm 5000–6000 m mächtige Sedimente auf. Die marinen (Meeres-Molasse) und limnischen (Süßwasser-Molasse) Schichten enthalten Kohlenflöze (Pechkohle), Erdgas und Erdöl. Ihr Geröllbestand läßt Schlüsse auf die fortschreitende Abtragung im Gebirgsinneren zu.

Der Molasse-Trog der Alpen zieht am Karpatenrand ostwärts bis in das Schwarzmeer-Gebiet. Molasse-Ablagerungen füllten auch die Querdepression zwischen Alpen und Karpaten, das Wiener Becken.

Beim weiteren Vorstoß der alpinen Decken nach Norden wurde auch der Südrand der Vorsenke gefaltet (Faltenmolasse).

Die südliche Vorsenke unter der Po-Ebene wurde von den Alpen und dem Nordapennin aufgefüllt. Hier drang das Meer im Untereozän von Osten ein und zog sich erst im Pliozän wieder zurück. Allein während des Pliozäns wurden mehrere 1000 m Sediment abgelagert. Die Pliozän-Basis liegt heute in 5000–6000 m Tiefe.

In den Lessinischen Alpen wurden im Alttertiär basaltische Laven gefördert. Zur gleichen Zeit waren in der Po-Ebene die Vulkane der Colli Berici und der Mt. Euganei (Liparite, Trachyte) tätig.

Weiter östlich bestand im Raum der Ungarischen Tiefebene das Pannonische Becken, das im Eozän noch Verbindung zur Tethys hatte, im Sarmat aber zu einem Binnenmeer zusammenschrumpfte. Die Aktivität seines jungtertiären Vulkankranzes hielt bis in das Quartär an. Die Basalte, Andesite, Rhyolithe und vereinzelten Tiefengesteine enthalten bedeutende Gold-, Silber-, Kupfer-, Blei- und Zinklagerstätten.

Im Pontischen Becken Südrußlands lagerten sich während des Oligozäns und Miozäns mächtige erdölführende Schichten ab (Maikop-Serie).

In der alttertiären Tethys waren Nummulitenkalke weit verbreitet. Im Oligozän veränderten dann die aufsteigenden Gebirgsketten das geographische Bild völlig. Im Norden bildeten sich, von den Alpen im Westen bis zum Fergana-Becken im Osten, tiefe Molasse-Senken. Schwellen gliederten die im Süden verbliebene Meereszone.

Die Verbindung zwischen Atlantik und dem Mediterranen Becken über die Betische Senke ging im Miozän verloren („Messinisches Ereignis"), so daß sich im verlandenden Mittelmeer mächtige Salz- und Gipslager ausschieden. Die Straße von Gibraltar öffnete sich im Pliozän und stellt die Verbindung mit dem Ozean wieder her.

Molasse-Tröge entstanden auch im südlichen Vorland der persischen Gebirge und am Südrand des Himalaja. Wie die rasche Schüttung der mächtigen Siwalik-Molasse (Miozän-Altpleistozän) zeigt, ereigneten sich im Himalaja, nach Deformationen im Oligozän, während des Mittelmiozäns erneut kräftige Krustenbewegungen, die einen nach Süden gerichteten Deckenbau hervorriefen. Für magmatische und metamorphe Gesteine ergaben sich Abkühlungsalter von 10 Mio. J.

In Armenien, im Elburs-Gebirge und im Zentralpersischen Becken kam es zu gewaltigen Andesit-Ergüssen.

Auch am p a z i f i s c h e n S a u m E u r a s i e n s führten die anhaltenden orogenen Bewegungen zu weiteren vulkanischen Eruptionen (Liparite, Andesite, Dazite).

Am O s t r a n d des P a z i f i s c h e n O z e a n s intrudierten bis ins Alttertiär hinein die spätlaramischen Granite der K o r d i l l e r e n und der A n d e n. Der Einbruch der intermontanen Becken in den Rocky Mountains war ebenfalls mit einem lebhaften Vulkanismus verbunden. In den Anden bildeten sich vom Miozän an ausgedehnte rhyolithische und rhyodazitische Lavadekken. Der hohe Anteil magmatischer Gesteine bedingt den großen Erzreichtum (Kupfer, Blei, Zink, Zinn) des Gebirges.

Aus den aufsteigenden Bergketten gelangten mächtige Schuttmassen in die östlichen Vorländer. In den Aufschüttungen am Kordillerenrand sind reiche Säugetierfaunen enthalten, die lückenlose Entwicklungsreihen, insbesondere der Unpaarhufer, belegen.

An der Atlantik- und Golfküste Nordamerikas entstanden mächtige (− 6000 m) Schelfablagerungen.

In S ü d a m e r i k a drang der Atlantische Ozean, der im Dan bereits Teile Patagoniens überflutete, im Miozän in das Paranáiba-Becken und in den Unterlauf des Paraná-Flusses ein. Die eigene Säugetierfauna des Kontinents (Beuteltiere, Litopterna, Notoungulaten, Faultiere, Nager) zeigt, daß Landverbindungen nach Nordamerika nicht bestanden. Erst vom Miozän an wanderten Raubtiere und Huftiere (Equiden) von Nord- nach Südamerika, während Gürtel- *(Glyptodon)* und Faultiere *(Megatherium)* in umgekehrter Richtung nach Nordamerika vordrangen.

Das Meer griff auch auf die A f r i k a n i s c h e P l a t t f o r m über.

In Unterägypten besteht das Mitteleozän aus Nummulitenkalken und Gipsmergeln. Im Oligozän sind Deltaablagerungen eines Urnils zu erkennen. Sie enthalten die bisher ältesten Reste von Walen und Elefanten.

Im Westen reichten Golfe des Atlantiks tief in das heutige Festland hinein (Senegal, Ghana, Nigeria, Gabun). Auf der Ostseite des Kontinents liegen marine Sedimente in Somalia, Tansania und beiderseits der Straße von Mozambique.

Vom Mitteltertiär an begann der Einbruch des großen ostafrikanischen Grabensystems, das sich über 6000 km weit nach Norden bis zum Jordan hinzieht. Der hierbei ausgelöste Vulkanismus dauerte bis in das mittlere Pleistozän an und ist örtlich bis heute nicht erloschen.

Das a u s t r a l i s c h e F e s t l a n d reichte im älteren Tertiär vermutlich bis nach Neuguinea. Die Entwicklung der eigentümlichen australischen Fauna zeigt aber, daß die Landverbindungen mit Eurasien bereits gegen Ende der Kreide abbrachen.

Im Alttertiär öffnete sich auch der Südteil des Indischen Ozeans zwischen Australien und der Antarktis.

c) Klima

Im A l t t e r t i ä r bestand offenbar noch ein gleichförmigeres Gesamtklima als heute. Die Warmzonen reichten erheblich weiter nach Norden und nach Süden, in den Polargebieten bestand eine reiche Waldvegetation.

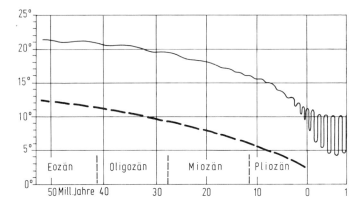

Abb. 83. Abnahme der Jahresmitteltemperatur (°C) in Mitteleuropa seit dem Eozän (obere Kurve); Temperaturabnahme des äquatorialen Tiefenwassers im gleichen Zeitraum (untere Kurve) (n. WOLDSTEDT). Der Maßstab für das Quartär ist vergrößert.

In Europa entwickelten sich während des mitteleozänen Klimaoptimums subtropische Kohlenmoore; außerdem drangen marine Warmwasserformen (Nummuliten, Korallen) nach Norden vor. Die unteroligozänen Salzlager Spaniens und des Oberrheins zeigen den Vorstoß eines südlichen Trockengürtels an. Die alttertiären Kohlen Nordamerikas und Ostasiens entsprechen der gemäßigt-humiden Zone, der auch die Kohlen- und Pflanzenvorkommen Grönlands und Spitzbergens entstammen.

Nach dem Eozän trat ein allgemeiner Temperaturrückgang ein. Die südlichen Faunenelemente zogen sich im oberen Oligozän aus der Nordsee zurück. Die miozänen Kohlenmoore Mitteleuropas gehören bereits kühleren Bereichen an als die des Eozäns. Im Westen Deutschlands finden sich im unteren Pliozän die letzten Bauxit-Krusten. $^{18}O/^{16}O$-Bestimmungen zeigen, daß die Wassertemperaturen am Boden des östlichen Pazifiks von 10 °C im Oligozän auf 2 °C im Pliozän abfielen (Abb. 83). Es ist aber nicht auszuschließen, daß der Klimawechsel mancher Gebiete eng mit den Reliefveränderungen während der alpidischen Gebirgsbildung zusammenhängt.

Die känozoischen Blütenpflanzen waren vermutlich auf der Nordhalbkugel beheimatet und breiteten sich im Laufe des Tertiärs äquatorwärts aus.

Die marinen F a u n e n p r o v i n z e n des Alttertiärs entsprachen noch weitgehend denen der Kreide. Im Jungtertiär entstanden dann infolge der geographischen Umgestaltung der Tethys mediterrane, indopazifische und karibische Faunenkreise. Die Verbreitung der Nummuliten spricht dafür, daß Europa unter dem Einfluß eines Golfstromes stand. Afrika wurde offenbar im Osten von einem warmen Agulhas- und im Westen von einem kalten Benguela-Strom umflossen. Palmenreste in Alaska zeigen eine warme Meeresströmung (Kuro Schio) an der nordamerikanischen Pazifikküste an.

Von den Landbewohnern waren die Säugetiere am wenigsten vom Klima abhängig. Die Pferde wanderten von Nordamerika über die Beringstraße nach Asien, Europa und Afrika. Die Primaten, Mastodonten, Hirsche und Bären gelangten auf dem gleichen Wege von Eurasien nach Nordamerika. Die Rüsseltiere (Proboscidea) entstanden vermutlich in Afrika, die Edentaten und Notoungulaten in Südamerika. In Australien konnten sich die Beuteltiere entfalten.

d) Krustenbewegungen

Im A l t t e r t i ä r erreichte die a l p i d i s c h e O r o g e n e s e unter Bildung mächtiger Flyschmassen einen Höhepunkt. Mit dem Aufstieg alpiner Hochgebirge während des jüngeren Tertiärs traten zugleich grundlegende geographische Veränderungen des Erdbildes ein, die das Klima, die Sedimentbildung und die Lebewelt nachhaltig beeinflußten.

Granitintrusionen und vulkanische Förderungen begleiteten die spätorogene Bruchtektonik. In den Vorsenken der Gebirge häuften sich Molassesedimente, die das Mehrfache der heutigen Gebirgsvolumina ausmachen können.

Vom J u n g t e r t i ä r an griffen die Hebungen auch auf die Gebirgsvorländer über und drängten die Meere, die im Eozän und im Oligozän ihre größte Ausbreitung erreicht hatten, auf die heutigen Küstenlinien zurück.

In den A l p e n können Deckenbewegungen an der Wende Eozän/Oligozän, gleichalte Metamorphosen, die Rotation (50°) Norditaliens im Gegenzeigersinn, Granitintrusionen und die Einsenkung der Molassetröge in einem geotektonischen Zusammenhang gesehen werden. Das Molassebecken im Norden der Alpen wurde noch im höheren Oligozän randlich in die Deformation einbezogen.

Die Faltung der P y r e n ä e n am Ende des Eozäns hängt evtl. mit einer Rotation Spaniens zusammen.

Der A p e n n i n wurde gegen Ende des Eozäns gefaltet. Auch hier gingen im Miozän Deckenbewegungen und Massenverlagerungen weiter. Typische Gleitmassen (Mélange) und Olisthostrome, wie die argille scagliose, zeigen manche Ähnlichkeiten mit dem alpinen Wildflysch.

Kräftige Deformationen während des Eozäns und Oligozäns sind auch aus den H e l l e n i d e n bekannt.

Die j u n g t e r t i ä r e n F a l t u n g e n erfaßten weite Teile des mediterranen Gebietes. Sie spielten in den Alpen, im Apennin, in den Helleniden, den Karpaten und im Atlas eine bedeutende Rolle. Gegen Ende des Miozäns entstanden auch die Ketten des Schweizer Faltenjuras und der französischen Voralpen (Abb. 84).

Im Miozän begannen die Vertikalbewegungen in der Ägäis. Den Subduktionen während des Pliozäns und Pleistozäns entstammt der Vulkanbogen der Südägäis.

Die Mobilzonen in der U m r a n d u n g d e s P a z i f i k s waren während des ganzen Tertiärs bis in das Quartär hinein Schauplatz hoher tektonischer Aktivität, die sich im Entstehen und Vergehen vulkanischer Inselbögen, entsprechender Subduktionssysteme und der Bildung aktiver Randbecken äußerte.

In Neuseeland fallen bedeutende orogenetische Prozesse ins Pliozän und Pleistozän.

In den Anden wurden Bewegungshöhepunkte im Eozän, im Oligozän und im oberen Miozän erreicht. Das heutige Hochgebirge entstand im Pliozän.

Der Südteil der Rocky Mountains in Nordamerika war während des Tertiärs im wesentlichen durch Vertikalbewegungen gekennzeichnet, während in ihrem Nordteil Faltungen und Überschiebungen eintraten.

Die gebirgsbildenden Vorgänge wurden von einem kräftigen M a g m a t i s m u s begleitet, der zugleich eine beschleunigte Ausweitung der Ozeanböden (sea floor spreading) und entsprechende Subduktionen an den aktiven Plattenrändern anzeigt. Bezeichnend dafür ist der „Andesitische Vulkankranz" um den Pazifischen Ozean. Auf dem Columbia-Plateau im Westen Nordamerikas bedecken bis 3000 m mächtige Basaltfolgen ein Areal von 340 000 km^2.

Besonders bemerkenswert ist auch der Vulkanismus in der Umrandung des n ö r d l i c h e n A t l a n t i k s. Alttertiäre (60–50 Mio. J.) Basaltergüsse sind aus Irland (giant's causeway), Schottland, Spitzbergen, Grönland und Baffin-Island bekannt. Sie sind ein Hinweis auf die während des Alttertiärs vollzogene Trennung von Grönland und Nordamerika.

Die Zerspaltung der kontinentalen Plattform äußerte sich auch in Europa in Bruchbildungen und vulkanischen Förderungen. Die Basalte und Alkaligesteine an den großen Vulkanlinien Mitteleuropas: Böhmen, Urach, Bodensee, Vogelsberg, Röhn, Oberrheingraben, Hessische Senke, wie auch des französischen Zentralplateaus zeugen dafür.

Im Tertiär entstand auch das ostafrikanische Grabensystem mit seinen großen Vulkanen. In Indien flossen die alttertiären (65–40 Mio. J.) 2000 m mächtigen Dekkan-Trappe aus. Dem Vulkanismus auf den Kontinenten standen gewaltige vulkanische Förderungen in den mittelozeanischen Rücken gegenüber, die zu einem beschleunigten sea floor spreading und einer hohen Mobilität der Ozeanböden führte. Die Datierung der Ereignisse ist durch Tiefseebohrungen möglich. Island bietet eindrucksvolle Beispiele für diesen ozeanischen Vulkanismus. Im Zusammenhang damit entstand der größte Teil des Nordatlantiks.

Die Öffnung des Roten Meeres, d. h. die Trennung Arabiens von Afrika ereignete sich im Miozän, vor 5 bis 15 Mio. Jahren. Indien kollidierte an der Wende Kreide/Tertiär mit Eurasien.

Damit entstanden die gegenwärtigen Umrisse der Kontinente, die mit unterschiedlicher Geschwindigkeit ihrer derzeitigen Position zustrebten.

2. Die alpidische Gebirgsbildung

Die alpidische Orogenese führte zu grundlegenden paläogeographischen Veränderungen und bestimmte das gegenwärtige Erdrelief.

Die Krustenbewegungen begannen in der Unterkreide und hielten in einzelnen Gebieten bis in das Altquartär an. Dabei verlagerten sich

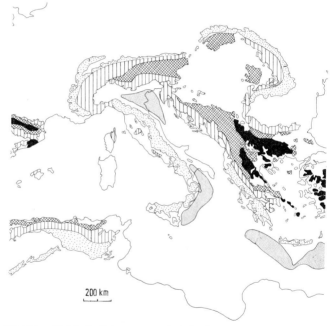

Abb. 84. Alpidische Faltungszonen im Mittelmeerraum (n. WUNDERLICH 1969). Zonen mit überwiegend voralpidischer (variszischer) Faltung (schwarz). Faltung vorwiegend während der Kreide (kreuzschraffiert), während des Alttertiärs (einfach schraffiert) und während des Jungtertiärs (punktiert). Die Zonen anhaltender orogener Aktivität sind grau angelegt. Die mediterranen Gebirgsgirlanden bestehen aus einem komplexen System alter Tiefseerinnen (Subduktionszonen), die am Nordrand der Tethys mit kontinentalen Restschollen, vulkanischen Inselbögen und Teilen ozeanischer Kruste zusammengeschoben wurden (DEWEY u. BIRD 1970). Vermutlich verringert sich der Abstand zwischen der Europäischen und der Afrikanischen Plattform, bei gleichzeitiger Krustenresorption, noch immer.

die Zonen der stärksten Deformation längs und quer zu den Hauptachsen der Geosynklinalen.

Flyschbildungen vom oberen Jura bis ins untere Miozän kennzeichnen die Zonen hoher Krustenmobilität, die im Laufe der Faltung aus dem Gebirgsinneren gegen das Vorland wanderten (Flysch-Stadium).

Die Hauptfaltung ereignete sich in den Ostalpen in der Kreide, in den Westalpen vielleicht etwas später zu Beginn des Tertiärs. Im Himalaja lag der Bewegungshöhepunkt anscheinend an der Wende Oligozän/Miozän.

Im Bereich des heutigen M i t t e l m e e r e s entstanden komplizierte Gebirgsgirlanden (Abb. 84).

Der Alpenbogen setzt sich ostwärts in die Karpaten und den Balkan fort. Die Bergketten der Krim und des Kaukasus entstammen einer eigenen Geosynklinale. An die Westalpen schließt sich nach Süden der Apennin an, dessen südlicher Innenbogen vielleicht im Tyrrhenischen Meer versank. Die Betischen Kordilleren Südspaniens und die Atlasketten Nordafrikas umsäumen das westliche Mittelmeer-Becken. Die Dinarischen Ketten Jugoslawiens leiten in die Helleniden Griechenlands und Kretas über. Daran schließen sich die jungen Gebirge Kleinasiens an. Weiter östlich folgen die gewaltigen Gebirgsbögen Mittel- und Südostasiens.

Die Gebirge sind das Ergebnis weitgreifender Subduktionsvorgänge am Südrande der Eurasiatischen Platte und deren Kollision mit den von Süden heranrückenden Teilstücken des Gondwana-Blockes (Afrika, Arabien, Lut-Block, Indien).

Die alpidischen Deformationen des Mittelmeergebietes wurden im wesentlichen durch die Annäherung Afrikas und Europas hervorgerufen. Die Zagros-Ketten Persiens liegen in der Kollisionszone der Arabischen Platte und des inneriranischen Mikrokontinents. Der Himalaja markiert die Kompressions- und Unterschiebungszone zwischen Eurasien und Indien.

Im Mittelmeer komplizierte sich die Strukturbildung durch kleinere Kontinentalblöcke (micro-plates) zwischen den aufeinander zudriftenden Großkontinenten. Beispiele hierfür sind Korsika, Sardinien und die Adria-Masse, die durch unterschiedlich breite, vorwiegend während des Juras entstandene, ozeanische Zonen voneinander getrennt wurden. Der orogene Mechanismus umfaßte daher lithosphärische und krustale Subduktionen[8], Schollenrotationen und die Kollision einzelner Teilschollen, in deren Verlauf auch ozeanische Gesteinsfolgen obduziert, d. h. auf kontinentale Plattenteile aufgeschoben wurden (Abb. 85).

Für die A l p e n werden eine oder mehrere, vorwiegend nach Süden tauchende Subduktionszonen an der Nord- und Südseite des Penninikums angenommen (Abb. 86). Die bei der Kollision entstehenden Über- und Unterschiebungen kontinentaler Krustensegmente haben am Deckenbau der Alpen entscheidenden Anteil.

Die Bewegungen der Plattenränder lösten auch D e f o r m a t i o n e n i n n e r h a l b d e r K o n t i n e n t e (Intraplatten-

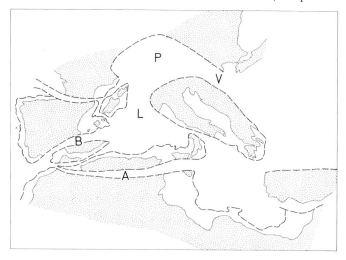

Abb. 85. Die alpine Tethys in der Unterkreide (n. Hsü et al. 1977). Die kontinentalen Kleinplatten werden durch ozeanische Zonen (V Vardar-, P Penninische, L Ligurische, B Betische, A Atlas-Zone) voneinander getrennt.

[8] Lithosphärische Subduktionen erfassen lithosphärische Platten in ihrer gesamten Mächtigkeit. Krustale Subduktionen (Subfluenzen) bringen kontinentale Krustensegmente übereinander (Über-, bzw. Unterschiebung).

Tektonik) aus. In Westeuropa gehört die Hebung des Rheinischen Schildes mit entsprechenden Bruch- und Grabenbildungen sowie die Senkung des Pariser Beckens dazu.

Es lassen sich in den Alpen mit radiometrischen Methoden 3 alpidische M e t a m o r p h o s e n erkennen:

1. Frühstadium vor etwa 100–70 Mio. J.
2. Hauptkristallisation vor etwa 45–35 Mio. J.
3. Postkinematische Kristallisation vor etwa 20 Mio. J.

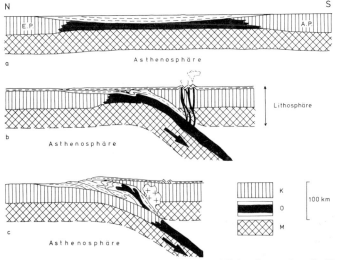

Abb. 86. Entstehung der Alpen nach dem Modell der Plattentektonik: K Kontinentale Kruste, M Oberer Mantel (tiefe Lithosphäre), O Ozeanische Kruste; a) Geosynklinalstadium: Zwei Kontinentalmassen werden durch ein ozeanisches Becken getrennt. E. P. Europäische Platte, A. P. Afrikanische Platte. b) Subduktionsstadium: Der ozeanische Plattenteil wird durch Subduktion unter den südlichen Kontinent verfrachtet. Bei der Versenkungsmetamorphose entstehen Hochdruckminerale. Aufschmelzungen in der Tiefe führen etwa 100 km hinter der Tiefseerimme zur Bildung eines Vulkan-Bogens. c) Kollisionsstadium: Die Kontinente kollidieren und schieben sich übereinander. Die Kollisionstektonik führt zu einem komplizierten Überschiebungs- und Deckenbau. Die Hochdruckmetamorphose der Subduktionsphase wird nun durch eine Hochtemperatur-Metamorphose und einem granitischen Plutonismus (+) abgelöst. Der isostatische Aufstieg der deformierten Krustensegmente führt zur Bildung alpiner Hochgebirge.

Dem spät- bis postkinematischen Magmatismus gehören u. a. der Bergell-, der Adamello- und der Rieserferner Pluton an.

Der im Anschluß an die Deformation einsetzende isostatische Ausgleich in der Kruste führte zur Entstehung der alpinen Hochgebirge und entsprechenden Erosionsvorgängen (Molasse-Stadium). Mit der Hebung endete auch die Metamorphose. Radiometrisch ermittelte Abkühlungsalter liegen zwischen 30–14 Mio J.

Im mitteleuropäischen Vorland der Alpen sind gegenwärtig noch alpidische Restspannungen in den Gesteinen festzustellen.

Erdbeben, Vulkanismus und die Schwereverteilung im Mittelmeergebiet sprechen auch dafür, daß noch immer tektonisch aktive Gebirgsabschnitte vorhanden sind, wie z. B. der Inselbogen von Kreta (Abb. 84).

In den zirkumpazifischen Mobilzonen wurde die alpidische Gebirgsbildung im wesentlichen durch Subduktionsvorgänge bewirkt, ohne daß es zur Kollision kontinentaler Plattenteile wie in der Tethys kam.

Die alpidischen Gebirge der Erde bieten also erstmals Gelegenheit zum Studium noch „lebender" Orogene. Ihre Krustenstrukturen, die Schwereverteilung und der Wärmestrom aus dem Erdinneren stehen in erkennbarer Beziehung zu den ablaufenden Krustenbewegungen, so daß Schlüsse auf die orogene Dynamik möglich sind. Auch die Prozesse der Gebirgszerstörung lassen sich quantitativ erfassen.

2. Quartär (Beginn vor 2–1,5 Mio. J.)

Das Quartär begann mit der ersten einschneidenden Klimaverschlechterung am Ende des Pliozäns und ist die jüngste, noch nicht abgeschlossene Epoche der Erdgeschichte. Sie wird nach klimatischen Gesichtspunkten in das Pleistozän (Eiszeit, Diluvium) und Holozän (Nacheiszeit, Alluvium) gegliedert. Die Bezeichnung „*Quartär*" stammt von A. MORLOT (1858).

a) Lebewelt

Die Entwicklung der quartären Pflanzenwelt wurde durch den mehrfachen Wechsel von Warm- und Kaltzeiten nachhaltig beeinfluß. So besitzen heute die Pflanzengesellschaften in den Warmzonen der Erde und überall dort, wo die Vegetation vor dem heranrückenden Inlandeis zurückweichen konnte, noch tertiären Charakter. In Europa dagegen gingen viele für das Tertiär charakteristische Formen zugrunde, da die Ost-West gestreckten Faltengebirge einen Rückzug nach Süden verhinderten.

Mit Hilfe der Pollenanalyse (Torf, Gyttja) ist der Vegetationswechsel im einzelnen zu verfolgen.

Zu den arktisch-alpinen Pflanzengesellschaften gehören u. a. die Polarweide *(Salix polaris)*, der Silberwurz *(Dryas octopetala)* und die Zwergbirke *(Betula nana)*. Der subarktischen Klimazone gehören die Birke *(Betula pubescens)* und die Kiefer *(Pinus silvestris)* an. Höhere Temperaturansprüche stellen u. a. Eiche, Ulme, Linde, Ahorn und Esche.

Die meisten T i e r g r u p p e n erscheinen, verglichen mit denen des Tertiärs, nahezu unverändert. Allein die S ä u g e r entwickelten sich rasch weiter. In den altquartären Ablagerungen Ostafrikas wurden sichere Spuren des vorzeitlichen M e n s c h e n entdeckt.

Die pleistozänen M u s c h e l n und S c h n e c k e n kennzeichnen drei Faunenprovinzen: die a r k t i s c h e mit *Yoldia arctica, Mya truncata*, die b o r e a l e in der Nordsee und im Nordmeer mit den Schnecken *Buccinum undatum, Littorina litorea* und den Muscheln *Cardium edule, Mytilus edulis*, sowie die l u s i t a n i s c h e Provinz südlich des Ärmelkanals mit *Lucina divaricata*. Obwohl sich diese Faunengesellschaften mehrfach nach Norden bzw. Süden verschoben, sind daraus allein noch keine klimatischen Veränderungen abzulesen, da Meeresströmungen oder die Öffnung neuer Meeresverbindungen die Wanderung mariner Molluskenfaunen nachhaltig beeinflussen können.

Besondere Bedeutung als Leit- und Faziesfossilien haben die Nager, die Raubtiere und die Huftiere.

Die N a g e r , wie Lemminge *(Lemnus)* und die Wühlmäuse *(Microtinae)*, lieferten gute Leitfossilien.

Wichtige Vertreter der C a r n i v o r e n waren der Höhlenbär *(Ursus spelaeus)*, die Höhlenhyäne *(Crocuta spelaea)*, der Höhlenlöwe *(Panthera spelaea)* und der Wolf *(Canis lupus)*. Alle, außer dem Wolf, starben am Ende der Würm-Eiszeit aus.

Von den H u f t i e r e n lebten die Nashörner in offenen Wäldern *(Dicerorhinus etruscus)*, die wollhaarigen Nashörner *(Coelodonta antiquitatis)* bevölkerten die Steppe, in der auch die Wildpferde *(Equus ferus)* weit verbreitet waren. Aus dem altpleistozänen *Archidiscodon meridionalis* entwickelten sich die Waldelefanten *(Palaeoloxodon antiquus)* und die Steppenelefanten, zu denen *Mammonteus trogontherii* und das Mammut *(Mammonteus primigenius)* gehören. Das Mammut verschwand am Ende des Pleistozäns.

Kaltes Klima bevorzugten der Moschusochse *(Ovibos moschatus)* und das Ren *(Rangifer tarandus)*. *Cervus elaphus* und *Bos primigenius* waren dagegen Waldbewohner. In Wald und Steppe war auch der Wisent *(Bison bonasus,* bzw. *Bison priscus)* verbreitet.

Mit dem Quartär begann die Ä r a d e s M e n s c h e n. Der aufrechte Gang und die heutige Körpergröße waren bereits frühe Artmerkmale der Hominiden. Ihr Schädelbau hat sich jedoch im Verlauf des Quartärs erheblich verändert. Besonders bezeichnend ist die Vergrößerung des Hirnvolumens (Abb. 87).

Zu den ältesten H o m i n i d e n gehören der *Australopithecus africanus,* der *Homo erectus,* der *Homo pekinensis* und in Europa der *Homo heidelbergensis*. Hinweise auf den Gebrauch des Feuers und primitive Werkzeuge bezeugen, daß diese Gruppen Intelligenz- und Bewußtseinsstufen erreicht hatten, die sie zur planmäßigen Organisation ihres Lebens befähigten.

Die Entwicklung der Werkzeuge begann mit roh behauenen Geröllen (Geröllkulturen). Das A l t p a l ä o l i t h i k u m wurde durch Faustkeil-Kulturen gekennzeichnet. Im M i t t e l p a l ä o l i t h i k u m entstanden daneben reine Abschlag-Kulturen, die Klingen-Kulturen im J u n g p a l ä o l i t h i k u m (Tab. 15).

In der Mindel-(Elster-)Kaltzeit waren Afrika, weite Teile Eurasiens und Südostasiens bereits vom Menschen besiedelt.

Als Bindeglied zwischen den älteren Hominiden-Gattungen und dem *Homo sapiens* kann der *Homo steinheimensis* gelten. Er verwendete als Werkzeug noch immer den seit der Cromer-Warmzeit bekannten Faustkeil (Abb. 87).

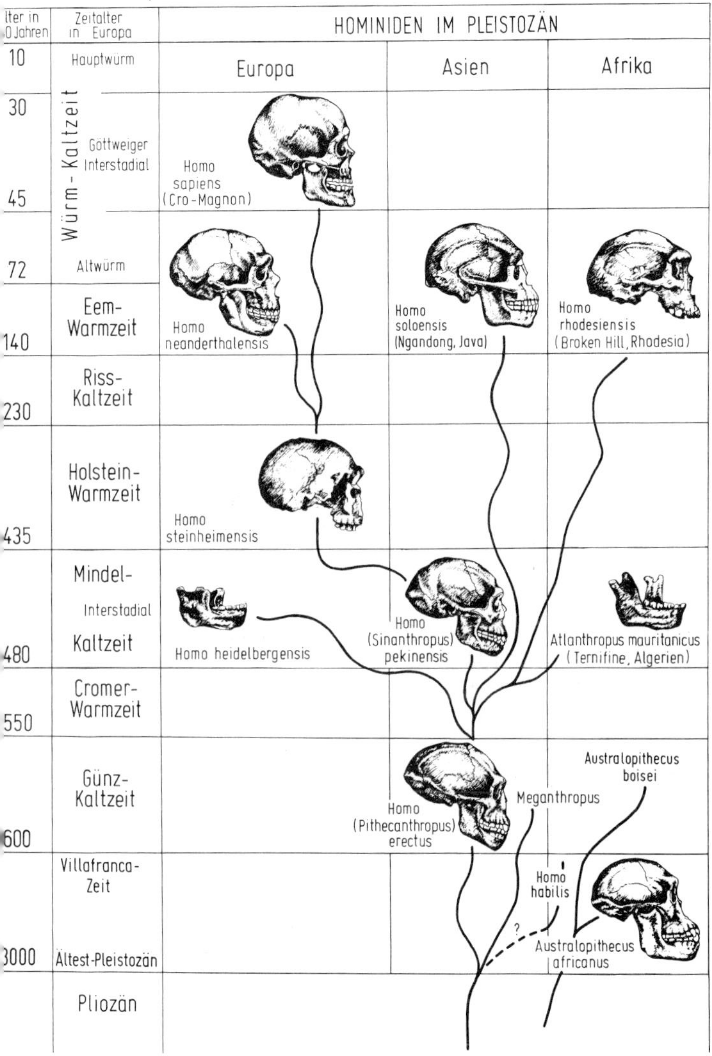

Alter in 1000 Jahren	Zeitalter in Europa	HOMINIDEN IM PLEISTOZÄN			
		Europa	Asien	Afrika
10	Hauptwürm			
30	Würm-Kaltzeit / Göttweiger Interstadial	Homo sapiens (Cro-Magnon)		
45				
72	Altwürm			
140	Eem-Warmzeit	Homo neanderthalensis	Homo soloensis (Ngandong, Java)	Homo rhodesiensis (Broken Hill, Rhodesia)
230	Riss-Kaltzeit			
435	Holstein-Warmzeit	Homo steinheimensis		
480	Mindel- Interstadial / Kaltzeit	Homo heidelbergensis	Homo (Sinanthropus) pekinensis	Atlanthropus mauritanicus (Ternifine, Algerien)
550	Cromer-Warmzeit			
600	Günz-Kaltzeit		Homo (Pithecanthropus) erectus, Meganthropus	Australopithecus boisei
	Villafranca-Zeit			Homo habilis
3000	Ältest-Pleistozän			Australopithecus africanus
	Pliozän			

Abb. 87. Die Entwicklung der Hominiden im Pleistozän (n. GIESLER, HEBERER, V. KOENIGSWALD u. a.).

Der spätere *Homo neanderthalensis* gehörte einem Seitenzweig des Hominiden-Stammbaumes an und starb vor 30–40 000 Jahren in Mitteleuropa wieder aus. Der neu erscheinende *Homo sapiens* der Würm-Eiszeit war vermutlich in Vorderasien beheimatet und breitete sich schnell über die Erde aus. Er drang über die Beringstraße nach Nordamerika vor und erreichte Australien. Diese Cro-Magnon-Menschen waren die letzten Vertreter des Paläolithikums. Sie besaßen bereits Pfeil und Bogen und haben mit ihren Höhlenmalereien, Plastiken und Elfenbein-Kunstwerken Zeugnisse einer hochentwickelten Jäger-Kultur hinterlassen.

Am Ende des Pleistozäns setzte eine beschleunigte Entwicklung der Technik ein. Im M e s o l i t h i k u m entstand das Beil, im N e o l i t h i k u m, dem Zeitalter des geschliffenen Steins, die Haustierzucht und der Feldbau (Tab. 16). Im 8.–7. Jahrtausend[9] v. Chr. tauchten in Vorderasien die ersten Stadtkulturen auf.

Heute, acht Jahrtausende nach der Entdeckung des Metalls[10], hat die Menscheit alle Lebensräume der Erde erobert und ist in der Lage, das Schwerefeld ihres Planeten zu überwinden.

b) *Das Erdbild des Quartärs*

Quartäre Ablagerungen bedecken große Teile der Erdoberfläche. Ihre Verbreitung und Fazies wurde, vor allem auf der Nordhalbkugel, durch den Rhythmus der Inlandeis-Bewegungen bestimmt. Für ihre Gliederung bieten sich neben den üblichen stratigraphischen und lithologischen insbesondere geomorphologische Methoden an. Die glaziale Landschaft ist, vor allem in den Gebieten der jüngsten Vereisung, so gut erhalten (Moränen, Sander, Urstromtäler, Stauseen, Flußterrassen), daß ihre Geschichte unmittelbar abzulesen ist, zumal sie in direktem Zusammenhang mit dem geologischen Geschehen der Gegenwart steht.

Bisher konnten mindestens sechs große Kaltzeiten nachgewiesen werden (Tab. 15). Fossilfunde aus den See- und Moorbildungen zwischen den Moränenablagerungen belegen, daß die Vereisungen durch Perioden warmen Klimas unterbrochen wurden.

---

[9] Jericho 7800 v. Chr., Çatal Hüyük 6700 v. Chr.
[10] 6000 v. Chr. Kupfergewinnung in Anatolien.

Zu Beginn des Altpleistozäns lagen das Ostsee-Becken und weite Teile der Nordsee trocken. Der Rhein, die Maas und die Themse bildeten ein gemeinsames Delta in Südost-England (Cromer Forest bed). Mehrfache Kälteeinbrüche führten dazu, daß die tertiäre Fauna und Flora allmählich ausstarb und durch arktische Formen ersetzt wurde.

In Holland liegen über ästuarinem Jungpliozän Süßwassersande mit *Paludina glacialis,* über denen Tone und Torfe des Tigliums mit altpleistozänen Wirbeltieren *(Trogontherium)* folgen (Tab. 15).

In der Elster-Eiszeit des Mittelpleistozäns erreichte das skandinavische Inlandeis Norddeutschland und stieß bis an die Mittelgebirge vor. Im nachfolgenden Elster-Saale-Interglazial herrschte vermutlich etwas kühleres Klima als heute. Infolge des ansteigenden Meeresspiegels brach die Nordsee in Schleswig-Holstein (Holstein-See), in die Elbe-Mündung und in die westliche Ostsee ein.

Das Eis der nachfolgenden Saale-Eiszeit erreichte erneut die Ausdehnung des Elster-Eises und bedeckte eine dreimal so große Fläche wie die heutigen Eiskalotten der Erde. Die verwaschene Altmoränen-Landschaft westlich der Elbe gehört diesem Vorstoß an. Nach der Moränenentwicklung kann man ein Drenthe- und ein Warthe-Stadium unterscheiden (Tab. 15). Die Sommer des jungpleistozänen Saale-Weichsel-Interglazials (Eem-Warmzeit) waren wärmer als heute, das Klima insgesamt ozeanischer. Das Eem-Meer überflutete das Nordsee- und Ostseegebiet. Lusitanische Molluskenfaunen wanderten von Südwest-Europa her durch den Ärmelkanal in die Nordsee ein.

Die Weichsel-Eiszeit ist durch mehrere Perioden steigender Temperaturen zu gliedern. Sie erreichte vor etwa 20 000 Jahren ihren Höhepunkt. Ihre Endmoränen-Wälle durchziehen enggedrängt in Nord-Südrichtung Dänemark und schwenken in Schleswig-Holstein nach Osten um (Abb. 88). Die Nordsee lag zu dieser Zeit wieder trocken.

In Osteuropa und Sibirien verlief der Eisrand infolge zunehmender Kontinentalität weiter im Norden. In Sibirien ent-

Das Känozoikum

Norddeutschland					
Gliederung					**Wichtigste Ereignisse und Ablagerungen**
QUARTÄR	Jungpleistozän	Holozän	Postglazial			Weiterer ständiger Rückzug des Eises. Öffnung der Ostsee
					8000 J. v. Chr.	Baltischer Eisstausee
		Weichsel-Eiszeit	Jung-Weichsel	Goti-Glazial	9500 v. Chr.	Laacher-See-Vulkanismus
						Fortschreitender Eisrückzug, Tundra, zunehmend Bewaldung
					12600 v. Chr.	
				Dani-Glazial		Mehrere Phasen (Pommersche, Frankfurter, Brandenburger Ph.)
				Germani-Glaz.	25 000	Eis dringt nicht über die Elbe, periglaziale Bildungen in Niedersachsen; Löß-Ablagerungen.
			Mittel-Weichsel			
			Früh-Weichsel			
					75 000	
		Eem-Warmzeit				Eem-Meer (ca. heutige Nordsee-Küstenlinie); Torfe, Süßwasserbildungen, Kieselgur in Niedersachsen.
					100 000	
	Mittelpleistozän	Saale-Eiszeit	Warthe-Stadium			Moränen der Göhrde-Phase, Lüneburger Ph., Stader Phase.
			Gerdau-Interstadial			Eisrückzug
			Drenthe-Stadium			Moränen der Rehburger Phase, Soltauer Ph. u.a.; maximale Eisausdehnung am Niederrhein
		Holstein-Warmzeit				Ablagerungen des Holstein-Meers im norddeutschen Küstenbereich
					300 000	Lauenburger Ton
		Elster-Eiszeit				Größte Eisausdehnung in Mitteldtschld., älteste Grundmoräne und Schmelzwassersande.
					700 000	
	Altpleistozän	Cromer-Komplex				
		Menap-Kaltzeit				
					1 Mio. J.	Fortschreitende Abkühlung, Wechsel von Kalt- und Warmzeiten. Meeresspiegel sinkt infolge Bindung von Wasser als Festlandeis.
		Waal-Warmzeit				
		Eburon-Kaltzeit				
		Tegelen-Warmzeit				
		Brüggen-Kaltzeit				
					2 Mio. J.	
	Pliozän					

Tabelle 15. Gliederung des Quartär.

Kultur-Stufen		Entwicklung des Menschen	Alpengebiet (Gliederung)	
Jüngere Kulturen:			Postglazial	
Jungpaläolith.	Magdalen Solutré Aurignac Moustier	*Homo sapiens*	Würm-Eiszeit	Spät-Würm (Spät-Glazial)
				Mittel-Würm
Mittelpaläolith.		*Homo neanderthalensis*		Früh-Würm
			Riß/Würm-Interglazial	
Altpaläolithikum	Levallois Acheul	*Psäsapiens*-Formen	Riß-Eiszeit	
		Homo steinheimensis	Mindel/Riß-Interglazial	
			Mindel-Eiszeit	
	Abbéville, Clacton	*Homo heidelbergensis* *Homo pekinensis* *Homo erectus*	Günz/Mindel-Interglazial	
			Günz-Eiszeit	
	Geröll- Kulturen	*Australopithecus africanus*	Donau/Günz-Warmzeit	Villafranca
			Donau-Kaltzeit	
			Biber/Donau-Warmzeit	
			Biber-Kaltzeit	
Pliozän				

stand nur eine Gebirgsvergletscherung. Der Frostboden drang mehrere 100 m tief ein und ist bis heute erhalten geblieben.

In den Senkungszonen der R u s s i s c h e n T a f e l stieß das Eis allerdings während der Saale-Vereisung weit nach Süden vor und bildete im Dnjepr- und Don-Gebiet große Eisloben (Abb. 88).

Mit dem Zurückweichen des Eises vor etwa 10 000 Jahren begann in M i t t e l e u r o p a die Nacheiszeit, das H o l o z ä n. Vor dem Eisrand entstand der große Baltische Eisstausee, dessen Bänderton-Lagen durch die Warvenzählung DE GEERS ein Zeitmaß für die Ereignisse an der Wende Pleistozän/Holozän ergeben. Das Schwinden des Inlandeises bewirkte in den skandinavischen Randgebieten bemerkenswerte geographische Veränderungen. Der Durchbruch des Baltischen Eisstaues nördlich des Billingen (Mittelschweden) zur Nordsee eröffnete der marinen Yoldia-Fauna den Weg in das O s t s e e - B e c k e n. Landhebungen unterbrachen diese Verbindung wieder und es entstand ein neuer Stausee (Ancylus-Süßwas-

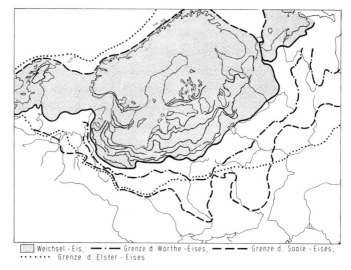

Abb. 88. Eisrandlagen des nordeuropäisch-sibirischen Inlandeises (n. WOLDSTEDT 1969).

sersee). Infolge des weiteren Meeresanstiegs drang später erneut Salzwasser durch die dänischen Belte in das Becken ein (Litorina-Meer). Landhebungen im Bereich der dänischen Sunde bewirkten eine zunehmende Aussüßung der Ostsee, so daß sich die Süßwasserschnecke *Lymnaea ovata* ausbreitete (Lymnaea-Zeit). Die jüngste Periode der Ostsee begann vor 1000 Jahren mit der Einwanderung von *Mya arenaria* (Tab. 16).

In den A l p e n lag die Schneegrenze während der Eiszeiten etwa 1200 m tiefer als heute. Die aus dem Gebirge abfließenden Eiszungen vereinigten sich im nördlichen Vorland zu großen Gletschern, deren Moränenbögen 100 km weit nach Norden reichen. Die Erosionsintervalle in den Schotterfluren weisen auf 4 Vereisungen: G ü n z , M i n d e l , R i ß , W ü r m , denen die B i b e r - und D o n a u -Kaltzeit vorausgingen (Tab. 15). Die S ü d a l p e n - Gletscher hinterließen enggeraffte, bis 400 m hohe Endmoränenbögen.

Die größte Ausdehnung erreichte das Mindel- und Riß-Eis. Im Mindel-Riß-Interglazial schmolzen die Gletscher so weit zurück, daß der paläolithische Mensch bis in die Höhen von 2400 m siedeln konnte.

Zwischen dem nordischen Inlandeis und den Alpen blieben weite Teile M i t t e l e u r o p a s , abgesehen von der Eigenvergletscherung der Mittelgebirge, eisfrei. In den trockenen, vegetationsarmen Tundren der Kaltzeiten lagerten die Winde aus den Inlandeisgebieten mächtige Lößdecken ab, über denen sich während der warmfeuchten Zwischeneiszeiten der Wald ausbreitete.

Durch die Aufschotterung der Flüsse in den Kaltzeiten und die Erosion in den wärmeren Klimaperioden entstanden Terrassensysteme, die den Klimawechsel deutlich widerspiegeln.

Die p e r i g l a z i a l e n B i l d u n g e n und die fossile Lebewelt der unvereisten Gebiete bieten besonders günstige Voraussetzungen für die Erforschung der Umweltbedingungen im Pleistozän.

An die Stelle der wärmeliebenden Wald- und Savannentiere (Tapir, Antilope, Mastodon, Affe) des Tertiärs traten mit zunehmender Klimaverschlechterung Steppenbewohner (Pferd, Wisent, Riesenhirsch), später auch das Rentier und das Mammut. Die Primigenius-Fauna der Eiszeiten (Mammut, Pferd, Wisent, Ren, wollhaari-

	HOLOZÄN			
Zeit	Jung-Pleistozän	Altholozän	Mittelholozän	Jungholozän
Klima und Vegetation	Jüng. Dryas-Zeit (subarktische Zeit) / Birken-Kiefer-Tundra	Präboreal (Birke, Kiefer); Boreal (Kiefer, Birke, Hasel)	(Wärmeoptimum); Atlantikum (Eichenmischwald); Subboreal (Eichenmischwald, Buche)	Buche und Eiche; Subatlantikum; Nutzforste
Ostsee-Stadien	Baltischer Eisstausee	Yoldia-Meer (Portlandia arctica); Ancylus-See (Ancylus fluviatilis)	Litorina-Meer (Littorina litorea)	Lymnaea-Meer (Lymnaea ovata); Mya-Meer (Mya arenaria)
Ereignisse	Salpausselkä-Eisrandlagen		Öffnung des Ärmelkanals; Flandrische Transgression	Hochmoorbildung; Rückgang des Waldes durch Rodung; Fortschreit. Senkung der Nordsee-Küste
Kulturen	Jungpaläolithikum (Ahrensburger Stufe)		(Maglemose, Tardenois); Mesolithikum	Neolithikum; Bronzezeit; Eisenzeit; Historische Zeit

Tabelle 16. Gliederung des Holozän.

ges Nashorn) wechselte mehrfach mit der interglazialen Antiquus-Fauna (Waldelefant, glatthaariges Nashorn, Hirsch). Am Ende des Pleistozäns starb ein großer Teil der kälteliebenden Säugetiere aus, ein anderer wich nach Norden zurück. Vielleicht hat der prähistorische Mensch durch die Jagd das Erlöschen mancher Tiergruppen beschleunigt. In den freiwerdenden Lebensräumen entfaltete sich die heutige Waldfauna.

Die Pollenspektren der nacheiszeitlichen Moore ergeben für das Holozän folgende Klimaentwicklung: arktisch, boreal, atlantisch, subboreal und subatlantisch (Tab. 16). Das Klimaoptimum stellte sich im älteren Atlantikum ein. Infolge der verstärkten Eisschmelze stieg der Meeresspiegel in kurzer Zeit um 12 m an. Die Baumgrenze lag mehrfach über der heutigen (Abb. 89). Die Frage, ob wir tatsächlich in der N a c h e i s z e i t oder in einem I n t e r g l a z i a l leben, ist noch nicht zu beantworten.

Während der Vereisungen des Nordens verlagerten sich die Klimazonen insgesamt nach Süden, so daß die M i t t e l m e e r l ä n d e r im nördlichen Westwindgürtel lagen und reichere Niederschläge erhielten. Den Kaltzeiten entsprechen daher feuchte, den Interglazialen trockenere Perioden. Diese rhythmischen Klimaänderungen bewirkten u. a. charakteristische Bodenbildungen. In der altpleistozänen Kalabrischen Stufe des Mittelmeergebietes erschienen erstmals nordische Mollusken. Die terrestrischen Villafranca-Ablagerungen zeigen, daß die subtropischen Wälder des Tertiärs allmählich durch Nadel- und Laubholzbestände verdrängt wurden.

Die Transgressionen der Zwischenzeiten und die eiszeitlichen Meeresrückzüge führten zu erheblichen Strandverschiebungen. Küstenterrassen liegen heute bis 200 m über und mehr als 100 m unter dem Meeresspiegel (Abb. 90).

Die Milazzium-Transgression entspricht der Cromer-Warmzeit (Terrassen 50–60 m ü. d. M.), die Tyrrhenium I-Transgression der Holstein-Warmzeit (Terrassen etwa 30 m ü. d. M.), die Tyrrhenium II-Transgression der Eem-Warmzeit (Terrassen 8–20 m ü. d. M.).

Während der Würm-Eiszeit lag der Spiegel des Mittelmeeres etwa 100 m tiefer als heute. Das Schwarze Meer wurde ausgesüßt und gab seinen Wasserüberschuß durch einen Bosporus-Dardanellen-

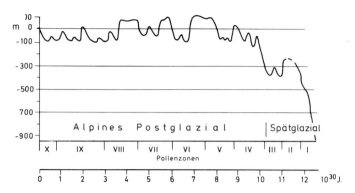

Abb. 89. Die Schwankungen der Waldgrenze in den Ostalpen während des Spät- und Postglazials in bezug auf die heutige Höhenlage (0 m) (n. PATZELT 1975).

Fluß in das Mittelmeer ab. Erst der allgemeine Meeresanstieg während des Holozäns schuf das heutige geographische Bild.

In den Wüsten und Steppen N o r d a f r i k a s sind trockene Talsysteme und Salzpfannen als Reste ehemaliger großer Binnenseen zu finden. Sie sprechen dafür, daß auch Nordafrika während der Kaltzeiten stärkere Niederschläge erhielt.

Das nordische Inlandeis stieß auch in N o r d a m e r i k a mindestens viermal (Nebraska-, Kansas-, Illinois-, Wisconsin-Vereisung) nach Süden vor. Die großen Seen Nordamerikas sind Reste eines Eisstausees, der sich vor den Endmoränen ausbreitete. Im grönländischen Inlandeis sind heute noch Eishorizonte der letzten Vereisung enthalten. Sie lassen nach $^{18}O/^{16}O$-Bestimmungen eine deutliche Klimagliederung erkennen. Im Westen Nordamerikas erfolgte eine ausgedehnte Gebirgsvergletscherung. Zwischen den Gebirgsketten bestanden Seen, wie der Lake Bonneville, deren Sedimente und Strandterrassen den eiszeitlichen Klimawechsel abbilden.

Die Schneegrenze in den Gebirgen der S ü d k o n t i n e n t e lag teilweise 1000 m tiefer als heute. Im südlichen Chile und im angrenzenden Patagonien bestanden in den Kaltzeiten vermutlich mächtige Inlandeisdecken.

Abb. 90. Eustatische Meeresspiegelschwankungen im Pleistozän und Holozän (n. WOLDSTEDT 1969).

Die Antarktis, in der noch im frühen Tertiär Coniferen gediehen, trug bereits im Pliozän eine Eiskappe. Das Anwachsen und Schwinden der Eismassen erfolgte in ähnlichem Rhythmus wie die Vereisungen der Nordhalbkugel (HOLLIN). Die Klimaänderung am Ende des Pleistozäns reichte, wie auch in Grönland, nicht aus, die Eiskalotte aufzulösen.

Die Ablagerungen der Tiefsee bieten eine lückenlose Aufzeichnung der quartären Klimageschichte. $^{18}O/^{16}O$-Bestimmungen an Kalkschalen ergeben Temperaturkurven, die durch radiometrische Altersbestimmungen (^{14}C-, $^{231}Pa/^{230}Th$-Methode) chronologisch geeicht werden können. Auf diese Weise ist eine Parallelisierung von Tiefsee-Sedimenten mindestens bis zum Saale-Weichsel-Interglazial möglich. EMILIANI konnte zeigen, daß die ozeanischen Bodenwasser-Temperaturen in niederen Breiten durch Zuflüsse aus der Arktis und Antarktis von der Oberkreide bis zum Oberpliozän etwa um 12° abnahmen. Sie lagen zu Beginn des Quartärs nur geringfügig über dem gegenwärtigen Stand (Abb. 83).

c) Krustenbewegungen und Schwankungen des Meeresspiegels

Bei der Entstehung der polaren Eiskappen wurden große Wassermassen aus den Ozeanen gebunden, die während der Warmzeiten den Weltmeeren wieder zuflossen. Die Folge waren eustatische Meeresspiegelschwankungen. Für die Würm-Eiszeit und die vorangegangenen Kaltzeiten ergeben sich aus der Höhenlage mediterraner Terrassensysteme und dem Aufbau pazifischer Korallenriffe (DALY) Absenkungen von 90–120 m (Abb. 90). Diese Schwankungen sind weltweit nachzuweisen und überlagern sich in den ehemaligen Vereisungsgebieten mit i s o - s t a t i s c h e n   K r u s t e n b e w e g u n g e n. Die Eiskalotten drückten die unterlagernde Erdkruste um etwa ein Drittel der Eismächtigkeit nieder, so daß sich die Gebiete größter Eisbelastung heute durch hohe Werte isostatischer Hebung auszeichnen. Die zentralen Teile des Baltischen Schildes sind, wie aus der Höhenlage alter Strandlinien hervorgeht, etwa 500 m aufgestiegen. Die gegenwärtige Hebung beträgt bis 10 mm im Jahr. Die O-Isobase verläuft durch die südliche Ostsee zum Ladoga-See. Im Kanadischen Schild hob sich das Gebiet um die Hudson Bai um etwa 300 m.

Neben den durch die Eisbelastung ausgelösten Krustenbewegungen ereigneten sich auch t e k t o n i s c h e Hebungen und Senkungen. Ihr Ausmaß ist in Mitteleuropa an der Höhenlage pliozäner Verebnungsflächen und der Verbiegung quartärer Flußterrassen zu bestimmen. Die Quartärbasis liegt heute in Holland bis zu 600 m unter dem Meeresspiegel. Die deutsche Nordseeküste sinkt streckenweise um etwa 1 mm pro Jahr, so daß umfangreiche Küstenschutzmaßnahmen erforderlich sind. Der Oberrhein-Graben ist seit Ende des Tertiärs um etwa 100 m abgesunken. Erdbeben zeigen, daß die Bewegungen noch nicht abgeschlossen sind.

Die O s t a l p e n , die im Tertiär nicht über ein Mittelgebirgsrelief hinausgelangten, stiegen erst an der Wende Pliozän/Quartär zum Hochgebirge auf. Die Verebnungen des jungtertiären Hügellandes (Rax-Landschaft) liegen heute im Gebirgsinneren mehr als 2500 m hoch. Ablagerungen des Quartärs wurden im Gegensatz zu den inneralpinen Sedimenten des Jungtertiärs nicht mehr tektonisch verstellt. In der P o - E b e n e senkte sich die Quartär-Basis teilweise um 3000 m.

O r o g e n e Bewegungen ereigneten sich während des Pleistozäns u. a. in Neuseeland, in Kalifornien und in Tunis.

Die südlichen Randketten des Himalajas schoben sich streckenweise über die Alluvionen des Brahmaputra-Tales in Nordbengalen.

Insgesamt befindet sich die Erde seit dem Känozoikum in einer Periode der L a n d v o r h e r r s c h a f t . Ihr Relief verstärkte sich im Laufe des Känozoikums so, daß das mittlere Niveau der Festländer von 300 m ü. d. M. auf 800 m gehoben wurde (FLINT). Der pleistozäne Vulkanismus konzentrierte sich im wesentlichen auf die heute noch aktiven Vulkanzonen. Die Basalt-Vulkane der Eifel sind mindestens 570–140 × 10^3 Jahre alt. Ihre Tuffe gestatten eine chronologische Einstufung der Rheinterrassen. Die Ausbrüche der Maare erfolgten bis ins Alleröd (~ 9000 v. Chr.).

d) Die Ursachen der quartären Klimaentwicklung

Nach der Vereisung des Jungpräkambriums und Jungpaläozoikums trat im Quartär die dritte große Eiszeit der Erdgeschichte ein (Abb. 91). Die Menschheit ist Augenzeuge dieses einschneidenden Klimaereignisses geworden und erlebte weitreichende, klimabedingte Umweltveränderungen. Gegenwärtig nehmen Gletschereis und Permafrost 37 Mio. km^2, also nahezu ein Viertel des gesamten Festlandes der Erde ein. Von den 31 Mio. km^3 Eis liegen 90 % in der Antarktis, 9 % in Grönland.

Die kosmischen und terrestrischen Ursachen der Vereisungen sind außerordentlich komplex und in ihrer Wechselwirkung noch kaum überschaubar. Es fällt auf, daß die großen Eiszeitalter etwa 270 Mio. J. auseinanderliegen. Diese Periode könnte nach STEINERS Auffassung mit der Rotation des Milchstraßen-Systems zusammenhängen. MILANKOVITCH gab unter den denkbaren Ursachen Änderungen der Sonneneinstrahlung den Vorrang. EWING & DONN messen dagegen topographischen Veränderungen im nördlichen Atlantik

Abb. 91. Ausdehnung der quartären Vereisung auf der Nordhalbkugel (n. PUTNAM 1969).

und dem wechselnden Einfluß des Golfstroms besondere Bedeutung zu. WILSON und HOLLIN glauben ebenfalls auf extraterrestrische Faktoren verzichten zu können, solange der Südpol auf dem antarktischen Kontinent liegt. Das ist seit dem Tertiär der Fall. Rhythmische Ausdehnungen des antarktischen Eisschelfes reichen ihrer Meinung nach aus, die Temperaturen auf der Erde so weit zu senken, daß eine Vereisung der Nordhalbkugel einsetzen kann. Da das antarktische Inlandeis heute anscheinend einen positiven Massenhaushalt hat, wäre der Ausgangszustand für einen erneuten Eisvorstoß in etwa 70 000 Jahren wieder erreicht.

Wie man die genannten Faktoren auch miteinander kombiniert, es bleibt zu berücksichtigen, daß die quartären Vereisungen und Interglaziale auf der ganzen Erde mehr oder weniger synchron verliefen und das Eis selbst komplizierte Rückwirkungen (Albedo) auf die Klimaentwicklung hatte.

IV. Probleme der Erdgeschichte

Die Erdkruste und Lithosphäre

Die Erdkruste bildet die äußere Gesteinshülle der Erde, die durch die Mohorovičić-Diskontinuität (Moho) vom tieferliegenden Erdmantel getrennt wird. Sie erreicht unter den Kontinenten eine Mächtigkeit von 40–60 km und dünnt in den Ozeanen bis auf wenige Kilometer aus. Mit einer Gesamtmasse von $2,5 \times 10^{19}$ t bildet sie nicht mehr als 0,4 % der Erdmasse.

Betrachtet man die äußere Schale der Erde unter geodynamischen Gesichtspunkten, so muß die Erdkruste mit Teilen des oberen Erdmantels zur Lithosphäre vereinigt werden, unter der die Asthenosphäre, eine Zone geringerer Viskosität, folgt. Die Grenzfläche zwischen beiden liegt 100–200 km tief.

Die Gliederung der Erdkruste in Kontinente und Ozeane wirft eine Reihe grundlegender Fragen auf:

Ist die kontinentale Kruste das Ergebnis einer säkularen Differentiation des oberen Erdmantels oder entstand sie durch Umwandlung kosmischen Materials, das auf der Erdoberfläche abgelagert wurde?

Bedeckte die kontinentale Kruste ursprünglich die gesamte Erdoberfläche oder bestanden, von ozeanischen Bereichen umgebene, kontinentale Kerne, die durch orogene Anlagerungen sialischen Materials ständig erweitert wurden?

Erfolgte die Umgestaltung der präkambrischen Kontinente allein durch orogene Prozesse oder zerbrachen die kontinentalen Plattformen immer wieder, so daß sie durch Schollendrift und Kollision der Teilstücke umgruppiert wurden?

Die Beantwortung dieser Fragen hängt eng mit den jeweiligen Vorstellungen von der Bildung unseres Planetensystems zusammen.

Für die Frühgeschichte der Erde können folgende Abschnitte angenommen werden (GOODWIN):

1. Zusammenballung kosmischen Materials und kernbildendes Ereignis vor 4,6–4,2 Mrd. J. Bei der Kernbildung müssen so große Energien frei geworden sein, daß die Temperaturen der Erde stark anstiegen (– 1200 °C) und eine umfassende geochemische Differentiation des Erdkörpers erfolgte.
2. Starker Meteoriteneinfall zwischen 4,2–3,8 Mrd. J.
3. Durch radioaktive Prozesse erfolgte während des Präkambriums eine starke Aufheizung und beschleunigte Differenzierung der Kruste.

In welchem Verhältnis orogene Vorgänge und subkrustale sialische Anlagerungen zum Wachstum der Kontinente beitrugen, ist unsicher.

Die F a l t e n g e b i r g e sind seit dem Jungpräkambrium typische Erscheinungsformen der Kontinente.

Sie gingen aus geosynklinalen Mobilzonen hervor und erweiterten als „Anwachssäume" die kontinentalen Plattformen. Im Verlauf der Gebirgsbildungen gelangten Sedimentmassen der oberen Lithosphäre in die Tiefe und wurden, durch Metamorphosen transformiert, dem älteren Plattform-Kristallin angegliedert. Die tektonische Stabilisierung orogener Zonen trat aber oft erst nach mehrfacher (polyzyklischer) Faltung ein.

Die Entstehung der heute bekannten m i t t e l o z e a n i s c h e n R ü c k e n reicht bis in das frühe Mesozoikum zurück. Die Rücken

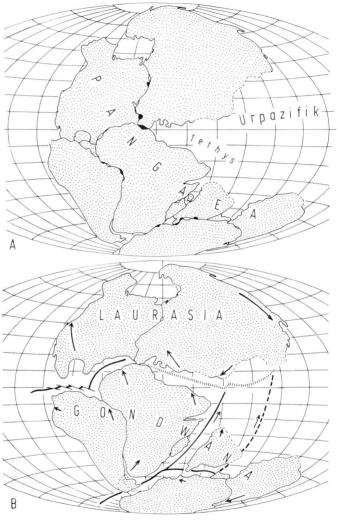

Abb. 92. Die Verteilung der Kontinente in der jüngeren Erdgeschichte (n. Dietz & Holden 1970).
A. gegen Ende des Paläozoikums, vor etwa 230 Mio. J.
B. gegen Ende der Trias, vor etwa 180 Mio. J.

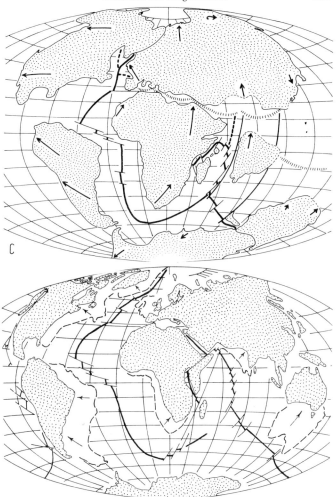

C. gegen Ende der Kreide, vor etwa 65 Mio. J.
D. in etwa 50 Mio. J.
Die Pfeile geben die Bewegungsrichtungen an. Die ozeanischen Rücken sind durch schwarze Linien, der Tethys-Graben ist durch eine schraffierte Zone gekennzeichnet.

erheben sich mehrere 1000 m hoch über die umgebenden Ozeanböden und folgen erdumspannenden B r u c h s y s t e m e n , an denen die ozeanische Kruste bis zu 10 cm/Jahr auseinanderweicht und durch vulkanische Zuflüsse aus dem oberen Erdmantel ergänzt wird (Abb. 92, 93).

Den k o n t i n e n t b i l d e n d e n Orogenesen kann man also o z e a n b i l d e n d e Taphrogenesen (Spaltenbildungen) gegenüberstellen.

Die Theorie vom W a c h s e n d e r O z e a n b ö d e n (sea floor spreading) ist heute allgemein anerkannt.

Die Ozeane der Gegenwart sind nicht gleich alt und zeigen auch erhebliche strukturelle Unterschiede. Noch ist aber nicht zu entscheiden, ob ihre Besonderheiten verschiedenen Bildungsprozessen oder primären Inhomogenitäten des oberen Erdmantels zuzuschreiben sind.

Durch die rasch fortschreitende geowissenschaftliche Erforschung der Ozeane hat sich in den letzten Jahren erstmals ein v o l l s t ä n d i g e s Bild vom tektonischen Bau der Lithosphäre ergeben. In ihm spielen neben den Faltengebirgen und den mittelozeanischen Rücken die Kontinentalränder, Tiefseegräben und vulkanischen Inselbögen eine besondere Rolle (Abb. 86).

Während seismisch und vulkanisch inaktive Brüche die zirkumatlantischen Kontinentalränder bilden, säumen Erdbeben- und Vulkanzonen den Pazifischen Ozean. Vor dem pazifischen Rand Süd- und Mittelamerikas liegen Tiefseerinnen. Der Westabbruch Nordamerikas wird vom Ostpazifischen Rücken beeinflußt. Im westlichen Pazifik sind dagegen zahlreiche, von vulkanischen Inselbögen begleitete Tiefseerinnen und ozeanische Randbecken entwickelt.

Die Erdbeben- und Vulkangürtel lassen sich geophysikalisch als globale tektonische Grenzflächen (Rifts, Subduktionszonen) deuten, die die Lithosphäre in mehrere, 100–150 km dicke P l a t t e n zerlegen (Abb. 93).

Die in sich starren Krustensegmente werden durch die Asthenosphäre vom tieferen Erdmantel getrennt und bewegen sich gegeneinander. Sie weichen in den mittelozeanischen Rücken unter gleichzeitiger Substanzanlagerung auseinander und tauchen an stabilen Plattenrändern ab. Das erklärt, warum bisher nur relativ junge Sedimente (Jura-Quartär) von den Ozeanböden zutage gefördert wurden. Die älteren Ablagerungen versanken entweder in den Subduktionszonen oder wurden an den Kontinenten und in vulkanischen Inselbögen zusammengeschoben (Geosynklinalen).

Damit erscheint auch das Problem der O r o g e n e s e unter einem neuen Blickwinkel. Taucht eine ozeanische Platte am Rande einer Kontinentalmasse ab, so entstehen Gebirge wie die nordamerikanischen Kordilleren und die Anden. Kollidieren kontinentale Schollen miteinander, so werden Gebirge wie der Himalaja oder der Ural aufgefaltet. Schiebt sich eine ozeanische Platte unter ozeanische Kruste, so entstehen vulkanische Inselbögen (z. B. Marianen Bg.).

In vielen Inselbögen der Gegenwart begann der Vulkanismus im späten Pliozän und frühen Pleistozän. Man hat damit einen zeitlichen Anhaltspunkt für die beginnende tektonische Aktivität dieser Bereiche.

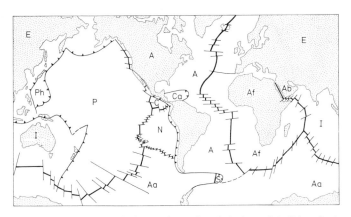

Abb. 93. Die heutige Gliederung der Außenschale der Erde in lithosphärische Platten.
Mittelozeanische Rücken (schwarz), Subduktionszonen (gezahnte Linien) Transform-Störungen (einfache Linien).
A Amerikanische, Aa Antarktische, Ab Arabische, Af Afrikanische, C Cocos-, Ca Karibische, E Eurasiatische, I Indische, N Nazca-, P Pazifische, Ph Philippinen-Platte, S Neuschottland-Bogen.

Das Konzept der Plattentektonik erlaubt es, die Strukturen der Lithosphäre, einschließlich der Erdbeben- und Vulkanzonen, die Kontinentaldrift und die angenommenen Bewegungen der Meeresböden (sea floor spreading) mit einer Theorie „globaler Geodynamik" zu erklären. Dieses geotektonische Modell ist heute erst umrissen und wird sicher noch mancher Verbesserungen bedürfen. Dessen ungeachtet ist die geotektonische Forschung damit in ein neues Stadium getreten, in dem manche bisher geläufigen Begriffe und Vorstellungen neu zu überdenken sind.

Die Bewegungen und Strukturen der Lithosphäre sind außerordentlich komplex und nur nach weitgehender Abstraktion in eine Systematik zu zwängen. So lassen sich die Geosynklinalen verschiedener Erdepochen nicht ohne weiteres miteinander vergleichen. Es gibt Anzeichen dafür, daß sie sich in ihrer Form, in ihrer Lebensdauer und im Gesteinsinhalt unterschieden. Ebenso wahrscheinlich ist, daß auch die Orogenesen mit der fortschreitenden Entwicklung der Lithosphäre ihren Charakter änderten.

Vielleicht bestanden im Präkambrium globale Felder orogener Aktivität, denen mit zunehmender Abkühlung der Erde schärfer umrissene und ausgeprägtere Mobilzonen folgten. Es ist nicht auszuschließen, daß die Bildung lithosphärischer Platten bereits im jüngeren Präkambrium begann und die Bewegungen der Kruste ähnlich verliefen wie heute. Auch die Grenzen der tektonisch-magmatischen Provinzen in den alten Schilden könnten als Kollisionsränder kontinentaler Schollen gedeutet werden.

Für die Annahme präkambrischer Plattentektonik sprechen die archäischen Magmatite. Sie zeigen meist nur geringfügige geochemische Unterschiede gegenüber phanerozoischen Gesteinen. Andererseits wurden Kalkalkali- und Alkali-Vulkanite nach dem Archäikum häufiger.

Bei dem hohen Wärmestrom und der noch mobileren Kruste war aber vermutlich die Bildung starrer Platten im älteren Präkambrium noch nicht möglich.

In Afrika bestanden seit dem Proterozoikum weite Kontinentalgebiete, in denen einzelne Krustenstreifen reaktiviert und zusammen mit Sedimenten intrakontinentaler Becken gefaltet wurden (2000 ±

200 Mio. J. Eburnian Tektogenese; 1100 ± 200 Mio. J. Kibaran Tektogenese; 600 ± 200 Mio. J. Pan-African Tektogenese). Sie lassen vermuten, daß in diesem Zeitraum keine Erweiterung, sondern eher eine Zerlegung alter Plattformen erfolgte. Andererseits bieten andesitische Inselbogen-Gesteine in Nordamerika Anhaltspunkte dafür, daß dort mindestens seit 1,8 Mrd. J. plattentektonische Vorgänge abliefen. Eine große Kollisions-Orogenese zwischen 1415–1350 Mio. J. soll den ganzen Südosten des Kontinents erfaßt und zu einer weitreichenden Anatexis in der unteren Kruste geführt haben. Im Zusammenhang damit intrudierten große Quarzmonzonit-Massen.

Stichhaltige Beweise für eine erdweite Kontinentaldrift und die Öffnung ozeanischer Becken lassen sich bisher nur für die jüngere Erdgeschichte, für das Phanerozoikum, führen (Abb. 92).

Die heute meßbaren spreading-Raten reichen aus, große Ozeane wie den derzeitigen Atlantik seit dem Kambrium mehrfach zu öffnen und zu schließen (WILSON-Zyklus).

Weitere Fragen erheben sich im Hinblick auf die Zeitfolge tektonisch-magmatischer Ereignisse:

Gibt es einen rhythmischen Wechsel orogener und anorogener Perioden?

Ist eine Beschleunigung in der Folge orogener Zyklen zu erkennen?

Die Abgrenzung orogener und anorogener Perioden gelingt am ehesten, wenn man kleinere Bereiche der Erdoberfläche betrachtet. Mit der Erweiterung des Blickfeldes wird diese Unterscheidung immer problematischer, da sich auch während der atektonischen Zeiten in manchen Teilen der Erde Faltungen und Schollenbewegungen abspielten. Die Orogenesen zogen sich, wie die erdgeschichtliche Überlieferung zeigt, über Zeiträume von 200–800 Mio. J. hin. In den langlebigen Orogenen wurden Deformationen, Metamorphosen und Intrusionsphasen mehrfach von Zeiten der Sedimentation, der Abtragung und vulkanischer Förderungen unterbrochen. Da die Histogramme physikalischer Altersbestimmungen (Tab. 3) vorwiegend Abkühlungsalter enthalten, kennzeichnen sie in erster Linie spätorogene Perioden, in denen hochtemperierte Gesteinskomplexe in die Nähe der Erdoberfläche gelangten und ihren Wärmeinhalt verloren. Bisher bieten sich für eine Beschleunigung orogener Prozesse noch keine sicheren Hinweise.

Die Gesamttendenz der Erdkrustenentwicklung ist noch unklar, da das quantitative Verhältnis von tektonischer Einengung zu tektonischer Dehnung wie auch von neugebildeter kontinentaler und neuentstandener ozeanischer Kruste kaum abzuschätzen ist. Geophysikalische Gründe sprechen dafür, daß in den letzten 600 Mio. J. der Erdradius nicht mehr als 5 % zunahm.

In der Entwicklung der Erdkruste zeichnet sich zugleich ein Wandel in der Dynamik des Erdmantels ab:

1. Im Archäikum bewirkten die hohen Krustentemperaturen einen weitverbreiteten granodioritischen Diapirismus, der sich um die Grünstein-Zonen herum entwickelte. Bezeichnend ist die episodische Folge regionaler magmatischer Aktivität.
2. Im Proterozoikum nahm die Krustendicke merklich zu. Die Krustentemperaturen waren zwar insgesamt abgesunken, es bestanden aber breite Zonen aufgeheizter duktiler Kruste, die über subkrustale Wärmequellen (hot spots) hinwegdrifteten.
3. Im Phanerozoikum zerbrach die Außenschale der Erde und gliederte sich in lithosphärische Platten. Eine Zunahme der spreading-Raten zog verstärkte Subduktionen und orogene Aktivitäten an stabilen Plattenrändern nach sich, während Verzögerungen des sea floor spreadings als Perioden relativer tektonischer Ruhe erscheinen.

Da die Kontinente wegen ihrer relativ geringen Dichte nicht subduziert werden, stellen sie konservative Krustenelemente dar, deren Gesteins- und Strukturvielfalt eine lange, wechselvolle Krustenentwicklung belegen.

Die Ozeanböden sind demgegenüber relativ kurzlebige geologische Gebilde. Ihre Mobilität beeinflußte auch die Lebewelt. In Zeiten höherer spreading-Raten verringerte sich das Volumen der Ozeanbekken, so daß weitreichende Überflutungen der Kontinentalränder eintraten. So war die weltweite Oberkreide-Transgression offenbar eine Folge der raschen Aufweitung des Mittel- und Südatlantiks zu dieser Zeit (100–85 Mio. J.). In Perioden verringerten Mantelauftriebs in den ozeanischen Rücken zog sich das Meer, wie etwa am Ende der Kreide, in breiter Front aus den Kontinenten zurück.

Transgressionen und Regressionen müssen erhebliche Rückwirkungen auf das Klima, die ozeanische Zirkulation und die Faunenverteilung gehabt haben. Die Regression am Ende der Kreide (70–60 Mio. J.) führte vermutlich zu einer Verdoppelung der Festlandsflächen und damit zu einschneidenden Veränderungen der Lebensräume. Die mit ihr eingeleitete Klimadifferenzierung scheint auch im mittleren Tertiär zur Bildung polarer Eiskappen beigetragen zu haben.

Fortschritte in der Erforschung der Lithosphäre bringen aber nicht nur Licht in die planetarische Entwicklung der Erde, sondern sind darüber hinaus von hoher praktischer Bedeutung. Der tektonische Werdegang und die Strukturen eines Erdkrustenteils bestimmen nämlich dessen Magmatismus wie auch seine Sedimente und Bodenschätze. Die Kenntnis erdgeschichtlicher Zusammenhänge bildet daher eine wesentliche Voraussetzung für die Entdeckung neuer Lagerstätten und enthüllt die V e r t e i l u n g s g e s e t z e   m i n e r a l i s c h e r   R o h s t o f f e .

Die Hydrosphäre

Die Hydrosphäre der Erde besteht heute aus dem Ozeanwasser, den Eiskalotten der Pole, dem Süßwasser der Festländer und dem Wasserdampf in der Atmosphäre. Davon sind in den Weltmeeren etwa 95 % d. h. $1{,}37 \times 10^9$ km^3 Wasser enthalten. Dieser Wert erhöht sich noch, wenn man das Porenwasser mariner Sedimente hinzurechnet, auf etwa $1{,}69 \times 10^9$ km^3 (SILLEN).

Die Hydrosphäre und die Atmosphäre der Erde sind Konsensationsprodukte primär-magmatischer Gase (S. 241). Die im Meerwasser enthaltenen Anionen Cl^-, SO_4^{2-}, HCO_3^-, Br^-, F^-, sowie H_3BO_3 u. a. stammen aus der gleichen Quelle, während die Kationen Na^+, Mg^{2+}, Ca^{2+}, K^+, Sr^{2+}, bei reduzierender Atmosphäre auch Fe^{2+}, aus den Verwitterungsprodukten der Festländer herzuleiten sind.

Das Meerwasser und die in den Meeren abgelagerten Sedimente bilden ein Stoff-System, in dem chemische Gleichgewichte angestrebt werden. Feinkörnige Silikate, vor allem Tone, haben eine hohe Pufferkapazität und bestimmen den pH-Wert des Meerwassers, der heute etwa bei $8{,}1 \pm 0{,}2$ liegt.

Geochemische Daten sprechen darüber hinaus für übergeordnete Stoffkreisläufe zwischen der Lithosphäre und der Hydrosphäre.

In diesem Rahmen vollzieht sich auch ein „Recycling" der Hydrosphäre, wenn Poren- und Kristallwasser mit den Sedimenten in die Tiefe gelangen und als vulkanisches (juveniles) Wasser wieder an die Oberfläche treten.

Im frühen Präkambrium haben vermutlich zunächst Verwitterungslösungen magmatischer Gesteine den Chemismus der Flußwässer und des Meerwassers bestimmt. So lange vorwiegend basaltische Gesteine die Erdoberfläche bildeten, gelangte mehr Magnesium und Calzium, weniger Kalium und Natrium in die Meere. Mit der Ausbreitung sedimentärer Gesteinsdecken haben dann die Flüsse, bei insgesamt erhöhter Lösungsfracht, den Meeren sehr wahrscheinlich weniger Natrium und mehr Calzium zugeführt.

Es gibt geochemische Hinweise dafür, daß das $^{87}Sr/^{86}Sr$ Verhältnis im Meerwasser vor etwa 2,5 Mrd. J. anstieg und sich im Phanerozoikum verringerte. Die Kontinente haben also im Proterozoikum mehr Sr in das Meerwasser geliefert als davor und danach (VEIZER).

Infolge der stofflichen Veränderungen in der Atmosphäre (S. 242) stiegen auch der pH- und der E_h-Wert des Meerwassers. Dadurch verringerte sich die geochemische Beweglichkeit mancher Elemente, wie z. B. des Eisens, des Mangans und des Aluminiums, so daß zentrale Meeresteile allmählich an entsprechenden Erzen verarmten. Die Bildung der in den heutigen Ozeanen, vor allem im Pazifik, verbreiteten Mangan-Eisenknollen hat anscheinend erst im Tertiär eingesetzt. Herkunft und Verfrachtung von Mn und Fe sind noch unklar.

Die Zunahme des Meerwasser-Volumens und die Anreicherung gelöster Substanzen liefen vermutlich parallel. Seit dem jüngeren Kambrium blieb aber allem Anschein nach, trotz der Bildung großer Salzlagerstätten, der Salzinhalt der Meere ($5,1 \times 10^{16}$ t) annähernd konstant. In der Erdgeschichte müssen also weit größere Salzmengen die Meere durchlaufen haben als heute darin enthalten sind. Das massenhafte Auftreten von hartschaligen Organismen im Kambrium bewirkte u. U. eine Verschiebung der Ionenverhältnisse, da die Organismen in steigendem Maße SiO_2, $Ca\, CO_3$, $Mg\, CO_3$ Phosphate und Sulfate in ihren Stoffwechsel einbezogen.

Den Meeren werden jährlich von den Kontinenten her $3{,}64 \times 10^{13}$ m³ Wasser mit gelösten und suspendierten Stoffen zugeführt. Damit gelangen im Jahr schätzungsweise $1{,}4 \times 10^8$ t Ca^{2+} in die Meere. Im gleichen Zeitraum lagern sich ca. $3{,}5 \times 10^8$ t $CaCO_3$ am Meeresboden ab. Die jährliche Na-Zufuhr beträgt etwa $2{,}9 \times 10^9$ t. Na-Verluste treten vor allem durch die Verstäubung in der Atmosphäre, durch das im Sediment verbleibende Porenwasser und die Bildung ozeanischer Lagerstätten ein (Abb. 96).

Das Meereswasser bietet durch die Vielzahl der in ihm gelösten Metallionen eine wichtige Quelle mineralischer Rohstoffe für die Zukunft. In oxidischer Form könnte sein Metallinhalt die Erdoberfläche mit einer 20 m mächtigen Erzschicht überziehen. Heute werden bereits Magnesium, Vanadium und Brom in beachtlichem Umfang aus Meerwasser gewonnen.

Die Atmosphäre

Die Besonderheiten mancher präkambrischen Sedimente sowie astrophysikalische Vergleiche lassen Rückschlüsse auf die Entwicklung der irdischen Atmosphäre ($5{,}1 \times 10^{15}$ t) zu, die durch ihren O_2-Gehalt einen Ausnahmefall in unserem Planetensystem darstellt.

Die Uratmosphäre bildete sich als Entgasungsprodukt des Erdmantels und bestand im wesentlichen aus Wasserdampf und CO_2. Im Verlauf ihrer weiteren geochemischen Geschichte verminderte sich der Partialdruck des CO_2, während der des O_2 im jüngeren Präkambrium merklich anstieg.

Zwischen der Atmosphäre, den Ozeanen, der Litho- und Biosphäre besteht ein komplexer CO_2-Austausch. Die Ozeane können ein Vielfaches des in der Atmosphäre vorhandenen CO_2 (heute $2{,}3 \times 10^{12}$ t) aufnehmen und geben bei abfallenden CO_2-Partialdruck in der Atmosphäre entsprechende CO_2-Mengen ab.

Seit dem Vorhandensein der Landvegetation bewirkte die Zunahme des atmosphärischen CO_2 einen beschleunigten Pflanzenwuchs. Waren die Bedingungen für die Kohlebildung günstig, konnte in verstärktem Maße Kohlenstoff über den Biokreislauf in den Sedimenten gespeichert werden. So entzogen die Kohlen des Karbons dem System Atmosphäre – Ozean schätzungsweise 10^{14} t CO_2.

Der in der Atmosphäre enthaltene CO_2-Anteil hat wegen der Absorption infraroter Strahlung Rückwirkungen auf den Klimaverlauf. Seit Ende des vorigen Jahrhunderts ist der CO_2-Gehalt der Atmosphäre von etwa 290 auf 320 ppm, also um etwa 10 % gestiegen. Es dauert im Mittel ca. 6 Jahre ehe ein CO_2-Molekül aus der Atmosphäre in den Ozean übertritt. Die natürlichen Regelmechanismen innerhalb des Systems Atmosphäre – Ozean wirken also viel zu langsam, um den durch die Industrieabgase bewirkten CO_2-Anstieg auszugleichen.

Die Verdoppelung des CO_2-Gehaltes würde zu einer Erhöhung der mittleren Temperatur an der Erdoberfläche von etwa 2 °C führen. Eine solche Änderung wäre etwas größer als die in den letzten Jahrhunderten beobachteten natürlichen Klimaschwankungen. Eine Vorhersage der durch den anthropogenen CO_2-Anstieg zu erwartenden klimatischen Auswirkungen ist aber wegen der genannten geochemischen Rückkoppelung noch nicht möglich.

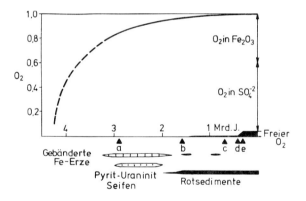

Abb. 94. Zunahme des Sauerstoffs im Verlauf der Erdgeschichte in Bruchteilen der heutigen Gesamtsauerstoffmenge (= 1,0). Der freie Sauerstoff macht heute 5 % der O_2-Gesamtmenge aus. Der größte Teil ist in Oxiden gebunden. Die Photosynthese begann vermutlich vor 3,7 Mrd. J. Sedimentbildung und organische Entwicklung zeigen eine deutliche Abhängigkeit von der Sauerstoffkonzentration. a. älteste Stromatolithen, b. älteste Eukaryoten, c. älteste Eumetazoen, d. erste Landpflanzen, e. weltweite Ausbreitung festländischer Floren (n. SCHIDLOWSKI 1975).

Da der Erdmantel und die Lithosphäre an O_2 untersättigt sind, muß der heute vorhandene freie Sauerstoff aus anderen Quellen stammen. Hierfür kommen die anorganische Photodissotiation und die organische Photosynthese in Betracht.

Vieles spricht dafür, daß nahezu der gesamte O_2-Gehalt biochemisch durch photosynthetische Umsetzung von CO_2 entstanden ist.

Mit Hilfe des in den Sedimenten enthaltenen organischen C ist der in der Erdgeschichte umgesetzte freie O_2 auf $29,7 \pm 8,7 \times 10^{21}$ Gramm zu schätzen. Die Sauerstoffproduktion der präkambrischen Flora war offenbar bereits sehr hoch, wurde aber im wesentlichen durch Oxidationsprozesse verbraucht. Auch heute sind nur 5 % des Sauerstoffs frei in der Atmosphäre verfügbar, 95 % wurden an Sulfate und Eisenoxyde gebunden (Abb. 94).

Die Entwicklung der Lebewelt vollzog sich in deutlicher Abhängigkeit vom Gehalt des Luftsauerstoffs. Durch den Aufbau der Ozonschicht trat eine allmähliche Abschirmung der kurzwelligen Sonnenstrahlung ein, so daß das Leben an die Wasseroberfläche und schließlich auch auf das feste Land vordringen konnte. Die Entwicklung höher organisierter Organismen scheint im Zusammenhang mit dem ansteigenden O_2-Partialdruck erfolgt zu sein.

Die erdgeschichtliche K l i m a e n t w i c k l u n g ist vorerst nur in Ansätzen erkennbar. Zu den klimasteuernden Faktoren gehören neben der Zusammensetzung der Atmosphäre und Schwankungen der Sonneneinstrahlung vor allem paläogeographische Parameter wie die atmosphärische und ozeanische Zirkulation sowie Veränderungen des Erdreliefs.

Episodische Klimaschwankungen sind bereits für das frühe Präkambrium nachzuweisen. Kaltzeiten traten im Mittelpräkambrium (Witwatersrand-Tillite 2,5 Mrd. J., Gowganda-Tillite 2,2 Mrd. J., Tillite des Transvaal-Systems 2 Mrd. J.) und im Jungpräkambrium zwischen 820–550 Mio. J. ein. Jüngere Vereisungen sind aus dem Ordovizium, dem Oberkarbon – Perm und aus dem Quartär bekannt. Da die jungpräkambrische (eokambrische) Vereisung (Abb. 8) ihre Spuren auf allen Kontinenten hinterließ, muß sie neben einer starken Absenkung des Meeresspiegels einschneidende globale Klimaänderungen bewirkt haben. Ihr Einfluß auf die organische Entwicklung ist umstritten.

Auf die Kaltzeiten folgten stets Perioden, in denen ein geringeres meridionales Temperaturgefälle die Gegensätze zwischen den irdischen Klimazonen abschwächte. Für das Kambrium kann eine zunehmende Erwärmung angenommen werden. Das Silur war für große Gebiete eine Epoche verringerter ozeanischer Zirkulation. In der Trias glichen sich die Temperaturgegensätze nach dem Abklingen der jungpaläozoischen Vereisung allmählich aus. Im Lias und Dogger bestanden, soweit zu erkennen, breitere humide Zonen als heute. Während der Kreide trat eine allgemeine Temperaturerhöhung ein, der im Tertiär eine erneute Abkühlung und schließlich die quartäre Kaltzeit folgte.

Seit dem Präkambrium ist aber weder eine merkliche Erwärmung noch Abkühlung festzustellen. Die Erde befindet sich vielmehr seit langem in einem Zustand optimaler Wärmekompensation (endogener Wärmestrom/Sonneneinstrahlung), durch den der biologisch günstige Temperaturbereich zwischen 10 bis 25 °C über Jahrmilliarden an der Erdoberfläche erhalten blieb. Er begünstigte die Entwicklung hochorganisierter Lebensformen.

Die Sedimenthülle der Erde

Die Erde verdankt vor allem der Hydrosphäre ihre besondere Stellung unter den Planeten des Sonnensystems. Nur auf der Erde gibt es Regen, Flüsse und Meere. Nur auf ihr konnte durch den vielfachen Wechsel von Erosion und Ablagerung eine gegliederte Sedimenthülle entstehen.

Die Sedimente sind empfindliche Indikatoren im Wechselspiel erdgestaltender Kräfte. Das jeweilige tektonische Verhalten der Erdkruste, der Zustand der Atmosphäre und der Hydrosphäre sowie die Wirksamkeit biologischer Faktoren prägten sich deutlich in der Gesteinsfazies aus. Erdgeschichtliche Ereignisse fanden daher vor allem in den Sedimentgesteinen ihren Niederschlag.

In den frühen, noch wasserlosen Stadien der Erde wurde das Erdrelief allein durch endogene Prozesse und Meteoreinschläge gestaltet. Die klastischen Gesteine altpräkambrischer Formationen zeugen aber bereits von der Tätigkeit fließenden Wassers.

Zu den ältesten bekannten Sedimenten (3,76 Mrd. J.) gehört die Isua-Eisenformation Westgrönlands.

Ein besonderes Merkmal des älteren Präkambriums ist neben der Häufigkeit grauwackenartiger und vulkanischer Gesteine die weltweite Verbreitung reicher Eisenerze (Itabirite, Jaspilite), bei deren Entstehung vermutlich vulkanische Förderungen, die chemische Verwitterung ausgedehnter Landflächen, eine sauerstoffarme Atmosphäre und der Stoffwechsel von Mikroorganismen zusammenwirkten. Die letzte und offenbar bedeutendste Phase der Ablagerung gebänderter Eisenerze fiel in die Zeit zwischen 2,2–1,9 Mrd. J. Eisenerze dieses Typs spielten im jüngeren Präkambrium kaum mehr eine Rolle und verschwanden im Altpaläozoikum. An ihre Stelle traten in der jüngeren Erdgeschichte vorwiegend oolithische Eisenoxyde vom Goethit-Chamosit-Siderit Typ (Abb. 95).

Mit der zunehmenden Ausbildung kontinentaler Plattformen erlangte auch das Klima stärkeren Einfluß auf die Sedimentbildung.

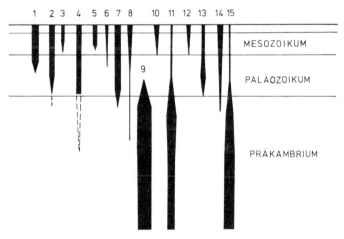

Abb. 95. Entwicklung chemischer und biogener Gesteine im Laufe der Erdgeschichte (Strakhov 1969).
1 Kohle; Salzgesteine: 2 Steinsalz, Anhydrit, Kalisalz; 3 Soda-Anreicherungen; 4 Phosphorite; Eisen-Erze: 5 Verwitterungskrusten, 6 See- und Sumpferze, 7 marine oolithische Chamosit-Goethit-Erze, 8 Glaukonitgesteine, 9 Bändererze; Mangan-Erze: 10 Verwitterungskrusten, 11 marine und limnische Erze; Bauxite: 12 Verwitterungskrusten, 13 marin und limnisch; Kieselige Gesteine: 14 organogen, 15 chemische Fällungen.

Außerdem führten die verlängerten Transportwege zu einer stärkeren Gliederung und Sortierung der Ablagerungen. Aus dem frühen Proterozoikum (2,5 Mrd. J.) sind erstmals weit verbreitete Schelfablagerungen bekannt. Gleichzeitig stieg das K_2O/Na_2O-Verhältnis der Sedimente (VEIZER).

Das frühe Proterozoikum (2,3 Mrd. J.) ist auch die Zeit in der biogene Karbonate (Stromatolithe) weite Verbreitung erlangten. Ob der höhere Mg-Gehalt älterer Karbonate einem ursprünglich höheren Mg-Ca-Verhältnis im Meerwasser oder späteren Umwandlungen zugeschrieben werden muß, ist noch unsicher. Die Abnahme des Dolomit/Kalkstein-Verhältnisses im Phanerozoikum kann auch als Folge der verminderten Entgasung des Erdmantels gedeutet werden (HOLLAND).

Vor 2,3–2,1 Mrd. J. wurden die letzten großen Vorkommen detritischer Pyrite und Uraninite in Flußsedimenten abgelagert. Die ersten oxidierten terrestrischen Rotgesteine erschienen vor etwa 2,0 Mrd. J.

Salzabscheidungen größeren Umfangs sind erst aus dem Kambrium bekannt (Abb. 96).

Mit der Expansion der Biosphäre begann die Anreicherung organischer Komponenten in marinen und kontinentalen Sedimenten. Im Proterozoikum führte das örtliche Aufblühen planktonischer Orga-

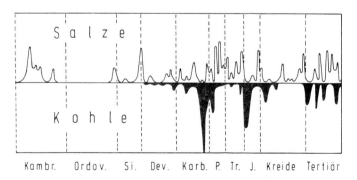

Abb. 96. Perioden der Salz- und Kohlebildung in der Erdgeschichte (n. LOTZE 1957 u. TEICHMÜLLER 1962).

nismen hin und wieder zur Bildung bituminöser Gesteine (Schungite). Von da an nahm die Biomasse in marinen Ablagerungen ständig zu und bildete unter anderem die Muttergesteine der Erdöl- und Erdgaslagerstätten. Die Kohlenablagerung auf den Kontinenten setzte mit dem Erscheinen der Landfloren im Devon ein und erreichte im Karbon und Tertiär Höhepunkte (Abb. 96).

Die Entwicklung der Lebewelt beeinflußte den Stoffbestand und die Gefüge organogener Sedimente nachhaltig.

Tertiäre Kohlen unterscheiden sich z. B. in botanischer und chemischer Hinsicht viel stärker voneinander als die älteren Kohlen des Karbons, da sich die Vegetation sehr verschiedenen ökologischen Bedingungen angepaßt hatte.

Seit Beginn des Quartärs nehmen auch anthropogene Ablagerungen rasch an Masse und Vielfalt zu.

Die Ozeanforschung hat in den letzten zwei Jahrzehnten eine ungeahnte Fülle neuer Erkenntnisse über die Verbreitung mariner Sedimente und ihre Bildung im Zusammenhang mit tektonisch-vulkanischen Vorgängen in den Ozeanen geliefert. Sie bieten so den Schlüssel zu einem vertieften Verständnis fossiler Meeresablagerungen und liefern auch wichtige Informationen über die Kinematik alter Meeresböden.

Zahlreiche Probleme sind aber noch ungelöst.

In welchem Maße können präkambrische Sedimente als Indizien für den jeweiligen tektonischen Zustand der Erdkruste verwendet werden?

Hatte die Dynamik des Systems Erde/Mond einen Einfluß auf die Sedimentbildung?

Bestehen Zusammenhänge zwischen Sedimentationsraten und der spreading-Rate in den Ozeanen?

Selbst auf die Frage nach der physikalisch-chemischen Bedeutung einer Schichtfuge ist nur selten eine eindeutige Antwort zu geben.

Von außerordentlichem Wert wäre eine Stoffbilanz der Sedimenthülle. Ihr steht jedoch der Kreislauf der Stoffe, insbesondere die Subduktion der ozeanischen Ablagerung entgegen.

Die Entwicklung des Lebens

Die heutige Lebewelt der Erde ist eingebettet in einen jahrmilliardenlangen Strom biologischer Erscheinungen. Die ersten autotrophen Organismen (Ernährung ohne Zufuhr organischer Substanz) waren zellkernlose Blaualgen und Bakterien (Prokaryoten). Wann die ersten Mikroorganismen mit Zellkernen (Eukaryoten) erschienen, ist ungewiß. Die ältesten Funde werden aus 1,9–1,7 Mrd. J. alten Gesteinen Ostkaliforniens beschrieben (T. E. CLOUD 1970).

Die Algen bildeten die Hauptmasse des präkambrischen Lebens. Sie durchliefen zahlreiche Entwicklungsstufen und brachten im Devon sogar Formen mit baumähnlichem Aussehen *(Prototaxites)* hervor. Das E o p h y t i k u m , die Algenzeit, endete etwa mit Beginn des Silurs (Abb. 97).

An der Wende Silur – Devon erschienen die ersten Landpflanzen, nachdem Leitgefäße, Spaltöffnungen und Kutikulen zum Schutz gegen Austrocknung entwickelt waren. Die Entstehung großer Festlandsgebiete bot die Voraussetzung für eine rasche Florenentfaltung und die Besiedlung von Ufersäumen und trockenen Landflächen.

Aus dem frühen Assimilationsorgan, dem dichotom bzw. büschelig verzweigten Sproß, ging bis zum Oberdevon das gegliederte Fächerblatt mit weit besserer Lichtausnutzung hervor. Einzelne Pflanzengruppen erreichten noch im Devon Baumgröße und bildeten mächtige Stämme (z. B. *Aneurophyton, Cyclostigma*). Außerdem erschienen die ersten Samenpflanzen. Flözartige Kohlenablagerungen des Unterdevons zeigen, daß schon zu dieser Zeit an geeigneten feuchten Standorten eine kontinuierliche Landpflanzen-Besiedlung möglich war.

Das Zusammenwirken klimatischer und tektonischer Faktoren führte im Karbon zu einer so großen Produktion von Pflanzenmaterial, daß die bedeutendsten Kohlenlagerstätten der Erdgeschichte entstanden. Manche Pflanzenvereine lassen sich deutlich feuchten (Moore) oder trockenen Standorten über dem Grundwasserspiegel zuordnen. Außerdem ist der ökologische Einfluß der Luftfeuchtigkeit erkennbar.

Das P a l ä o p h y t i k u m brachte also alle Organisationspläne bis auf die Angiospermie hervor.

Probleme der Erdgeschichte

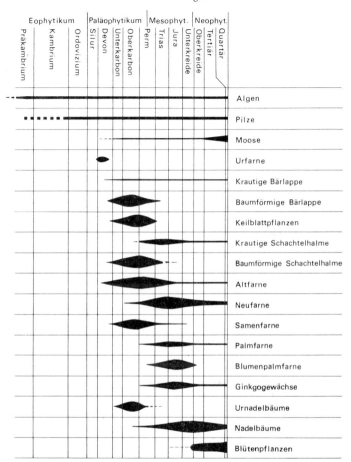

Abb. 97. Die Verbreitung der Pflanzen in der Erdgeschichte. Die Breite der Streifen deutet die relative Häufigkeit an (abgeändert n. LEHMANN 1964).

Das im Perm beginnende M e s o p h y t i k u m wurde insbesondere durch das Hervortreten der Ginkgogewächse, Coniferen und Cycadeen gekennzeichnet. Die Bennettiteen besaßen bereits angiospermenähnliche Blüten, gelten aber nicht als direkte Vorläufer der

Blütenpflanzen. Das N e o p h y t i k u m , die Epoche der Angiospermen, begann in der Unterkreide.

Wie die großen Gruppen der Pflanzenwelt erscheinen auch die Faunen in der Reihe ihrer Organisationshöhe (Abb. 99, 100). Die Fossilfolge in den Schichtgesteinen bietet daher, wenn auch lückenhaft überliefert, die Grundlage der Abstammungslehre (LAMARCK, DARWIN) und der Evolutionsforschung.

Aus verschiedenen Einzellern gingen, vielleicht in der zweiten Hälfte des Proterozoikums, die ersten vielzelligen Tiere (Metazoen) hervor. Die Umwandlung weichhäutiger Formen in Hartschaler zu Beginn des Kambriums kann unter anderem mit den beschriebenen Veränderungen der Atmosphäre und Hydrosphäre zusammenhängen. Bereits im Ordovizium waren kalkabscheidende Organismen und Riffbildner so weit verbreitet, daß mächtige organogene Kalksedimente entstanden. Das Erscheinen der Landpflanzen und Landinsekten bot auch für die seit dem Silur in den Meeren vorhandenen Wirbeltiere die Voraussetzung, zum Landleben überzuwechseln. Im Oberdevon entwickelten sich aus den Knochenfischen die Amphibien. Im Karbon erschienen die Reptilien, die im Mesozoikum zu den dominierenden Wirbeltieren wurden. Die Säugetiere tauchten in der oberen Trias auf, konnten sich aber erst nach dem Aussterben der landbewohnenden Saurier entfalten. Dem Auftreten der höheren Samenpflanzen folgte die rasche Entwicklung der Vögel. Zu Beginn des Pleistozäns erschien unter den Primaten schließlich der Mensch.

Eine Betrachtung der Faunenfolge zeigt, daß viele Stammreihen nach geologisch relativ kurzer Zeit abbrachen und durch einen neuen Typus ersetzt wurden. Auch bei einander nahestehenden Gruppen ist eine unmittelbare Abstammung meist nicht zu beweisen oder doch unwahrscheinlich. Zeitwilig erschienen bestimmte Merkmale auch bei mehreren Stämmen gleichzeitig. Das ist aber kein Argument gegen die Abstammungslehre.

Am fossilen Material ist die Unterscheidung zwischen ökologisch bedingten Modifikationen und erblichen Merkmalsänderungen (Mutationen) nicht immer leicht. Der Formenwandel vollzog sich offenbar in einer Folge zahlreicher aber kleiner Mutationsschritte (Mosaikmodus). Großmutationen, die in kurzer Zeit neue Baupläne hervorgebracht hätten, sind nicht zu belegen, da die fossile Überlieferung gerade im Bereich der Stammbaum-Verzweigungen äußerst lückenhaft ist. In den einzelnen Tierstämmen fallen konservative Typen auf, die über lange Perioden erhalten blieben, während sich revolutionäre Formen mit rascher Mutationsfolge und großer Individuenzahl schnell entfalteten. Rasche Entwicklung bedeutet meist rasche Spezialisierung und Anpassung an ein spezielles Biotop. Formen, die sich bei einem Wechsel der Ökofaktoren nicht schnell genug adaptiv veränderten, starben bald aus (Abb. 98).

Die Foraminiferen z. B. erlebten e i n e Blütezeit. Den Cephalopoden gelang eine dreimalige Neuentfaltung. Bei den Reptilien erreichten die Schildkröten, Krokodile, Eidechsen und Schlangen keinen Entwicklungshöhepunkt wie die mesozoischen Saurier, überlebten aber bis heute (Abb. 99, 100).

Für zahlreiche wirbellose Tiere bildeten das K a m b r i u m , O r d o v i z i u m , D e v o n und K a r b o n sowie der J u r a schöpferische Perioden. Auffallende Zeiten des Niederganges waren

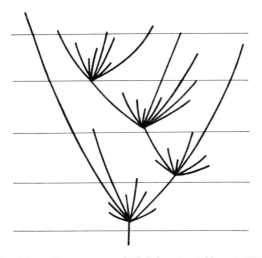

Abb. 98. Schema der stammesgeschichtlichen Entwicklung (n. W. GROSS). Lange Laufbahnen konservativer Formen können durch die relativ rasche Entfaltung neuer Typen „zersprühen" (Radiation). Weniger spezialisierte Formen führen die Entwicklung bis zur nächsten Radiation weiter.

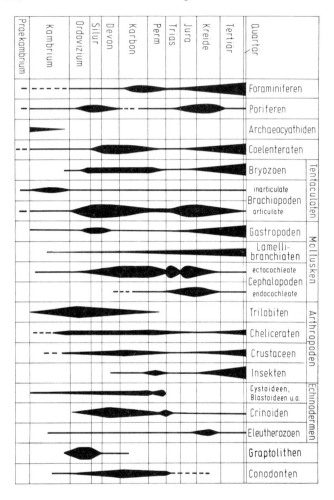

Abb. 99. Die Verteilung der wirbellosen Tiere in der Erdgeschichte. Die Breite der Streifen deutet die relative Häufigkeit an (abgeändert n. LEHMANN 1964).

das Jungpaläozoikum und die Wende Kreide/Tertiär.

Die Krisen der organischen Entwicklung, d. h. Zeiten weitreichender Störungen biologischer Gleichgewichte, bilden ein Hauptproblem der Entwicklungsgeschichte. Derartige Ereignisse kennzeichnen das Ende des Kambriums, des Devons, des Perms, der Trias und der Kreide. Vor allem das „Massensterben" mariner Invertebraten hat erdumspannende biostratigraphische Bezugshorizonte geliefert.

Am Ende des Perms war nahezu die Hälfte der bekannten Tierfamilien ausgestorben. Es verschwanden 75 % der Amphibien und 80 % der Reptilien. Eine dem Perm vergleichbare Vielfalt der Formen wurde erst spät in der Trias, 15–20 Mio. J. danach, wieder erreicht (Newell 1963).

Ähnlich tiefgreifende Änderungen ergaben sich am Ende der Trias. Die bis dahin dominierenden Amphibien und die primitiven Reptilien verschwanden und wurden durch die frühen Dinosaurier ersetzt. Von den 25 Ammonoideen-Familien der oberen Trias starben alle bis auf eine aus.

In der Kreide erlosch etwa ein Viertel aller bekannten Tierfamilien, unter ihnen die Dinosaurier, die Flugsaurier, die Ammonoideen, die Belemnoideen und viele planktonische Mikrofossilgruppen. Andererseits überlebten viele marine Bodenbewohner, Fische, Nautiloideen, primitive Säuger, Schildkröten, Krokodile und die meisten Pflanzen.

Insgesamt sind etwa 2500 Tierfamilien fossil überliefert. Von ihnen lebt heute noch etwa ein Drittel.

Die erdgeschichtliche Betrachtung lenkt den Blick zwangsläufig auf die Wechselwirkungen zwischen der fortschreitenden organischen Evolution und der sich wandelnden Umwelt.

Als Gründe für das vielfache Aussterben großer Tiergruppen werden Veränderungen der Erdoberfläche, der Atmosphäre, des Klimas, kosmische Strahlung, die Anreicherung toxischer Spurenelemente im Meerwasser und Krankheiten angenommen. Keiner dieser Faktoren kann aber allein das gleichzeitige Verschwinden terrestri-

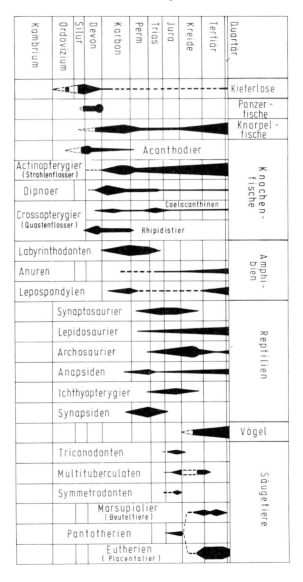

scher und mariner Tierformen erklären. Die biologischen Krisen der Erdgeschichte haben sicherlich komplexe Ursachen, in denen, historisch bedingt, die eine oder andere Komponente ausschlaggebende Bedeutung erlangte.

Besonderes Gewicht darf man dabei den weiten Verschiebungen der Küstenlinien zumessen. Mindestens 30 große und zahlreiche kleinere Transgressionen und Regressionen sind seit dem Präkambrium eingetreten. Die vielfache Ausdehnung und Einengung weiter Biotope führte vermutlich zu ökologischen Störungen großer Lebensgemeinschaften, die durch komplexe Ketten der Nahrungsbeschaffung voneinander abhingen. Das Verschwinden einiger Glieder konnte daher auch die Dezimierung anderer nach sich ziehen.

Hier besteht eine Fülle offener Fragen, für deren Beantwortung die methodischen Voraussetzungen noch nicht ausreichen.

Soweit wir sehen, begegnet das organische Leben den Risiken der Umweltveränderungen durch V i e l f a l t und V e r - s c h w e n d u n g, so daß jederzeit lebensfähige Formen bereitstehen. Die Fülle der Mutationen wird durch die Umweltfaktoren selektiv auf einzelne „Entwicklungsbahnen" eingeengt. Dabei kann auf ältere Merkmale zurückgegriffen werden, wenn diese den neuen Bedingungen besser entsprechen (Atavismus). Eine Rückentwicklung ist jedoch ausgeschlossen. Vorhandene Merkmale können aber auch neue Bedeutung erlangen und ihren Trägern beim Eintritt entsprechender Veränderungen einen Anpassungsvorsprung bieten (Präadaptation).

Der Mensch als geologischer Faktor

Im Laufe der fortschreitenden Evolution wurde eine ständige Erhöhung der physiologischen Leistungsfähigkeit und damit eine immer größere Unabhängigkeit von den gegebenen Lebensbedingungen erreicht. Dieser Freiheitsgrad gewann mit dem Eintritt der Hominiden in die Erdgeschichte völlig neue Dimensionen. Das irdische Leben

←

Abb. 100. Die Verteilung der Wirbeltiere in der Erdgeschichte. Die Breite der Streifen deutet die relative Häufigkeit an (abgeändert n. LEHMANN 1964).

erlangte reflexives Bewußtsein und die Fähigkeit, seine Umwelt planvoll zu nutzen und die Entwicklung als „Selbstevolution" durch Vererbung und Erziehung zu steuern.

CHARDIN bezeichnete das Phänomen der Kultur als „eine kollektive Antwort auf die Probleme des Überlebens und Wachstums". Die menschlichen Kulturen stellen eine neue Form der Artbildung dar, bei der die einzelnen Etappen technischer Entwicklung neue geistig-gesellschaftliche Systeme nach sich ziehen. Auf das Zeitalter der Sammler und Jäger folgte die Epoche der Ackerbauer und Viehzüchter und schließlich die der Stadtkulturen und der Industrialisierung. Die dabei festzustellende Beschleunigung sprengte den bisherigen Rahmen langfristiger organischer Entwicklung völlig.

Die zielstrebige Tätigkeit des Menschen erwies sich nicht immer als zweckmäßig. Vor allem die ständig steigende Bevölkerungsdichte zwang zu einer Ausbeutung der Natur, die sich durch den Einsatz immer wirksamerer technischer Mittel zum Raubbau steigerte. Pflanzendecken wurden zerstört und umgestaltet, fruchtbare Zonen in Wüsten verwandelt. Die intensive Bodennutzung führte zu verstärkter Abtragung und Sedimentation. Studien an rezenten Säugetieren zeigen, daß der Mensch direkt oder indirekt für das Aussterben von mehr als 450 Arten verantwortlich ist.

Der stark anwachsende Wasserbedarf hat heute vielfach die Leistungsfähigkeit der Grundwasserreserven überschritten, so daß der unterirdische Wasserkreislauf beschleunigt und der Abtransport gelöster Stoffe verstärkt wird.

Der Raubbau und die Vergeudung von Bodenschätzen (Metalle, Kohle, Öl) droht die in vielen Jahrmillionen gespeicherten Reserven rasch zu erschöpfen. Die schnell zunehmende Industrialisierung führt vor allem in den Ballungsgebieten zur Anreicherung von Schadstoffen in der Luft, im Boden, im Wasser und in Nahrungsmitteln. Der Mensch ist damit in geschichtlicher Zeit zu einem geologisch wirksamen Faktor geworden, der die Biosphäre, die Lithosphäre und vielleicht auch die Atmosphäre schneller und tiefgreifender verändert, als es endogene und exogene Kräfte allein vermocht hätten. Er verfügt über die Mittel, seine eigene ö k o l o g i s c h e K a t a s t r o p h e heraufzuführen.

Gegenwärtig verschärfen sich neben anderen drei Probleme: der Mangel an Nahrungsmitteln in weiten Teilen der Erde, die Erschöpfung mineralischer Rohstoffe und das Versiegen der bisherigen Energiequellen.

Sie setzen der Expansion der Weltbevölkerung und der rasch fortschreitenden Industrialisierung Grenzen. Da die Quantität der Menschheit die Qualität des menschlichen Lebens bedroht, forderte J. S. HUXLEY einen evolutionären Humanismus, dem es gelingen könnte, das gestörte Gleichgewicht zwischen dem Menschen und seiner natürlichen Umwelt wiederherzustellen. Auch die Geowissenschaften müssen auf die wachsende ökologische Krise hinweisen. Sie können mit ihren Erfahrungen und Methoden zur Lösung der bestehenden Probleme beitragen.

Verzeichnis weiterführender Literatur

Bresch, C. (1977): Zwischenstufe Leben – Evolution ohne Ziel? Piper Verlag, München.
Brinkmann, R. (1967–1975): Lehrbuch der Allgemeinen Geologie Bd. I–III. Enke Verlag, Stuttgart.
Brinkmann, R. (1975): Abriß der Geologie Bd. I, neubearbeitet von W. Zeil, Enke Verlag, Stuttgart.
Brinkmann, R. (1977): Abriß der Geologie Bd. II (Historische Geologie), neubearbeitet von Krömmelbein, Enke Verlag, Stuttgart.
Brockhaus (Autorenkollektiv) (1971): Die Entwicklungsgeschichte der Erde. Verlag Dausien, Hanau/M.
Clark, S. P. jr. (1977): Die Struktur der Erde. – Enke Verlag, Stuttgart.
Colbert, E. H. (1965): Die Evolution der Wirbeltiere. G. Fischer Verlag, Stuttgart.
Erben, H. K. (1976): Die Entwicklung der Lebewesen – Spielregeln der Evolution. – Piper Verlag, München – Zürich.
Franke, H. W. (1969): Methoden der Geochronologie. – Springer Verlag.
Geyer, F. O. (1973): Grundzüge der Stratigraphie und Fazieskunde. – Schweizerbart Verlag, Stuttgart.
Heberer, G. (Ed.) (1967): Die Evolution der Organismen. 1. Bd., 3. Aufl., G. Fischer Verlag, Stuttgart.
Henningsen, D. (1969): Paläogeographische Ausdeutung vorzeitlicher Ablagerungen. Hochschulskripten B. I. 839.
Hölder, H. (1968): Naturgeschichte des Lebens. – Springer Verlag.
Huxley, J. S. (1965): Ich sehe den künftigen Menschen. – Natur und neuer Humanismus, München.
James, D. H. et al. (1973): Lithospheric plate motion, sea level changes and climatic and ecological consequences. – Nature 246.
Lehmann, U. (1964): Paläontologisches Wörterbuch. – Enke Verlag, Stuttgart.
Mägdefrau, K. (1968): Paläobiologie der Pflanzen. 4. Aufl. Jena.
Murawski, H. (1972): Geologisches Wörterbuch. Enke Verlag, Stuttgart.
Richter, D. (1976): Allgemeine Geologie. Reihe Göschen 2064, Verlag de Gruyter, Berlin.
Seyfert, C. K. & Sirkin, L. A. (1973): Earth History and Plate Tectonics. – Harper & Row.
Sillen, L. G. (1967): The ocean as a chemical System. – Science 156.
Simpson, G. G. (1972): Leben der Vorzeit. – Enke Verlag, Stuttgart.

Schidlowski, M. (1975): Die Entwicklung der Erdatmosphäre. – Meteorologische Fortbildung, 5, 2, Offenbach.
Schwarzbach, M. (1974): Das Klima der Vorzeit. – Enke Verlag, Stuttgart.
Thenius, E. (1976): Allgemeine Paläontologie. – Verlag Gebr. Mullinek, Wien.
Windley, B. F. (ed.) (1976): The Early History of the Earth. – John Wiley.
Windley, B. F. (1977): The evolving continents. – John Wiley.
Wunderlich, H. G. (1968): Einführung in die Geologie I, II. Hochschultaschenbücher B. I. 340, 341.
Ziegler, B. (1972): Allgemeine Paläontologie. – Schweizerbart Verlag, Stuttgart.

Sachverzeichnis

Aachen T. 8, 106, 184
Aalen T. 12
Abbéville T. 15
Aberystwyth Grits T. 6
Abitibi-Zone 45
Abschlag-Kulturen 216
Acadische Faltung 94, 96, 97
Acadischer Trog 53, 55
Acado-baltische Fauna 57
Acheul T. 15
Ackerbruchberg 105
Adamello-Pluton 214
Adneter Kalke T. 12, 166
Adorfer Kalk T. 7
Adria-Masse 212
Adriatische Geosynklinale 149
Ägäis 208
Ägypten 188
Äthiopisches Becken 169
Ära 17
Ärmelkanal T. 16
Afrikanische Platte A. 86, A. 93
Afrikanische Plattform A. 52, 66, 108, 205
Agulhas 207
Ahaggar 95
Ahrensburger Stufe T. 16
Aktualistisches Prinzip 10
Alb T. 13
Albertan 55
ALBERTI 137
Alb-Grünsand T. 13
Alexander Island 169
Algoman T. 3
Allegheny-Orogenese 110, 137
Algoma-Typ 45
Aller-Folge 125

Alleröd 229
Allgäu-Schichten T. 12
Alluvium 214
Alpidische Faltungszone A. 84, 210
Alpidische Gebirgsbildung T. 2, 177, 191, 202, 207
Alsdorf-Schichten T. 8
Altai 77, 109
Altai-Sajan-Geosynklinale A. 17
Alter 17
Alticola-Kalke T. 6
Altkimmerische Faltung 150, 152
Altpleistozän 219
Alzeyer Meeressande 201
Amadeus-Trog 56
Amaltheen-Mergel T. 12
Amaltheen-Ton T. 12
Amazonas-Becken (Trog) 111, 137, 169
Amazonas-Gebiet 95
Amberg 183
Amden-Schichten T. 13
Amerikanische Platte A. 93, 235
Amitsoqu-Gneise 33
Ammonotico rosso 166
Amphipora-Kalk T. 7
Ampyx-Kalk T. 5
Anatexis 12
Ancylus-Süßwassersee 222
Anden 79, 94, 95, 188, 191, 204, 208
Anden-Geosynklinale 150, 129, 169
Andesitischer Vulkankranz 109
Andrarum Kalk T. 4

Angara-Geosynklinale 54, 65, 93, 109, 127
Angara-Kontinent 127, 165, 186
Angara-Provinz 130
Angara Serie 151, 186
Angertal-Schichten T. 7
Anglo-gallisches Becken 162, 163
Anglo-walisisches Becken 53
Angola 188
Angulaten-Ton T. 12
Angulaten-Schichten T. 12
Anis T.11, 148
Anjou T. 14
Antarktis 37, 56, 95, 111, 112, 129, 169, 189
Antarktische Platte A. 93, 235
Anteklise 37, 82
Antiatlas 66
Antillen 191
Antler Orogenese 133
Appalachen 57, 77, 79, 131
Appalachen-Trog 40, 55, 66, 94
Apennin 208, 211
Aphebian T. 3
Apt T. 13
Apt-Grünsand T. 13
Aptychen-Schichten 166
Aquatische Sedimente 13
Aquitan T. 14
Arabische Halbinsel 188
Arabische Platte A. 93, 235
Aralsee, 189
Archäikum T. 3
Archaeocyathiden-Biostrome 56
Archaeocyathus-Kalke T. 4, 54
Ardennen T. 7, T. 13, 63, 81
Ardennische Phase 75, 81, 96
Ardennisch-rheinische Insel A. 66, 157, 162
Ardennisch-rheinisches Schiefergebirge 90
ARDUINO 192
Arenig T. 5

Arieten-Sandstein T. 12
Arieten-Ton T. 12
Argentinien 56
Argille scagliose 208
Arktis 186, 225
Arktisches Meer 165
Antiquus-Fauna 225
Armorikanischer Sandstein 63
Armorikanisches Massiv T. 4, 54, 136
Artinsk 126, 127
Artinsk-Stufe T. 9
Arzberg-Kalk T. 12
Ashgill T. 5
Aspidoides-Schichten T. 12
Assel-Stufe T. 9
Assyntische Gebirgsbildung T. 2, 40, 57, 133
Asthenosphäre 230, 234
Asti T. 14
Asturische Bewegung A. 53, 108, 136, 134
Atavismus 255
Atlantikum T. 16, 225
Atlas-Zone A. 85, 212
Atmosphäre 26
Auernig-Schichten T. 8, 108
Aulakogen 39
Auli-Komplex T. 3
Aurignac T. 15
Australien 37, 77, 111, 189
Austrische Phase 191
Autun T. 9, 121
Auvers T. 14

Bänderton 222
Bäreninsel 90, 113, 150
Baikal 41
Baikal-Bogen 57
Baikalische Faltung A. 52, 40
Bajoc T. 12
Balkan 108
Balkasch-Trog 110

Baltischer Eisstausee T. 15, T. 16, 222
Baltischer Schild 35, 37, 52, 228
Baltische Straße 163, 183
Banded iron formation 46
Bangalore 34
Barama-Mazurani-Trog 36
Barberton Mountain Belt 45
Barents-Plattform A. 52
Barrandium A. 54
Barrême T. 13
Basawluk-Komplex T. 3
Baschkir-Stufe T. 8
Bathon T. 12
Bathyale Sedimente 13
Baumberger Sandstein T. 13
Bauxit 95, 206
Bayrische Kalkalpen T. 11
Beauchamp-Sande T. 14
Beaufort-Serie 128
Belebei-Stufe T. 9
Belgien 106
Belgisches Becken 199
Bellerophon-Kalke T. 9, 148
Belomorsk-Komplex T. 3
Belt-Serie 40, 44
Benguela 207
Bensberg Schichten A. 7
Bentheimer Sandstein T. 13
Bergell-Pluton 214
Bergisches Land T. 7
Bergleshof-Schichten T. 4
Beringstraße 207
Bernissart 179
Berrias T. 12
Betische Kordillere 184
Betische Zone A. 85, 212
Beyrichien-Kalk 73
Biber-Kaltzeit T. 15, 223
Billigen 222
Biostratigraphie 9, 17
Biostratonomie 15
Biscaya 189

Bjørkum-Schichten T. 5
Blankenburg-Schichten T. 13
Blasen-Sandstein T. 11
Blasseneck Porphyroid 65
Blaue Tone von Leningrad 53
Blazkowa-Schichten T. 8
Blind River 36, 46
Bober-Katzbach-Gebirge T. 4, T. 9, 53
Bochum-Schichten T. 8
Böhmen T. 4, T. 5, T. 6, T. 7, 39, 41, 75, 92, 183
Böhmische Insel A. 66, 159
Böhmische Masse 183
Bohdalec Schiefer T. 5
Bokkeveld-Gruppe 94
Bolivien 56
Bordenschiefer T. 8
Boreal T. 16, 171, 185, 189, 225
Borna-Hainichen Schichten 106
Boskowitzer Furche 121
Botucatú-Sandstein 169
Bozener Quarzporphyr T. 9, 123
Brabanter Massiv 63, 81, 103
Brabanter Scholle A. 54, 134
Bracheux-Sande T. 14
Brahmaputra-Tal 228
Brandenberg-Schichten T. 7
Brandenburger Phase T. 15
Brandschiefer 165
Brantevik-Sandstein T. 4
Brasilianischer Schild 95
Bredeneck-Schichten T. 7
Bretagne 39
Bretonische Bewegung A. 53, 106, 133
Briançonnais-Schwelle 166
Brie-Kalke T. 14
Bringewood Beds T. 6
Bröckel-Schiefer T. 11
Broken Hill A. 87, 46, 217
BRONGNIART 153
Bronzezeit T. 16

Sachverzeichnis

Brüggen-Kaltzeit T. 15
Bryozoen-Riffe 103
Buchensteiner Schichten T. 11, 148
Buckeye-Tillite 111
Budňany T. 6
Bückeberg-Folge T. 13
Bückeberg-Schichten T. 12
Bündner Schiefer 165
Bug-Komplex T. 3
Bulawayan-System 44, 45
Buntsandstein A. 49, T. 11, 144
Bureja-Gebiet 186
Bureja-Becken 187
Burdigal T. 14
Burgess-Schiefer 55
Burg-Sandstein A. 59, T. 11, 147
Burgundische Pforte 145
Burnot T. 7
Bushveld 35, 36, 46

^{14}C-Methode 227
Cadomisch 54
Caerfai Group T. 4
Callov T. 12
Campan T. 13
Campiler Schichten T. 11, 148
Campine 107
Canadian 66
Capricornu-Mergel T. 12
Caradoc T. 5
Cardiola Schichten T. 6
Cassianer Schichten T. 11
Castel-Gomberto T. 14
Çatal Hüyük 218
Cathaysia-Provinz 130
Catskill-Delta A. 18, 94
Cave-Sandstein 151
Cayugan 77
Cenoman T. 13
Ceratiten-Schichten T. 11
Cerro Bolivar 47
Chamosit 63, 69
Chamosit-Goethit-Erze A. 95, 245
Champigny-Kalk T. 14

Champlainian 66
CHARDIN 256
Chatt T. 14
Cheiloceras-Kalk T. 7
Chemische Sedimentgesteine 11
China 165
Chinesische Plattform 65, 77, 149
Cincinnatian 66
Cincinnati-Bogen 82
Clacton T. 15
Clinton 77
Coast Range Geosynklinale 187
Coastal Range-Pluton 187
Colli Berici 203
Colonus Schiefer T. 6
Colorado 113
Columbia-Plateau 109
Concentricus-Schichten T. 13
Condroz-Sandstein T. 7
Coniac T. 13
Connecticut Valley 150
Cornbrash T. 12, 162
Coronaten-Ton T. 12
Cromer Forest bed 219
Cocos-Platte A. 93, 235
Coutchiching 32
Couvin T. 7
Croixian 55
Cro-Magnon A. 87, 218
Cromer-Komplex T. 15
Cromer-Warmzeit 216, 217, 225
Cuise-Sande T. 14
CUVIER 199
Cypridinenschiefer T. 7, 92
Cyrenenmergel T. 14, 201
Cyrtograptus Schiefer T. 6

Dachsteinkalk 148
Dänemark T. 14, 184
Dänisch-polnische Furche 178, 184
Daleje-Schiefer T. 7
Dalmanites Schiefer T. 5
Dalradian 81

Dalslandium T. 3
Dan T. 14
Dani-Glazial T. 15
Dasberg Schiefer T. 7
Deckdiabas 105
Deckenbau 204, 212
Deckenbewegungen 191, 207
Deister-Phase 172
Dekkan-Trappe 189, 209
Dendrochronologie 18
De GEER 17
Denbigh Grits T. 6
Diaboli-Schichten T. 14
Diagenese 15
Diamanten 46
Dictyonema-Schiefer T. 5, 63
Dicellograptus-Schiefer T. 5
Didymograptus Schiefer T. 5
Diluvium 214
Dinant T. 8
Dinariden 191, 211
Dinarische Geosynklinale 166
Dinotherien-Sande T. 14
Dnjepr Gebiet 222
Dobrotiva Schiefer T. 5
Döhlen 121
Dogger T. 12, 153
Doggerbank-Hoch 107
Dolomiten T. 11
Donau-Kaltzeit T. 15, 223
Donbass 109
Don-Gebiet 222
Donez-Trog 109
Dorsten-Schichten T. 8
Downtonian T. 6, 75
Drakensberg-Vulkanite 151, 169
Dreiangel-Schichten T. 13
Drenthe-Stadium T. 15, 219
Drusberg-Schichten T. 13
Dryas-Zeit T. 16
Dsheskasgan 110
Dürrenstein-Dolomit T. 11
Dunit 81

Durness-Kalk 62
Dwyka-Tillite 111, 128

Ebbe-Schichten T. 7
Ebersdorf 92
Eburnian Tektogenese 237
Eburon-Warmzeit T. 15
Ecca-Serie 128
Eck'sches Konglomerat T. 11
Ediacara 44
Eem-Meer T. 15, 219
Eem-Warmzeit T. 15, 217, 219, 225
Eifel T. 7, 229
Eimbeckhausen-Plattenkalk T. 12
Eisenerz 37, 245
Eisenerze, gebänderte 32
Eisenzeit T. 16
Eiskalotten 239
Eisrandlagen A. 88, 222
Eiszeit 229
Ekliptikschiefe 41
Ekne-Phase A. 24, T. 5
Elbe-Trog A. 48
Elbingerode 92
Elburs 204
Elbsandsteingebirge 183
Elsonian T. 3, 40
Elster-Eiszeit T. 15, 216, 219
Elster-Saale-Interglazial 219
Elton Beds T. 6
Emba-Becken 186
EMILIANI 227
Ems T. 7
Emscher Mergel T. 13
Emsland T. 13
Ems-Senke A. 48
Engadiner Fenster 166
Englisches Becken 62
Ensialische Mobilzone 35
Entstehung des Lebens 27
Eohellinische Phase 172
Eodiscus-Schiefer T. 4, 53
Eokambrische Vereisung 56, 243

Sachverzeichnis

Eophytikum A. 97, 248
Eozän T. 14
Epoche 17
Erdgeschichtliche Zeittafel 15, 20
Erdgeschichtliche Zustandsbilder 21
Erdkern 26
Erdkruste 26, 230, 238
Erdmantel 26
Erische Faltung 75, 96
Erosionsdiskordanz 23
Erzberg 93
Erzgebirgs-Schwelle A. 54
Erzgebirgische Bewegung A. 53
Essen-Schichten T. 8
Estherien-Schichten T. 11
Êtampes-Kalk T. 14
Eumetazoen 41
Euramerische Pflanzengesellschaft 130
Eurasiatische Platte A. 93, 191, 235
Europäische Platte A. 86, 213
Europäische Plattform 40
Eustatische Meeresspiegelschwankungen A. 90, 227
Euxinische Fazies 53
Erydesma-Sandstein 127
Erydesmen-Schichten 111, 128
Evolutionärer Humanismus 257
Exsulans Kalk T. 4

Falkland-Inseln 95
Faltenmolasse 203
Famenne T. 7
Faunenprovinz 170, 190, 207, 215
Faustkeil-Kulturen 216
Fazies 12
Faziesfossilien 14
Fazieskarte 21
Fépin T. 7
Fessan 95
Feuerland 188

Feuerletten T. 11
Fevgana-Becken 203
Fig-Tree-Serie 32, 44
Finnentrop-Schichten T. 7
Fiskenaesset 45
Flandrische Transgression T. 16
Fleckenmergel T. 12, 166
Flinders Range 78
Flinders Trog 56
Flinz T. 7
Florensprung 99
Flysch 25, 166, 185, 188, 202, 211
Fontainebleau-Sande T. 14
Fossilien 13
Franciscan Formation 187
Franken T. 11, T. 12, 63
Frankenwald T. 4, 92, 105
Frankfurter Phase T. 15
Franklin-Trog 53, 133
Franko-alemannische Insel 90
Französisches Zentralmassiv 39, 121, 136
Frasne T. 7
Frauenbach Serie T. 4, T. 5
Fusulinenkalke 108, 109

Galgenberg Schichten T. 4
Gallisches Land A. 59, 146
Gedinne T. 7
Gehren-Schichten T. 9
Geiseltal 201
Geochronologie 18
Geodynamik 10, 25
Geologische Karte 21
Geologische Profile 23
Geotektonik 10, 25
Geosynklinale 23
Geowissenschaften 9
Gerdau-Interstadial T. 15
Gerhardsreuther Schichten T. 13
Germani-Glazial T. 15
Germanische Fazies 144, 149
Germanisches Becken 123, 125

Geröll-Kulturen T. 15, 216
Giant's causeway 209
Gibraltar 204
Gigas-Schichten T. 12
Gildehäuser Sandstein T. 13
Gipskeuper T. 11
Gips vom Montmartre 199
Girvan A. 25
Givet T. 7
Glaukonitsande 201
Glockner-Decke 166
Göhrde-Phase T. 15
Goldlagerstätten 32
Goldlautern-Schichten T.9
Göttweiger Interstadial A. 87, 217
Golfstrom 207
Gondite 47
Gondwana-Kontinent A. 92, 66, 77, 111, 113, 128, 131, 151, 169, 188, 232
Gondwana-Serie 128
Gosau T. 13, 185
Goti-Glazial T. 15
Gotiden T. 3
Gotland 76
Gourbeville T. 14
Gowganda-Tillite 37, 243
Gracilis-Schichten T. 11
Grampian-Geosynklinale 61
Grand-Canyon-Serie 24
Graptolithen-Schiefer T. 6, 75
Great Dyke 46
Great Artesian Becken 169
Great Smoky Region A. 18
Great Valley-Formation 187
Greenstone-belts 45
Grenville 40
Grenvillian T. 3
Grestener Schichten 166
Greta coal measures 128
Griffelschiefer T. 5
Gröden-Sandstein T. 9
Grönland 90, 129

Großer Donbass 93
Großbritannien 109
Grünstein-Synklinorien 31, 32
Grünstein-Zone 34, 238
Guadalupe Mountains 128
Guadalupian 128
Guayana-Schild 36
Günz 223
Günz-Eiszeit A. 97, T. 15, 217
Günz-Interglazial T. 15
Gunflint-Formation 44
Gyttja 11

Habichtswald 202
Hadrynian T. 3
Hämatit-Magnetiterze 36
Hainichen T. 8
Halberstadt 145
Hallstätter Kalke 148, 149
Halokinese 163, 172
Halterner Sande T. 13
Hangenberg Schichten T. 8
Hannover T. 13
Hampshire Becken 199
Hamburger Gassande 201
Hardeberga-Sandstein T. 4, 53
Hareklett-Schichten T. 5
Harlech Grits T. 4
Harz 75, 92, 105, 183
Harzvorland T. 13
Haselgebirge 125
Hastings-Sandstein 179
Hauptdolomit T. 11, 148
Hauptkeratophyr T. 7
Haupt-Konglomerat T. 11
Haupt-Muschelkalk T. 11
Haustierzucht 218
Hauterive T. 13
Heimburg Schichten T. 13
Heersum-Schichten T. 12
Hegau 202
Helleniden 166, 172, 191, 108, 211
Helvetische Zone 165

Sachverzeichnis

Hl. Kreuz-Gebirge 92
Helikian T. 3
Helvetische Decken 184, 202
Hemberg T. 7
Hemmoor-Stufe T. 14
Hercynellen-Kalk T. 7
Herscheid-Schichten 75
Herzynische Gebirgsbildung T. 2, 131
Herzynische Fazies 90
Hessen T. 14
Hettang T. 12
Heuscheuer 183
Hierlatz-Kalk T. 12, 166
Hils-Phase 172
Hils-Ton T. 13
Hils-Sandstein T. 13, 179
Himalaya 149, 167, 204
Himalaya-Südchina-Geosynklinale 93
Hippuritenkalke 185
Hobräck-Schichten T. 7
Hochatlas 108
Hochwipfel-Schichten T. 8
Hoggar 68
Hohenhöfer Schichten T. 7
Holland 107, 219
Hølanda-Schichten T. 5
Holozän T. 16, 214, 222
Holstein-Meer T. 15, 219
Holstein-Warmzeit A. 87, T. 15, 225
Holzmaden 162
Honsel-Schichten T. 7
Horlick-Mountains 95, 111
Horst-Schichten T. 8
Hot spots 238
Hovin Gruppe T. 5
Hovin Sandstein T. 5
Hudsonian T. 3
Hudson Palisaden 151
Hüinghausen-Schichten T. 7
v. HUMBOLDT 153

Hunsrückschiefer 85, 90
Huron 36
HUTTON 27
HUXLEY 257
Hydrosphäre 26, 27, 239
Hyperboräische Plattform A. 52

Iberg T. 7, 92
Iberische Halbinsel 108
Idaho-Pluton 187
Ilarione T. 14
Illinois 110
Illinois-Vereisung 226
Ilseder Phase 184
Ilsenburg-Schichten T. 13
Impakt-Ereignis 35
Indien 111, 209
Indische Platte A. 93, 235
Indische Plattform A. 52, 189
Indischer Ozean 172, 205
Indochina 128
Indonesische Zinngranite 167
Innersudetisches Becken 108, 121
Ingulets-Migmatite 34
Inlandeis 129, 218
Inlandvereisung 111
Insizwa 45
Intraplatten-Tektonik 212
Ionium-Thorium-Methode 18
Iowa 111
Island 209
Isua-Eisenformation 244
Isua-Serie 45
Itabirite 245
Itararé-Formation 111

Jacobina 46
Jamesoni Oolith T. 12
Japanische Inseln 167, 187
Japetus A. 15, 52
Jaroslaw 164
Jaspilite 245
Jericho 218
Jince T. 4, 53

Jotnium 37, 41
Jotnischer Vulkanismus 37
Jungkaledonische Bewegung A. 24, 78
Jungpaläolithikum T. 16
Jungkimmerische Faltung 167
Jura 153
Jurense-Mergel T. 12

Kačak-Schichten T. 7
Känozoikum 193
Kännel-Kohle 98
Kahleberg-Sandstein T. 7
Kaiserstuhl 202
Kalabrische Stufe 225
Kaledonische Gebirgsbildung 69, 79
Kaledonische Geosynklinale A. 13, 53, 61, 73
Kaledonische Zone A. 52
Kalgoorlie-Serie 32
Kalisalz 94, 125, 128, 201
Kaltzeiten 218, 243
Kamativi 46
Kambrium 47
Kamtschatka 186
Kanadischer Schild 36
Kanimbla-Faltung 110
Kansas-Vereisung 226
Kansu 165
KANT 25
Kap-Trog 137
K-Ar-Methode 18
Karaganda 109, 165
Kareliden T. 3, 35
Karibische Platte A. 93, 235
Karibische See 189
Karlstad-Kalk T. 5
Karn T. 11, 148
Karneol-Bank T. 11
Karniowice T. 8
Karpaten-Trog 166
Karnische Alpen T. 6, T. 7, T. 8, 76, 93, 108, 136

Karru-Becken 169
Karru-Dolerite 151
Kasachstan 54, 57, 77, 112
Kasan 127
Kasan-Stufe T. 9
Kaschmir-Himalaya 128
Kasseler Meeressande T. 14
Katarchäikum T. 3
Kaukasus 166
Kaukasus-Geosynklinale 163
Kenoran T. 3, 34
Kentucky 111
Keuper A. 59, T. 11, 144
Keewatin 32
Keweenawan 40, 41
Kibaran-Tektogenese 237
Kielciden 75, 82
Kimberley 37
Kimberlit-Schlot 46, 188
Kimbrisches Land A. 66, 162
Kimmeridge T. 12
Kimmerische Gebirgsbildung T. 2, 171, 186
Klabava Schiefer T. 5
Kladno 108
Klastische Sedimentgesteine 11
Klaus-Kalke T. 12
Klimazeugen A. 23
Klingen-Kulturen 216
Knollenmergel T. 11
Köbbinghaus-Schichten 75
Kössener Schichten T. 11, 148
Kohle 170, 201
Kohlebildung A. 96, 137, 241
Kohlenkalk T. 8
Kohlenkalk-Fazies 103, 106
Kohlscheid-Schichten T. 8
Kola-Halbinsel 46
Kollision 189
Kollisions-Orogenese 237
Kollisions-Stadium A. 86, 213
Kollisions-Tektonik A. 86, 213
Kolyma-Phase 186

Sachverzeichnis

Kolyma-Massiv 167, 186
Koněprusy-Kalk T. 7
Kongo-Becken 34, 137
Kongo-Gebiet 188
Konka-Komplex T. 3
Konka-Serie 32
Kontinentaldrift 236, 237
Kopanina T. 6
Kopenhagener Glaukonitmergel T. 14
Korallen-Oolith T. 12, 163
Kordilleren 204
Kordilleren-Plutone 169
Kordilleren-Trog 40, 66, 79, 94, 133, 150, 167, 171
Kornberger Sandstein 121
Korsika 108
Kosov-Quarzit T. 5
Kotýs-Kalk T. 7
Krakau 106
Kraluv-Dvur-Schiefer T. 5
Kraton 34
Kreuznach-Gruppe T. 9
Kreuznach-Schichten 121
Krim-Trog 166
Kriwoi-Rog-Gruppe T. 3, 36, 47
Krustale Subduktion 212
Kuenlum 110
Kukkersit 59
Kulmbach-Konglomerat T. 11
Kulm-Fazies 103, 105, 106, 108
Kultur-Stufen T. 15
Kungur 126
Kungur-Stufe T. 9
Kupfersandstein 110, 127
Kupferschiefer 125
Kuroma-Gruppe 167
Kuro Schio 207
Kursk 36, 47
Kusel-Gruppe T. 9
Kuseler Schichten 121
Kusnezk 110, 127, 129, 165
Kuttung-Serie 111

Kwaczala T. 8
Kwansi 110
Kweitschou 149

Laacher-See-Vulkanismus T. 15
Ladin T. 11, 148
Lahn-Dill-Gebiet 105
Lahn-Dill-Trog 91
Lake-Bonneville 226
Lake Distrikt A. 25
Lake Superior Gebiet 47
Lake Superior Typ 46
Lake Superior Vereisung 37
Lance-Formation 188
Langh T. 14
LAPLACE 25
Laramie-Formation 188
Laramische Faltung 186, 187, 191
Latdorf T. 14
Laubenstein-Kalke T. 12
Lauenburger Ton T. 15
Laurasia 131, 232
Laurentische Granite T. 3
Lausitz T. 4
Lausitzer Braunkohlenflöze 202
Laxfordian 36
Lebacher Schichten 121
Lebach-Gruppe T. 9
Lebensspuren 13
Lederschiefer T. 5, 63
Lehrberg-Schichten T. 11
Leiboden-Mergel T. 13
Leine-Folge 125
Leintwardine Beds T. 6
Leist-Mergel T. 13
Leitfossilien 15
Lenne-Trog 91
Leonardian 128
Leptit-Hälleflint-Serie 35
Letná Schiefer T. 5
Lettenkeuper 145
Lettenkohle T. 11
Levallois T. 15
Lewisische Gneise 81

Lias T. 12, 153
Libeň-Schiefer T. 5
Liberia 36, 152
Ligurische Zone A. 85, 212
Limpopo Belt 33, 36
Lingula Flags T. 4
Lippertsgrüner Schichten T. 4
Liteň T. 6
Lithosphäre 34, 230, 234, 236
Lithosphärische Platten A. 93, 236, 238
Lithosphärische Subduktion 212
Lithostratigraphie 9
Litorale Sedimente 13
Littorina-Meer T. 16, 223
Llandeilo T. 5
Llandovery T. 6
Llanvirn T. 5
Lochinvar-Tillite 111
Lochkov T. 7
Löß 223
Lomonosow-Rücken 186
Londoner Becken 199
London-Tone 199
Lonedo T. 14
Lothringen 162
Lud T. 14
Ludlow T. 6
Ludwigia-Ton T. 12
Ludwikowice-Schichten T. 8
Lüneburger Phase T. 15
Luganer Linie 165
Lugano 123
Lugisch-Silesische Scholle A. 54, 136
Lunz 148
Lusatiops-Schiefer 53
Lut-Block 211
Lutet T. 14
LYELL 192
Lymnaea-Meer T. 16
Lymnaea-Zeit 223

Maastricht T. 13

MacDonald Range 78
Mackenzie-Tal 167
Macrocephaliten-Oolith T. 12
Madagaskar 170
Mährischer Karst 92
Magdalen T. 15
Magellanes-Senke 188
Maglemose T. 16
Maikop-Serie 203
Magmatische Gesteine 12, 13
Mainzer Becken T. 14, 201
Maiolica 166
Malinowice-Gruppe T. 8
Malm T. 12, 153
Malvino-kaffrische Faunenprovinz 95
Manebach-Schichten T. 9
Mangan-Eisen-Knollen 240
Mansfeld 123
Manteldiapir 136, 172
Marciszów-Schichten T. 8
Marealbiden T. 3, 35
Mariposa Formation 169
Marmolatakalk T. 11
Marokko 66, 68, 152
Mars 27
Massenkalk T. 7
Matagne-Schiefer T. 7
Mauretanien 56, 137
Meeres-Molasse 203
Megaera-Schichten T. 6
Megazyklen 31
Melanienton T. 14
Menap-Kaltzeit T. 15
Menevian Group T. 4
Merkstein-Schichten T. 8
Mesolithikum T. 16, 218
Mesophytikum A. 97, 114, 249
Messin T. 14
Messinisches Ereignis 204
Metamorphe Gesteine 12
Meteorite 26, 35, 231
Meudon T. 14

Michigamme-Schiefer 44
Michigan-Becken 77
Micro-plates 211
Middle Coal measures 109
Mikroorganismen 37
Milazzium-Transgression 225
Milina Kieselschiefer T. 5
Millstone Grit 109
Minas Gerais 47
Mindel 223
Mindel-Kaltzeit A. 87, T. 15, 216, 217
Mindel-Riß-Interglazial T. 15, 223
Migmatit 12
Mineralfazies 13
Minette 162
Minnesota 113
Minussinsk 93, 110, 127, 129
Miozän T. 14
Mitteldeutsche Schwelle A. 54, A. 55, 92, 105, 121, 136
Mitteldeutsches Festland A. 66, 159
Mitteleuropa 39, 63
Mittelmeergebiet 55, 172, 211
Mittelozeanischer Rücken A. 25, A. 93, 231
Mohorovičić-Diskontinuität 230
Moine-Serie 81
Molasse A. 55, 25, 53, 75, 90, 97, 106, 131, 134, 203, 214
Moldanubikum A. 54
Moldanubische Zone 134
Moler Schichten 199
Molteno-Sandstein 151
Mont T. 14
Montagne Noire 76, 93
Montana-Serie 188
Monte Postale T. 14
Monte San Giorgio 148
Montevideo-Gneise 33
Monti Euganei 203
Montmartre T. 14

Moravikum A. 54, 134
MORLOT 214
Mosaikmodus 250
Moskau-Stufe T. 8
Moustier T. 15
Mount Celsius-Schichten 90
Mount Isa 46
Mühlenberg-Schichten T. 7
Münder Mergel T. 12, 163
Müsen-Schichten T. 7
Mulden-Gruppe T. 8
MURCHISON 69, 82, 97, 113
Murchison Range 45
Muschelkalk A. 59, T. 11, 144, 148
Mutationen 250, 255
Mya-Meer T. 16

Naab-Trog A. 48
Namur T. 8
Nanschan 110
Nazca-Platte A. 93, 235
Nebraska-Vereisung 226
Nebular-Theorie 25
Nehden T. 7
Neokom-Aptychenmergel T. 13
Neokom-Ton T. 13
Neolithikum T. 16, 218
Neophytikum A. 97, 250
Neritische Sedimente 13
Neuburg-Bankkalk T. 12
Neuengamme T. 14
Neuguinea 205
Neuschottland-Bogen A. 93, 235
Neuseeland 208
Neuseeland-Geosynklinale 167
Neuseeland-Orogenese 187
Nevadische Orogenese 169, 187
Newark Group 151, 152
Ngandong A. 87, 217
Niagaran 77
Nideck-Oos-Saale-Trog A. 48
Niederhessen 183

Niederländische Plattform A. 54, 134
Niederrheinische Bucht 202
Niedersächsisches Becken 163, 178
Nierental-Schichten T. 13
Nipissing-Diabas 46
Nördliche Kalkalpen T. 12
Nördlinger Ries 202
Nor T. 11, 148, 149
Nordafrika 77, 95, 111
Nordamerika 55, 77, 110, 167, 187
Nordamerikanische Plattform A. 52, 66, 94
Nordatlantische Plattform 81
Nordatlantischer Kontinent 88
Nordchinesisch-koreanische Plattform A. 52, 110
Nordschwarzwald-Schwelle A. 48
Nordsee 92, 150
Nordvietnam 167
Normandie 41
Norretorp Sandstein T. 4
Norwegen 75, 81, 90
Nürschaner Gaskohle 108
Numismalis-Mergel T. 12
Nummulitenkalke 203, 205

$^{18}O/^{16}O$ Bestimmungen 14, 189, 206, 226, 227
Oberharz T. 7
Oberhof-Schichten T. 9
Oberkreide-Transgression 238
Oberrhein-Graben 202, 228
Oberschlesien T. 8
Oberschlesische Pforte 145
Oberschlesische Vorsenke 107
Obolus-Sandstein 63
Obtusum-Tone T. 12
Ochoan 128
Ockerkalk T. 6
Ocoee-Serie 40
Odenwald T. 11

Odenwald-Spessart-Schwelle A. 48
Odershäuser-Schichten T. 7
Öhrlikalk T. 13
Öved-Ramsåsa Serie T. 6
Old-Red-Kontinent 75, 85, 88, 90, 103
Oligozän T. 14
Onverwacht-Gruppe 33
Opalinus-Ton T. 12, 162
Opdalit 81
Ophiolithe 166, 172, 191
d'ORBIGNY 172
Organogene Sedimentgesteine 11
Orissa 45
Orléanais T. 14
Ornaten-Schichten T. 12
Ornaten-Ton T. 12
Orogenese 23, 234, 235
Oslo-Gebiet 63, 76
Oslo-Graben 137
Osning-Sandstein 179
Ostafrika 36
Ostafrikanisches Grabensystem 205
Ostalpen 108, 166
Ostbayerische Kreidebucht 183
Osteuropäische Plattform A. 13, A. 52, A. 54, 29, 41, 62, 185
Osterwald-Phase 172
Ostgrönland 81
Ostrava-Gruppe T. 8
Ostsudeten T. 8, 106
Oswegan 77
Ottweiler-Gruppe T. 8
Ouachita Mountains 137
Owrutsch-Faltung 39
Owrutsch-Komplex T. 3
Oxford T. 12
Oxynotum-Ton T. 12
Ozeanische Kruste 234
Ozonschicht 234

$^{132}Pa/^{230}Th$-Methode 227

Pakhuis-Vereisung 68
Paläobiologie 10
Paläogeographie 10
Paläogeographische Karte 21
Paläoklimatologie 10
Paläolithikum 218
Paläophytikum A. 97, 248
Paläotethys 93, 103, 110
Paleozän T. 14
Palinspastische Karte 21
Palökologie 10
Pan-African Tektogenese 237
Pangäa 33, 103, 131, 133, 136
Pannonisches Becken 203
Papua-Geosynklinale 167
Paralisch 107
Paraná-Basalt 169
Paraná-Becken 137, 151, 169, 188
Paranáiba-Becken 205
Pariser Becken 14, 199, 213
Pariser Grobkalk 199
Parkinsoni-Ton T. 12
Partnach-Schichten T. 11, 148
Paseler Schichten T. 7
Patagonien 188, 205
Patschelma-Serie 39
Pattenau-Schichten T. 13
Pazifische Platte A. 93, 169
Pechelbronner Schichten 201
Pechkohle 203
Pelagische Sedimente 13
Penninischer Trog 165
Penninische Zone A. 85, 212
Pennin-Schwelle 162
Penokean-Orogenese T. 3, 36
Pennsylvanian 22, 110
Pentameren-Kalk T. 7
Pentamerus Beds T. 6
Pentévrien 39
Periglaziale Bildungen 223
Periode 17
Perm 13
Permafrost 229

Permobile Ära 31
Permokarbonische Vereisung 129
Persien 56, 166, 204
Petrified forest 151
Petschora-Becken 185
Petschora-Senke 127
Pfälzische Bewegung A. 53
Pflanzengeographische Provinzen 129
Phalaborwa 46
Phanerozoikum 19, 238
Philippinen-Platte A. 93, 235
Photodissoziation 243
Photosynthese A. 94, 27, 243
Phycoden-Schichten T. 5, 63
Piacentin T. 14
Piacenza T. 14
Piemont-Trog 166
Pilbara-Block 45
Pilbara-System 32
Pilsen 108
Pinswang-Schichten T. 13
Pläner T. 13, 183
Plantzschwitz 92
Plassen-Kalk T. 12, 166
Plateau-Basalt 57
Platte 234
Plattenkalk T. 11
Plattentektonik A. 86, 32, 236
Plattform 28
Pleistozän T. 15, 214
Plettenberg-Bänderschiefer T. 5, 63
Pliensbach T 12
Pliozän T. 14
Po-Ebene 203, 228
Pofadder 46
Pollenanalyse 215
Polessje-Serie 39
Polmos-Serie 32
Polnisches Mittelgebirge 53, 63, 75, 82, 106
Polyploken-Sandstein T. 12

Pommersche Phase T. 15
Pompeckische Scholle 178
Pontisches Becken 203
Porphyrit-Formation 169
Porphyroide 63
Porta-Sandstein T. 12, 162
Posidonien-Schichten T. 12
Posidonien-Schiefer T. 12, 162
Postmasburg-Sishen 47
Präkarpatische Plattform A. 54
Präadaptation 255
Praeboreal T. 16
Präkambrium 28
Prag T. 7
Prager Senke 63
Priabona T. 14
Přídolí T. 6
Primigenius-Fauna 223
Productus-Kalk 127
Productus-Kalk 149
Proterozoikum T. 3, 238
Protoatlantik A. 15, 52
Protokontinent 31
Protokruste 26
Protolenus-Mergel T. 4
Protorogenese 35
Prototethys 52, 73
Przedwojow T. 8
Psilonoten-Ton T. 12
Purbeck 163
Pyrenäen 208
Pyrit-Uranit Seifen A. 94, 242

Quartär T. 15
Queensland 77, 151

Radiolarit 11, 153, 166
Radiometrische Methode 18
Rät T. 11, 148
Raibl 148
Raibler Schichten T. 11, 148
Rakhow-Komplex T. 3
Rammelsberg 92
Rammelsberger Erz T. 7

Ramsaudolomit 148
Rapakivi-Granit 35, 36
Raricostatum-Tone T. 12
Rastrites-Schiefer T. 6
Rattendorf-Schichten T. 9
Rax-Landschaft 228
Regensburger Grünsande 183
Regensburger Meeresstraße 162
Regression 22, 239
Rehburger Phase T. 15
Reiflinger Kalk T. 11, 148
Reinbeker Stufe T. 14
Remscheid-Schichten T. 7
Rennertshofen-Schichten T. 12
Reußische Bewegung A. 53, 92, 97
Rheinische Fazies 90
Rheinische Vorsenke 106
Rheinischer Schild 213
Rheinisches Schiefergebirge A. 40, T. 5, 63
Rheno-herzynikum A. 54, 134
Rhodopen-Masse 172
Rhön 202
Richelsdorf 123
Ries-Ereignis 202
Rieserferner Pluton 214
Riff 69
Riffkorallen 15
Rift 41, 151, 152, 172, 234
Riftzone 172
Riphäikum T. 3, 38, 41
Rispebjerg Sandstein T. 4
Riß 223
Riß-Kaltzeit T. 15, 217
Roblin T. 7, 92
Rocky Mountains 191, 204, 208
Rocky Mountains-Trog 187
Röt T. 11, 145
Roncà-Schichten T. 14
Roßfeld-Schichten T. 13
Rotes Meer 152, 209
Rotgesteine 37

Sachverzeichnis

Rothenberg-Sandstein T. 13
Rotliegendes 113
Rotsedimente A. 94, 242
Rudistenkalke 185
Rügen 63, 106
Ruhrgebiet T. 8, 106
Rupel T. 14
Russische Tafel T. 8, 39, 93, 109, 125, 163, 222
Ruß-Schiefer T. 8

Saale-Eiszeit T. 15, 219
Saale-Trog 108
Saalische Bewegung A. 53, 120
Saamiden T. 3, 36
Saar-Becken 107
Saarbrücker Gruppe T. 8
Saargebiet T. 8, 121
Saar-Nahe T. 9
Saar-Selke-Trog A. 48
Sachsen T. 8, 39, 75, 92, 105, 183
Sachalin 186
Sahara 188
Sahara-Becken 66
Sajan 57, 77
Sakawa-Orogenese 187
Sakmara-Stufe T. 9
Sakmara-Zeit 126
Saksaganiden 36
Saksagan-Migmatite 34
Salair 57, 77
Salina Group 77
Salpausselkä-Eisrandlagen T. 16
Salt Range A. 41, 56, 127, 149, 167
Salzbildung A. 96, 246
Salzgitter 179
Salzlagerstätten 240
Salzton 125
Sandomirische Bewegungen 57
Sangonini T. 14
Sannois T. 14
Santon T. 13
Sapropel 11

Sardinien 76, 93
Sardische Bewegungen 57
Šarka-Schichten T. 5
Sarldolomit T. 11, 148
Sattel-Gruppe T. 8
Sauerland T. 7
Saxon 9
Saxonische Bruchfaltung 172
Saxo-thuringische Zone A. 54, 121, 134
Scaglia 185
Schalstein T. 7
Schansi 110, 129
Schatzlar T. 8
Schicht 16
Schild 23, 28
Schilfsandstein T. 11
Schio T. 14
Schleichsand T. 14
Schleswig-Holstein T. 14
Schlerndolomit T. 11, 148
Schömberg-Schichten T. 9
Schonen T. 4, T. 5, T. 6, 184
Schottland 36, 40, 69, 81
Schrambach-Schichten T. 13
Schramberger Trog A. 48
Schrattenkalk T. 13, 184
Schreibkreide 172, 184, 185
Schungit 36, 247
Schwaben T. 12
Schwadowitz T. 8
Schwarzburger Schwelle A. 48
Schwarzwald T. 11, 39, 106
Schweden 81
Schweizer Faltenjura 184, 208
Scourian 34
Sea-floor-spreading 31, 209, 234
Sebakwian-System 32, 45
SEDGWICK 47, 82
Sedimenthülle 244
Seefeld-Ölschiefer 148
Seengebiet 81
Seewen-Kalk T. 13

Seewen-Schiefer T. 13
Seiser-Schichten T. 11, 148
Selebi-Pikwe 45
Selke-Grauwacke 92
Selscheid-Schichten T. 7
Selukwe 45
Septarienton T. 14, 201
Serie (Abteilung) 17
Serpulit T. 12, T. 13
Serraval T. 14
Shagani 45
Shansi 165
Shensi 165
Sibirien 56
Sibirische Plattform A. 52, 55, 65, 110, 150
Sibirische Trappe 150
Sichote Alin 150, 186
Siebengebirge 202
Siegen T. 7
Siegener Schichten T. 7, 90
Sierra Nevada-Pluton 187
Siles T. 8
Sinai 111
Sinemur T. 12
Singhbum 47
Siwalik-Molasse 204
Skagerrak 199
Skalka Quarzit T. 5
Skryje T. 4
Skyth T. 11, 149
Slave-Gebiet 45
Småland-Granit 36
SMITH 17
Solnhofener Plattenkalk T. 12, 163
Soltauer Phase T. 15
Solutré T. 15
Solva-Group T. 4
Sosio 125
Sosio-Kalk T. 9
Sowerbyi-Ton T. 12

Spaltenvulkanismus 40, 172, 188, 192
Spanien 39
Sparagmit 29, 41
Sparnac T. 14
Spilecciano T. 14
Spitzbergen 81, 90, 109, 113, 129, 150
SPJELDNAES 68
Spreading-Raten 238
Spreading-Zone A. 25
Sprockhövel-Schichten T. 8
$^{87}Sr/^{86}Sr$ Verhältnis 240
Stadtkultur 218
St. Lawrence-Trog 53, 55
St. Quentin-Kalk T. 14
Stader Phase T. 15
Stallau-Grünsand T. 13
Staßfurt-Folge 125
Stefan T. 8
Stegocephalen-Schiefer T. 9
Steinsalz 125
Stillwater-Komplex 46
Stockheim 121
Stockheimer Trog A. 48
Stockholm-Granit 35
Stokkvola-Konglomerat T. 5
Stolberg-Schichten T. 8
Støren Gruppe T. 5
Storberg-Serie 151
Stramberg Fazies T. 12
Strašice-Vulkanite T. 4, 53
Straße von Mozambique 188
Stratigraphisches Grundgesetz 15
Stringocephalen-Kalk T. 7
Stromatolith 41
Stromatolithen-Kalke 55
Stubensandstein A. 59, T. 11, 147
Stufe 17
Subatlantikum T. 16, 225
Subboreal T. 16, 225
Subduktion 31, 152, 169, 208

Subduktionszone A. 25, A. 93, 80, 81, 171, 212, 234
Subfurcatum-Ton T. 12
Subherzyne Bewegungen 183, 191
Subjotnischer Vulkanismus 37
Suchomasty-Kalk T. 7
Sudbury 35
Sudeten 75, 183
Sudetikum A. 54, 134
Sudetische Bewegungen A. 53, 106, 134
Südafrika 36, 94, 111, 128
Südalpen 148, 166
Südamerika 77, 111, 128
Südamerikanische Plattform A. 52
Südchinesische Plattform A. 52
Süßwasser-Molasse 203
Südtiroler Dolomiten A. 60, 149
Sundance-See 167, 171
Superga-Konglomerat T. 14
Sutschan-Becken 187
Svekofenniden T. 3, 35
Svekonorwegische Rejuvenation 38
Swaziland-System 32, 45
Sydvaranger 47
Syneklise 37, 82
System 17
Systemgruppe 17

Taconic Mountains 66
Tafel 28
Tafelberg-Sandstein 66
Tafelberg-Vereisung 68
Tafelsedimente 25
Tafelstrukturen 137
Tailfer T. 7
Taymir-Halbinsel 129
Takonische Faltung A. 24, 62, 66, 81
Talchir-Gruppe 127
Talchir-Tillite 111, 128
Tambach-Schichten T. 9
Tampere-Schiefer 35

Tanner Grauwacke 105
Tansania 169
Taphrogenese 234
Tardenois T. 16
Tarim-Plattform A. 52
Tarvis-Breccie T. 9
Tasman-Geosynklinale 94, 110, 131
Tasmanien 67, 77, 151
Tatar-Stufe T. 9
Taunus-Quarzit 90
Tegelen-Warmzeit T. 15
Tektonisch-chronologische Provinzen 29
Ternifine A. 87, 217
Terrasse 223
Terrestrische Sedimente 13
Tethys A. 92, 144, 186
Tethys-Provinz 170
Texas 111
^{232}Th-^{208}Pb-Methode 18
Thanet T. 14
Tholey-Gruppe T. 9
Tholeyer Schichten 121
Thüringen T. 5, T. 6, T. 7, T. 8, T. 9, 63, 75, 105, 121
Thüringer Wald 92
Tibesti-Becken 111
Tibetische Plattform A. 52
Tiefenbach-Schichten T. 4
Tiefseesedimente 13
Tienschan 109
Tiger-Sandstein T. 11
Tiglium 219
Tillite 37
Timan 41
Timor 127, 128
Tithon T. 12
Toarc T. 12
Torridonian 40, 41
Torton T. 14
Tortona T. 14
Touraine T. 14

Tournai T. 8
Transform-Störungen A. 93, 235
Transgression 22, 239
Transvaal-System 36
Transwolga-Gebiet 164
Trautenau 121
Tremadoc T. 5
Trempealeauian 66
Trenice T. 5
Treuchtlinger Marmor T. 12
Trias 137
Trias, alpine T. 11
Trias, germanische T. 11
Triebenreuth-Schichten T. 4
Trinity-Halbinsel 169
Tripolis 125
Trochiten-Kalk T. 11
Trogkofel-Kalk T. 9
Trondheim T. 5
Trondheim-Phase A. 24, T. 5
Trondjemit 81
Trossingen 145
Trümmererze T. 13, 179, 183
Trysil-Bewegung A. 24
Tscherski-Gebirge 186
Tschuktschen-Halbinsel 186
Tsingling-Shan 94
Tuffkreide T. 13, 184
Tuffschlote 202
Tulites-Kalk T. 12
Tunesien 77
Tunguska-Becken 127
Tunguska-Trog 110, 112, 129, 137
Turgai-Straße 186
Turneri-Ton T. 12
Turon T. 13
Turriliten-Schichten T. 13
Tuwa-Senke 165
Tyrrhenium-Transgression 225
$^{234}U/^{238}U$-Methode 18
$^{235}U/^{207}Pb$-Methode 18
$^{238}U/^{206}Pb$-Methode 18

Ubendian-Zone 36
Uitenhagen-Serie 189, 190
Ufa-Stufe T. 9
Ukrainischer Schild 36, 137
Undation 57
Uppsala-Granit 35
Ural 29, 41, 113, 127, 131, 137, 149, 185
Ural-Stufe T. 8
Ural-Tienschan-Geosynklinale 65, 77, 79, 93, 109
Ural-Vorsenke T. 9, 125, 127, 165
Uratmosphäre 27, 241
Urozeane 27
Urnil 205
Urgon-Fazies 184
Urpazifik A. 92, 232
Urucum 47
Utah 113

Värmland-Granit 36
Valais-Trog 166
Valdres-Sparagmite 75
Valendis (Valanginien) T. 13
Vardar-Zone A. 85, 212
Variszische Gebirgsbildung A. 52, T. 2, 90, 103, 120, 131
Variszische Geosynklinale 90, 103
Variszischer Deckenbau 136
Velbert-Schichten T. 7
Velen-Schichten T. 8
Ventersdorp-System 36
Venus 27
Verrucano 123
Victoria 44, 151
Victoria-Tasman-Geosynklinale 56
Vierländer Schichten T. 14
Vietnamesische Plattform A. 52
Viking-Zentralgraben 150, 165
Villafranca-Zeit A. 87, T. 15, 217, 225
Vils-Kalke T. 12, 166

Sachverzeichnis

Vindelizisches Land A. 48, A. 49, 146, 158
Vindhyan 41
Vinice-Schiefer T. 5
VINOGRADOV A. 17
Visé T. 8
Vishnu-Kristallin 24
Vogelsberg 202
Vogesen 39
Vokontischer Trog 184
Vorgeologische Ära 25
Vorgosauische Faltung 185, 191
Vulkanischer Inselbogen 234

Waal-Warmzeit T. 15
Wadern-Gruppe T. 9
Wahnbach-Schichten T. 7
Waldenburg-Schichten T. 8
Waldai-Serie 39
Waldgrenze A. 89, 226
Wales T. 4, T. 6
Wang-Schichten T. 13
Warthe-Stadium T. 15, 219
Warven 222
Waucoban 55
Wealden T. 13, 178, 184
Wealden-Ton 179
Weichsel-Eiszeit T. 15, 219
Weißenstein T. 8
Wellenkalk T. 11, 145
Welsh Borderland T. 6
Wendium T. 3, 31
Wengener Schichten T. 11, 148
Wenlock T. 6
Wenlock Shales T. 6
Werchnekamsk 126
Werchojansk 150, 167, 186
Werfener Schichten T. 11
Wernigeröder Phase 184
Werra-Serie 123, 125
Weser-Gebirge 163
Weser-Senke A. 48
Westafrika 36
Westalpen 108, 165, 185

Westerwald 202
Westfälisches Kreidebecken T. 13
Westfal T. 8
Westsudeten T. 8, 82, 106
Wetterau T. 14
Wettersteinkalk T. 11, 148
Whitcliffe Beds T. 6
Wiedenester Schichten T. 7
Wiehengebirgs-Quarzit 163
Wiener Becken 203
Wildenstein-Schichten T. 4
Wildflysch 185
Wildschönauer Schiefer 65, 76
Wilson-Zyklus 237
Winkeldiskordanz 23
Wiscounsin-Vereisung 226
Wissenbacher Schiefer T. 7
Witteberg-Gruppe 94
Witten-Schichten T. 8
Wittlicher Trog A. 48
Witwatersrand 36, 46
Witwatersrand-Tillite 243
Wocklum T. 7
Wocklum-Schiefer T. 7
Wolfcampian 128
Wolhynischer Komplex T. 3
Workuta 129
Woronesh-Anteklise 137
Würm-Kaltzeit A. 87, T. 15, 217, 223, 225

Yilgarn-Block 34
Yoldia-Fauna 222
Yoldia-Meer T. 16
Ypern T. 14
Ypern-Tone 199
Ypresien 199
Yudoma-Stufe 55
Yünnan 110, 149

Zagros-Ketten 211
Zahorany-Schiefer T. 5
Zaire 46

Zambia 46
Zechstein T. 9, 113, 123, 125
Zechsteinkonglomerat 125
Zementstein-Schichten T. 13
Zinngranite 121

Zirkumpazifisches Geosynklinalsystem 128, 150
Zlichov T. 7
Zone 17
Zwieselalm-Schichten T. 13

Fossilnamen-Verzeichnis

Acanthoceras rhotomagense A. 72, T. 13
Acanthocladia A. 44, 115
Acanthodier A. 100, 101, 254
Acanthophyllum 84
Acaste 72
Acaste downingiae A. 20
Acerocare T. 4
Acrospirifer primaevus T. 7
Actinocamax 175
Actinocamax quadratus A. 72
Actinoceras 60, 72
Actinopterygier A. 100, 87, 139, 254
Actinostroma 84
Aegocrioceras capricornu A. 72
Agathiceras 115
Agathiceras suessi A. 44
Aglaspis 50, 73
Agnathen 60, 73, 87
Agnostus pisiformis A. 11
Ahorn 173, 215
Alethopteris lonchitica A. 37
Algen A. 97, 137, 249
Alloiopteris coralloides A. 37
Altfarne A. 97, 249
Alveolina 193
Alveolites 84
Amaltheus T. 12
Amaltheus margaritatus A. 61
Amblypterus 120
Amblypterus macropterus A. 44
Ammonellipsites T. 8
Ammonoideen 72, 85, 139, 173
Amphibien A. 100, 87, 101, 120, 254
Amphicyon 193

Amphipora 84
Amphiterium sp. A. 62
Anapsiden A. 100, 254
Anarcestes T. 7
Ancilla glandiformis T. 14
Ancyloceras matheronianum A. 72
Ancylus fluviatilis T. 16
Ancyrodella A. 31
Ancyrognathus A. 31
Androgynoceras capricornu A. 61
Aneurophyton 248
Angiospermen 138, 172, 192
Anisomyaria 139
Anneliden 44
Anthozoa 59
Anthracoceras T. 8
Anthracoceras aegiranum A. 38
Anthropoidea 199
Antiarchi 87
Anuren A. 100, 155
Aporrhais 193
Aporrhais pespelicana A. 79
Araxoceras T. 9
Arca barbata A. 79
Arca diluvii T. 14
Archaeocyathiden A. 99, 47, 252
Archaeopteris 95
Archaeopteryx 157, 163
Archaeopteryx lithographica A. 62
Archanodon 85
Archegonus 101
Archegosaurus 120
Archegosaurus decheni A. 44
Archidiscodon meridionalis 216
Archimedes 100
Archimedes wortheni A. 38
Archosaurier A. 100, 254

Argonauta 193
Arietites T. 12
Arietites bucklandi A. 61
Arthrodiren 87
Arthropoden 85, 101
Articulaten 97, 138
Artiodactylen 197
Asaphiden 60
Asaphus expansus A. 14
Asterocalamites T. 8
Asteroidea 60, 85
Astraspis 60
Astylospongia 59
Astylospongia praemorsa A. 14
Atlanthropus mauritanicus A. 87, 217
Aulacoceras 139
Aulacostephanus T. 12
Aulacothyris impressa A. 62
Australopithecus A. 81, 198
Australopithecus africanus T. 15, 216, 217
Australopithecus boisei A. 87, 217
Avicula 139
Aviculiden 139
Aviculopecten 115
Aysheaia 50, 55
Aysheaia pedunculata A. 11

Bactrites 72, 85
Bactrites elegans A. 27
Baculites anceps A. 72
Baicalia baicalica A. 10
Baiera 138
Baiera digitata A. 43, 114
Balatonites balatonicus T. 11
Baumförmige Bärlappe A. 97, 249
Baumförmige Schachtelhalme A. 97, 249
Belemnella lanceolata T. 13
Belemnitella mucronata T. 13
Belemnitella 175
Belemnitelliden 175
Belemnitiden 175

Belemnoideen 139, 193
Bellerophon 115
Bellerophon jacobi A. 44
Bellerophontaceen 115
Bellerophonten 139
Beneckeia 139
Beneckeia buchi A. 57, T. 11
Beneckeia tenuis T. 11
Bennettiteen 138, 153, 173, 249
Berriasella T. 12
Betula A. 71, 174
Betula nana 215
Betula pubescens 215
Beuteltiere 175, 205, 207
Beyrichia 60, 73
Beyrichia tuberculata A. 20
Birken 173
Bison bonasus 216
Bison priscus 216
Blastoideen A. 99, 101, 115, 252
Blumenpalmfarne A. 97, 249
Blütenpflanzen A. 97, 249
Bolivina beyrichi A. 79
Bos primigenius 216
Boxonia grumulosa A. 10
Brachiosaurus brancai A. 65, 158
Brachiopoden A. 99, 14, 48, 59, 85, 100, 115, 193
Branchiosaurus 120, 121
Branchiosaurus amblystomus A. 44
Bryozoen A. 99, 14, 59, 71, 100, 115, 173, 193
Buccinium undatum 215
Buchen 173
Buchia 165, 171
Buchiola retrostriata A. 27
Buliminiden 173

Cadoceras 165, 171
Calamiten A. 36, 97, 138
Calceola 84
Calceola sandalina A. 27
Callavia 56

Callipteridium pteridium T. 8
Callipteris T. 9, 114, 120
Callipteris conferta A. 43
Calpionellen 153
Calymene 72
Calymene blumenbachi A. 20
Camarotoechia 71
Camarotoechia nucula A. 20
Cameroceras vertebrale A. 14
Camptosaurus 157
Canis lupus 216
Caprina 174
Carbonicola 101
Carbonicola acuta A. 38
Carcharodon megalodon A. 79
Cardioceras T. 12
Cardioceras cordatum A. 62
Cardiola cornucopiae A. 20, 72
Cardium edule 215
Cariiden 139
Carnivoren 193, 215
Cathagraphia 44
Cepaea 193
Cepaea sylvestrina T. 14
Cephalopoden A. 99, 14, 59, 252
Ceratites 139, 145
Ceratites compressus T. 11
Ceratites nodosus T. 11, A. 57
Ceratites spinosus T. 11
Ceratitina 115
Ceratodus 139
Ceratodus kaupi A. 57
Ceratopyge T. 5
Ceresiosaurus 148
Cerithium giganteum T. 14
Cerithium serratum A. 79
Cerithium variabile T. 14
Cervus elaphus 216
Cheiloceras T. 7, 85
Cheiloceras subpartitum A. 27
Cheliceraten A. 99, 50, 60, 252
Cheloniceras T. 13
Chirodus 101

Chirotherium barthi A. 57
Chitinozoa 59, 60
Chondrichtyer 87
Chondrosteer 120
Chonetes 71
Chonetes striatellus A. 20
Choristoceras marshi T. 11
Cidaris 175
Cidaris coronata A. 62
Ciliaten 153
Cirroceras polyplocum A. 72
Cladiscites tornatus A. 57
Cladodus 101
Claraia clarai T. 11
Clupea 175
Clydoniceras T. 12
Clymenien T. 7, 85, 101
Clypeaster altecostatus A. 79
Cnemidiastrum 153
Cnemidiastrum rimulosum A. 62
Coccolithen 184
Coccolithophoriden 173
Codonofusiella T. 9
Coelacanthinen A. 100
Coelenteraten A. 99, 44, 252
Coelodonta antiquitatis 216
Coenothyris 139
Coenothyris vulgaris A. 57
Coleoptera 115
Collenia symmetrica A. 10
Compsognathus 157
Compsognathus longipes A. 62
Conchidium 71
Conchidium knighti A. 20
Congeria 193
Congeria subglobosa A. 79, T. 14
Coniferen 98, 114
Conodonten A. 31, A. 99, 15, 50, 88, 101, 141
Conophytum garganicus A. 10
Conularia 48
Conus dujardini T. 14
Corbicula faujasi T. 14

Cordaiten 98
Costaria goldfussi T. 11
Cotylosaurier 120
Craspedites 165
Credneria A. 71, 174
Crinoiden A. 99, 73, 85, 101, 252
Crioceras T. 13, 174
Crocuta spelaea 215
Crossopterygier A. 100, 87, 139, 254
Crustaceen A. 99, 50, 252
Cryptozoon 47
Ctenocrinus 85
Ctenocrinus typus A. 27
Cupressocrinus 85
Cupressocrinus crassus A. 27
Cycadeen 170, 249
Cyanophyceen 47
Cycadeoidea 173
Cycadeoidea ingens A. 70, 173
Cycadeoidea marshiana A. 70, 173
Cyclostigma 84, 248
Cypridea valdensis A. 72
Cyprina rotundata A. 79
Cyrena T. 13
Cyrena bronni A. 72
Cyrena cuneiformis T. 14
Cyrtoceras 72
Cyrtograptus murchisoni A. 20
Cystiphyllum 71
Cystoideen 85

Dactylioceras T. 12
Daonella 139
Daonella lommeli A. 57
Dasycladaceen 14, 137
Dayia navicula A. 20, 71
Deinotherium A. 80, 197
Delthyris elevata T. 7
Delthyris dumontiana T. 7
Dendroideen 60
Dendropupa 101
Dentalium sexangulare A. 79

Deshayesites T. 13
Dewalquea 173
Dicellograptus 60
Dicellograptus morrisi A. 14
Diceras 153
Diceras arietinum A. 62
Dicerorhinus etruscus 216
Dichotomites T. 13
Dickinsonia minima A. 10
Dictyonema 60
Dictyonema flabelliforme A. 14
Dictyophyllum 138
Didymograptus 60
Didymograptus murchisoni A. 14
Digonus gigas A. 27
Dikelocephalus 56
Dimetrodon A. 46, 120
Dinichtys sp. A. 28
Diplocraterion 48
Diplograptus 60
Diplopora 138
Diplopora annulata T. 11
Diplopora phanerospora T. 11
Dipnoer A. 100, 87, 139
Dipteridaceen 138
Discocyclina 193
Disphyllum 84
Disphyllum caespitosum A. 27
Drepanophycus A. 26
Dryas octopetala 215
Dryopithecus 199
Dryopithecus („Proconsul") A. 81, 198
Duvaliiden 175

Echinocorys vulgaris A. 72
Echinodermen 60, 85, 101
Echinoidea 60
Echinolampas kleini A. 79, T. 14
Echinosphaerites 60
Echinosphaerites aurantium A. 14
Edentaten 207
Eichen 173, 215
Eidechsen 175

Elasmobranchier 139
Elefanten 197, 205
Eleutherozoen A. 99, 252
Encrinurus 72
Encrinurus punctatus A. 20
Encrinus liliiformis A. 57, 145
Endemoceras T. 13
Endoceras 59
Endoceraten 60
Entomozoe serratostriata A. 27
Eopteron 85
Equiden 205
Equisetinae A. 36
Equisetites 138
Equus 197
Equus ferus 216
Eryops 120
Esche 215
Eucalamites A. 36
Eugeniacrinus 155
Eukaryoten 248
Eumorphoceras T. 8
Eumorphoceras bisulcatum A. 38
Eurydesma ellipticum A. 41
Eurypteriden A. 21, 60, 73, 90, 101
Eurypterus remipes A. 21
Euryspirifer paradoxus T. 7
Euryspirifer pellicoi T. 7
Eusarcus scorpionis A. 21
Eusthenopteron foordi A. 29
Eutheria A. 100, 193, 254
Exogyra couloni A. 72
Exogyra virgula A. 62

Fallotaspis 55
Fallotaspis tazemmourtensis A. 11
Farne 153, 170
Farnlaub 98
Faultiere 205
Favistella 59
Favosites 71, 84
Felis 193
Fenestella 115

Fenestella retiformis A. 44
Ficus A. 71, 174
Filamentella plurima A. 10
Fische 87, 193
Foraminiferen A. 99, 47, 84, 99, 252
Franconites T. 12
Fusulinacea 99
Fusulina cylindrica A. 38
Fusuliniden 101, 115, 129
Fusus 193
Fusus elongatus. T. 14
Fusus longirostris A. 79

Gangamopteris A. 43, 114, 120, 129
Gastrioceras T. 8
Gastrioceras subcrenatum A. 38
Gastropoden A. 99, 48, 59, 174
Gattendorfia T. 8
Gattendorfia subinvoluta A. 38
Gefäßpflanzen 82
Gervillia 144
Gervillia inflata 148
Gervillia murchisoni T. 11
Gigantoproductus 109
Gigantoproductus giganteus T. 8
Gigantopteris A. 43, 114, 120, 130
Gigantopteris nicotianaefolia A. 43
Ginkgoaceen 138
Ginkgogewächse A. 97, 153, 249
Ginkgoites 138
Ginkgopsida 114
Glauconia strombiformis A. 72
Globigerina 153
Globotruncanen 173
Globotruncana lapparenti A. 72
Gloeocapsomorpha 59
Glossopteris A. 43, 114, 120, 128, 129
Glossopteris-Flora 130
Glycimeris obovatus A. 79, T. 14

Glyptodon 205
Gnathodus bilineatus A. 38
Goniatiten T. 8, 86, 101
Goniatites crenistria A. 38, T. 8
Goniatites granosus T. 8
Goniatites striatus T. 8
Goniophyllum pyramidale A. 20
Gonioteuthis granulata T. 13
Gonioteuthis quadrata T. 13
Gonioteuthis westfalica T. 13
Gorilla A. 81, 198
Grammoceras radians A. 61
Graptolithen A. 99, 73, 252
Graptolithina 50
Graptoloideen 60, 85
Gravesia gravesiana A. 62
Gryphaea 153
Gryphaea arcuata A. 61
Gymnosolen ramsayi A. 10
Gymnospermen 98, 138, 153, 192
Gypidula galeata A. 27
Gyroidina soldanii A. 79

Halorites T. 11
Halysites 71
Halysites catenularius A. 20
Harpoceras T. 12
Hastites 155
Hastites clavatus A. 61
Hemicyclaspis 73
Hemicyclaspis murchisoni A. 20
Hemipristis serra A. 79
Hemiptera 115
Hexacrinites 85
Hexagonaria 84
Hexagonaria hexagona A. 27
Hexakorallen 138, 153
Hibolites 155
Hildoceras T. 12
Hindeodella segaformis A. 38
Hippurites 174
Hippurites gosaviensis A. 72
Hoernesia socialis A. 57
Höhlenbär 215

Holaster 175
Holmia 56
Holosteer 155
Holothurien 101
Hominidae A. 81, 199, 216
Hominisationsphase 199
Hominoidea A. 81, 199
Homo erectus T. 15, 216
Homo (Pithecanthropus) erectus
  A. 87, 217
Homo habilis A. 87, 217
Homo heidelbergensis A. 87, 216,
  217
Homo neanderthalensis A. 81,
  A. 87, T. 15, 218
Homo (Sinanthropus) pekinensis
  T. 15, 216, 217
Homo rhodesiensis A. 87, 217
Homo sapiens A. 81, A. 87, T. 15,
  218
Homo soloensis A. 87, 217
Homo steinheimensis A. 87, T. 15,
  216, 217
Hoplites T. 13
Hudsonoceras T. 8
Huftiere 175, 215
Hydrobia 193
Hydrobia elongata A. 79, T. 14
Hymenocaris 50
Hymenocaris vermicauda A. 11
Hyolithes parens A. 11
Hyracotherium 197
Hysterolites 85
Hysterolites arduennensis A. 27
Hysterolites cultrijugatus A. 27
Hysterolites paradoxus A. 27
Hysterolites primaevus A. 27
Hystrichosphaerideen 60

Ichtyopterygier A. 100, 139
Ichtyosaurier 155, 162, 175
Ichtyosaurus quadriscissus A. 61
Ichtyostega A. 30, 87, 90
Iguanodon 175, 179

Iguanodon bernissartensis A. 73, 177
Illaeniden 60
Illaenus davisi A. 14
Imparipteris ovata A. 37
Imparipteris (Neuropteris) ovata A. 37
Inarticulata 48
Indricotherium 198
Inoceramus 153, 173, 174
Inoceramus (Volviceramus) involutus T. 13
Inoceramus labiatus T. 13
Inoceramus lamarcki A. 72, T. 13
Inoceramus polyplocus A. 61, 162
Inoceramus schloenbachi T. 13
Inoceramus striatoconcentricus T. 13
Inoceramus subquadratus T. 13
Insekten A. 99, 85, 101, 115, 155, 252
Inseria tjomusi A. 10
Isastrea 153
Isurus cuspidatus A. 79

Judicarites T. 11
Jurusania sibiricus A. 10
Juvavites magnus T. 11

Käfer 115
Kalkalgen 71
Kalkschwämme 47
Keilblattpflanzen A. 97, 249
Kieselschwämme 47, 59, 153, 173
Knochenfische A. 100, 87, 101, 254
Knorpelfische A. 100, 87, 101, 254
Korallen 71, 206
Kosmoceras T. 12
Kosmoceras ornatum A. 61
Kosmoclymenia 85
Kosmoclymenia undulata A. 27
Krautiger Bärlapp A. 97, 249

Krautiger Schachtelhalm A. 97, 249
Krebse 101
Krokodile 120, 155, 175
Kussiella kussiensis A. 10

Labyrinthodonten A. 100, 101, 139, 254
Lageniden 153
Lamellibranchiaten A. 99, 252
Lamellodonta simplex A. 11
Landschnecken 85, 101
Lebachia T. 9
Lebachia (Walchia) piniformis A. 43
Leda deshayesiana A. 79, T. 14
Leioceras T. 12
Leioceras opalinum A. 61
Lemminge 215
Leperditia 60, 73
Leperditia hisingeri A. 20
Lepidodendron A. 35, 97, 138
Lepidopteris 138
Lepidosaurier A. 100, 254
Lepidospondylen A. 100, 101, 254
Leptaena 71
Leptaena rhomboidalis A. 20
Leptolepis 155
Leptolepis sprattiformis A. 62
Leptoplastus T. 4
Libellen 101, 115
Lichenaria 59
Lima 139
Lima striata A. 57
Limiden 101, 139
Limnaea 193
Limnocardium 193
Limulus 15
Linde 215
Lingula 15
Lingula mytiloides A. 38
Lingulella 48
Lingulella davisi A. 11
Lingulella montana A. 10, 44

Linopteris neuropteroides A. 37
Liptoterna 205
Lithostrotion 100
Lithostrotion portlocki A. 38
Littorinaceen 139
Littorina litorea T. 16, 215
Lituites 60
Lituites lituus A. 14
Lonchopteris rugosa A. 37, T. 8
Lophiodon 201
Lucina divaricata 215
Ludwigia T. 12
Lungenfische 87
Lycophyten 82, 97, 138
Lymnaea ovata T. 16, 223
Lymnaea michelini T. 14
Lytoceras 171
Lytoceras *fimbriatum* 61
Lyttonia nobilis A. 44

Machairodus 193
Maclearnoceras maclearni T. 11
Macrocephalites T. 12
Macrocephalites macrocephalus A. 61
Macrochilina arculata A. 27
Mactra podolica T. 14
Maenioceras T. 7
Mammonteus primigenius 216
Mammonteus trogontherii 216
Manticoceras T. 7, 85
Manticoceras intumescens A. 27
Marattiaceen 138
Marattiales 98
Marattiopsis 138
Mariopteris acuta T. 8
Mariopteris muricata T. 8
Marsupialia A. 100, 193
Marsupites 175
Mastodon A. 80, 197
Mastodonsaurus 139
Mastodonsaurus giganteus A. 57
Mastodonten A. 80, 197
Matoniaceen 138

Mawsonites spriggi A. 10
Medlicottia 115
Medlicottia orbignyana A. 44
Medusites 48
Megalodon 139, 148
Megalosaurus 175
Meganthropus A. 87, 217
Megatherium 205
Megateuthis 155
Megateuthis giganteus A. 61
Melania escheri T. 14
Merychippus 197
Mesosaurus A. 47
Mensch 215, 216
Michelina 100
Michelina favosa A. 38
Micraster 175
Micraster cortestudinarium A. 72
Microcyclus 84
Microtinae 215
Minjaria uralica A. 10
Mixosaurus 139
Moeritherium A. 80, 197
Mollusken 173
Monograptiden 73
Monograptus convolutus A. 20
Monograptus leintwardinensis A. 20
Monograptus nilssoni A. 20
Monograptus priodon A. 20
Monograptus turriculatus A. 20
Monograptus yukonensis 85
Monotis 139
Montlivaltia 148
Moose A. 97, 249
Morganucodon 141
Mosasaurier 175
Multitubericulata A. 100, 157, 193
Murchisoniiden 139
Muscheln 48, 115
Mya arenaria T. 16, 223
Mya truncata 215

Myophoria 139, 144
Myophoria costata A. 57
Myophoria kefersteini A. 57
Myophoria vulgaris A. 57
Mystriosaurier 162
Mytilus edulis 215

Nadelbäume A. 97, 249
Nager 205, 215
Nagetiere 197
Nannobelus 155
Naticaceen 139
Natica helicina T. 14
Natica millepunctata A. 72
Nautiloideen 49, 59, 139
Necrolemur 201
Neoflabellina rugosa A. 72
Neohibolites minimus A. 72, T. 13
Neomegalodon complanatus T. 11
Neoschwagerina T. 9
Neoschwageriniden 115
Neospirifer 85
Neospirifer verneuili A. 27
Nerinea 153, 190
Netzflügler 115
Neufarne A. 97, 249
Neuroptera 115
Neuropteris attenuata T. 8
Neuropteris obliqua T. 8
Neuropteris ovata A. 37
Neuropteris scheuchzeri A. 37
Neuropteris schlehani T. 8
Nicomedites osmani T. 11
Nilssonien 153
Noeggerathiopsis 129
Nothosaurus 139, 145
Nothosaurus mirabilis A. 57
Notoungulaten 205, 207
Nummuliten 193, 199, 206
Nummulites 193
Nummulites germanicus A. 79
Nummulites laevigatus T. 14
Nummulites planulatus T. 14

Obolus 59
Obolus apollinis A. 14
Octopoden 193
Odonata 115
Odontopteris 120
Oldhamina 115
Oldhaminiden 129
Olenellus thompsoni A. 11
Olenoides 56
Olenus T. 4, 56
Olenus truncatus A. 11
Oleoidea 101
Oligokyphus 139
Oligokyphus triserialis A. 57
Oligoporella T. 11
Omphyma 71
Oncoceraten 72
Onkolith 44
Onnia 60
Onnia ornata A. 14
Onychophoren 55
Ophiceratiden 139
Ophiuroidea 60, 85
Orang A. 81, 198
Orbitoiden 173
Orbitolina lenticularis A. 72
Orbitoliniden 173
Orbitolites 193
Oreopithecus A. 81, 198
Ornithischier 139, 157, 175
Orohippus 197
Orthaceen 85
Orthiden 71
Orthis 59
Orthis calligramma A. 14
Orthoceraten 60, 72
Orusia 48
Orusia lenticularis A. 11
Osmundaceen 138
Ostracoden 60
Ostrea ventilabrum A. 79, T. 14
Ostreichthyer 87
Ostreiden 139

Otoceras 115
Otoceras trochoides A. 44
Ovibos moschatus 216
Oxynoticeras T. 12
Oxyteuthiden 175
Oxyteuthis T. 13
Oxyteuthis brunsvicensis A. 72
Oxytoma inaequivalvis A. 61

Pachydiscus 174
Pachyteuthis 165
Palaeofusulina T. 9
Palaeoloxodon antiquus 216
Palaeoniscus 120
Palaeoniscus freieslebeni A. 44
Palmatolepis A. 31
Palmfarne A. 97, 249
Paludina glacialis 219
Palynomorpha 45
Panthera spelaea 216
Pantotheria A. 100, 157, 254
Panzerfische A. 100, 73, 90, 254
Parabolina T. 4
Paraceratites trinodosus T. 11
Paradoxides 56
Paradoxides bohemicus A. 11
Paradoxides forchhammeri T. 4
Paradoxides harlani 50
Paradoxides oelandicus T. 4
Paradoxides paradoxissimus T. 4
Parafusulina T. 9
Parafusulina sp. A. 44
Parahippus 197
Parahoplites T. 13
Paripteris (Neuopteris) scheuchzeri A. 37
Parkinsonia T. 12
Parkinsonia parkinsoni A. 61
Pecopteris 120
Pecopteris candolleana A. 37
Pecopteris plumosa A. 37
Pecopteris polymorpha T. 8
Pecten corneus T. 14

Pecten solarium A. 79
Pectinaceen 101, 115
Peltoceras T. 12
Peltura T. 4
Pentameriden 71
Perisphinctes 171
Perisphinctes plicatilis A. 62
Perissodactylen 197
Perrinites T. 9
Pentacrinus 175
Pferde 207
Phacopiden 72
Phacops schlotheimi A. 27
Phillipsastrea 84
Phillipsia 101
Phillipsia gemmulifera A. 38
Phlebopteris 138
Pholadomya 153
Pholadomya ludensis T. 14
Pholadomya murchisoni A. 61
Phragmoceras 72
Phragmoceras broderipi A. 20
Phycodes circinatum 63
Phylloceras 171
Phylloceratina 115, 153
Phyllograptus 60
Phyllograptus typus A. 14
Physa montensis T. 14
Physoporella T. 11, 138
Pictonia T. 12
Pilze A. 97, 249
Pinaceen 192
Pinacoceras 139
Pinacoceras metternich A. 57
Pinacoceratiden 139
Pinniden 101
Pinus silvestris 215
Pitaria incrassata A. 79, T. 14
Placodermen 87
Placodontier 139
Placodus 139, 145
Placodus gigas A. 57
Plagiostoma giganteus A. 61

Planorbis 193
Planorbis similis T. 14
Plateosaurus A. 58, 145
Platyclymenia T. 7
Platylenticeras T. 13
Plebecula 193
Plectronoceras 49
Plesiosaurus 155, 162, 175
Pleurodictyum 85
Pleurodictyum problematicum A. 27
Pleuromeia 138, 144
Pleuromeia sternbergi A. 56
Pleuromya 144
Pleurotomaria 48
Pleurotomariaceen 115
Pleydellia T. 12
Pliohippus 197
Podozamites 153
Poikiloporella duplicata T. 11
Polycellaria bonnerensis A. 10
Polygnathus A. 31
Polygnathus orthoconstricta A. 38
Polyptychites T. 13
Polyptychites keyserlingi A. 72
Pongidae A. 81, 199
Populites A. 71, 174
Porambonites 59
Poriferen A. 99, 252
Portlandia arctica T. 16
Posidonia 101
Posidonia becheri A. 38
Posidonia bronni A. 61
Primaten 197, 198
Proboscidea 197, 207
Proconsul 199
Productaceen 115
Productiden 71, 101
Productus 115
Productus giganteus A. 38, 101
Productus horridus A. 44
Proetaceen 85, 101
Prokaryonten 248

Propliopithecus 199
Propopanoceras T. 9
Prosimii 199
Protista 250
Protoarthropoden 50
Prototaxites 82, 248
Protozoen 47
Protrachyceras reitzi T. 11
Prouddenites T. 8
Pseudobornia 84
Pseudofusulina T. 9
Pseudomonotis clarai A. 57
Pseudomonotis echinata A. 61
Pseudoschwagerina T. 9
Pseudoschwagerina sp. A. 44
Pseudosporochnus 84
Pseudovoltzia T. 9
Psiloceras T. 12
Psiloceras planorbe A. 61
Psilophyten 82, 97
Pteranodon 175
Pteranodon ingens A. 76
Pteridophylla A. 37, 98
Pterinopecten papyraceus A. 38
Pterocera oceani A. 62
Pterophyllum 114
Pterygotus buffaloensis A. 21
Ptychites studeri A. 57
Ptychodus latissimus A. 72
Pygope diphya A. 62

Quetzalcoatlus 175

Radiolarien 14, 47, 153
Radiolites 174
Ramapithecus A. 81, 198
Rangea longa A. 10
Rangifer tarandus 216
Raphistoma qualteriata A. 14
Rasenia T. 12
Rastrites maximum A. 20
Raubtiere 215
Redlichia 56
Rensselandia 85

Rensselandia caiqua A. 27
Reptilien A. 100, 101, 115, 120, 139, 155
Requiena 174
Resserella 71
Resserella elegantula A. 20
Reticuloceras T. 8
Reticuloceras reticulatum A. 38
Retiolites geinitzianus A. 20
Rhaetavicula contorta A. 57, T. 11, 148
Rhaetina 139
Rhaetina gregaria A. 57
Rhamphorhynchus 157
Rhamphorhynchus gemmingi A. 62
Rhenorensselaeria 85
Rhenorensselaeria strigiceps A. 27
Rhipidistier A. 100, 254
Rhinocerotiden 198
Rhynchonelliden 71
Rhynia major A. 26
Rhyniella 85
Richthofenia 115
Richthofenia communis A. 44
Richthofeniiden 129
Riesenhirsch 223
Riffkorallen 14
Ringsteadia T. 12
Robben 198
Rotalgen 14
Rotaliiden 173
Rudisten 173, 174, 184, 189, 190
Rugosa 71, 84, 115, 138
Rüsseltiere A. 80, 197

Saccocoma 155
Säugetiere A. 100, 141, 157, 175, 193
Sagenopteris 138
Salenia 175
Salix polaris 215
Samenfarne A. 97, 149
Samenpflanzen 84

Sassafras A. 71, 174
Saurischier 139, 157, 175
Sauromorpha 155
Sauropterygier 139, 155
Scaliognathus anchoralis A. 38
Scaphites 174
Scaphites spiniger A. 72
Scenella 48
Scenella discinoides A. 11
Schellwienella 85
Schellwienella umbraculum A. 27
Schildkröten 155, 175
Schimpansen A. 81, 198
Schistoceras T. 8
Schizodus obscurus A. 44
Schizoneura 129, 138
Schlangen 175
Schlangensterne 85
Schloenbachia varians A. 72, T. 13
Schlotheimia T. 12
Schlotheimia angulata A. 61
Schnabelkerfe 115
Schnecken 115, 193
Schwämme 71
Scleractinia 138
Scutella subrotundata A. 79
Scyphozoen 48
Seekühe 198
Seesterne 85
Seirocrinus 155
Seirocrinus tuberculatus A. 61
Semiformiceras T. 12
Sepioideen 193
Seymouria A. 45
Seymouriamorpha 120
Shumardia T. 5
Sigillaria A. 35, 97, 138
Skolithos 48
Skorpione 73
Spatangopsis costata A. 11
Sphenophyllum verticillatum T. 8
Sphenopteris adiantoides A. 37

Sphenopteris hoeninhausi A. 37
Spinnen 101
Spirifer alatus A. 44
Spirifer striatus A. 38
Spiriferaceen 85, 101, 115, 139
Spiriferina 139
Spiriferina fragilis A. 57
Spirulirostra 193
Sporomorphe 45
Spriggina floundersi A. 10
Stegosaurus ungulatus A. 64, 158
Stenodictya 101
Stenodictya lobata A. 38
Stephanoceras T. 12
Stephanoceras humphriesianum A. 61
Streblites tenuilobatus A. 62
Streptorhynchus 115
Streptorhynchus pelargonatus A. 42
Stringocephalus 85
Stringocephalus burtini A. 27
Strophalosia 115
Strophalosia goldfussi A. 44
Strophomena 59
Strophomena alternata A. 14
Strophomenaceen 85, 115
Strophomeniden 71
Stromatoporen 71, 84, 100, 115
Stylina 153
Styliolinen 85
Stylocalamites A. 36
Süßwassermuscheln 85
Süßwasserschnecken 101
Symmetrodonta A. 100, 157, 254
Synapsiden A. 100, 154
Synaptosaurier A. 100, 154
Syringocnema favus A. 11

Tabulata 71, 100, 115
Tanystropheus 148
Tapes 193
Tapes gregaria A. 79
Tausendfüßler 73, 101

Taxodiaceen 173
Tecodontier 120
Teleosteer 155, 175
Tentaculiten 85
Terebratula grandis A. 79, T. 14
Terebratulaceen 85, 139
Tetractinella trigonella A. 57
Tetrakorallen 138
Teuthoideen 193
Textulariiden 173
Thalamocyathus trachealis A. 11
Thallophyten 59, 71
Thamnasteria 153
Thamnopora 84
Thaumatosaurus victor A. 63, 158
Thecodontier 139
Thecosmilia 148, 153
Thecosmilia trichotoma A. 62
Therapsiden 139
Theromorpha 120, 155
Thinnfeldia 138
Ticinosuchus 148
Tirolites cassianus T. 11
Titanites 155
Todites 138
Toxaster 175
Toxaster complanatus A. 72
Trachodon 175
Trachyceras 139
Trachyceras aon A. 57, T. 11
Trachyceras aonoides T. 11
Trachyceratiden 139
Tragophylloceras T. 12
Tremadictyon 153
Trematosaurus 139
Trematosaurus brauni A. 57
Tribrachidium heraldicum A. 10
Triceratops 175, 188
Triceratops porsus A. 74
Triconodonta 157, 254
Trigonia 153
Trigonia interlaevigata A. 61
Trigoniiden 139

Trigonodus sandbergeri A. 57
Trilobiten A. 99, 50, 85, 252
Trinucleiden 60
Trochocystites 50
Trochocystites bohemicus A. 11
Trogontherium 219
Tropites subbullatus A. 57, T. 11
Tropitiden 139
Tryblidium reticulatum A. 20
Tubiphytes obscurus 148
Tulites T. 12
Tungussia nodosa A. 10
Turrilites 174
Turrilites costatus A. 72
Turritella 193
Turritella turris A. 79
Tyrannosaurus 175, 188
Tyrannosaurus rex A. 75

Uddenites T. 8
Ullmannia T. 9, 114
Ullmannia bronni A. 43
Ulme 215
Uncites 85
Uncites gryphus A. 27
Ungulaten 193
Unio T. 13, 193
Unio eseri T. 14
Urfarne A. 97, 149
Urnadelbäume A. 97, 249

Urodelen 155
Ursus spelaeus 215

Venericardia planicosta A. 79
Veneriden 193
Virgatites 165, 171
Viviparus 193
Viviparus bifarcinatus A. 14
Viviparus hoernesi A. 79
Vögel A. 100, 120, 157, 175, 193
Volborthella 49
Volborthella tenuis A. 11

Waagenoceras T. 9, 115
Waagenoceras stachei A. 44
Walchia A. 43, 98, 114
Wale 198, 205
Wirbeltiere 60
Wocklumeria T. 7, 85
Wocklumeria sphaeroides A. 27
Worthenia 115
Wühlmäuse 215

Xiphosuren 60, 101

Yabeina T. 9
Yoldia arctica 215

Zaphrentiden 100
Zaphrentoides 100
Zaphrentoides konincki A. 38
Zosterophyllum A. 26

Bei der Neuauflage haben mich zahlreiche Kollegen durch kritische Hinweise und Korrekturen der Tabellen freundlich unterstützt. Ich danke ihnen herzlich dafür. Mein besonderer Dank gilt den Herren Prof. P. SIEGFRIED (Münster), Prof. R. WALTER (Aachen), Dr. W. KASIG (Aachen) und vor allem den Kollegen des Instituts und der Staatssammlung für Paläontologie und Historische Geologie in München. Frau H. FELSKE fertigte die neuen Abbildungen und Tabellen.

Walter de Gruyter
Berlin · New York

F. Lotze — **Geologie**
5., unveränd. Aufl. 184 S. Mit 80 Abb. 1973. DM 9,80
ISBN 3 11 004595 8 (Sammlung Göschen, Band 5113)

W. C. Putnam — **Geologie**
Einführung in ihre Grundlagen
Deutsche Ausgabe bearb. v. F. Lotze. IV, 559 S. Mit
293 Abb. u. 17 Taf. 1969. Geb. DM 54,–
ISBN 3 11 000910 2

H. Falke — **Anlegung und Ausdeutung einer Geologischen Karte**
VIII, 220 S. Mit 156 Abb. u. 7 vierfarb. Taf. 1975. Pl. fl.
DM 48,– ISBN 3 11 001624 9 (de Gruyter Lehrbuch)

D. Richter — **Allgemeine Geologie**
366 S. Mit 128 Abb. u. 12 Tab. 1976. DM 19,80
ISBN 3 11 004448 X (Sammlung Göschen, Band 2604)

W. Torge — **Geodäsie**
268 S. Mit 101 Abb. 1975. DM 19,80
ISBN 3 11 004394 7 (Sammlung Göschen, Band 2163)

D. Richter — **Grundriß der Geologie der Alpen**
X, 213 S. Mit 101 Abb., 6 Tab. u. 2 Taf. 1974.
Geb. DM 58,– ISBN 3 11 002101 3

K. H. Wedepohl — **Geochemie**
221 S. Mit 26 Abb. u. 37 Tab. 1967. DM 9,80
ISBN 3 11 002780 1
(Sammlung Göschen, Band 1224/1224a/1224b)

Preisänderungen vorbehalten

Walter de Gruyter
Berlin · New York

G. Hake **Kartographie**
2 Bände. 12 cm x 18 cm. Kart.
Band I: Kartenaufnahme, Netzentwürfe, Gestaltungsmerkmale, topographische Karten
5., neubearb. Aufl. 288 S. Mit 132 Abb. u. 8 Anlagen. 1975. DM 19,80   ISBN 3 11 005769 7
Band II: Thematische Karten, kartenverwandte Darstellungen, Kartentechnik, Automation, Kartengeschichte
2., neubearb. Auflage. 307 S. Mit 112 Abb. u. 10 Anlagen. 1976. DM 19,80   ISBN 3 11 006739 0
(Sammlung Göschen, Bände 9030, 2166)

W. Grossmann **Vermessungskunde**
3 Bände. 12 cm x 18 cm. Kart.
Band I: Stückvermessung und Nivellieren
15., erw. Aufl. 196 S. Mit 156 Fig. 1976. DM 14,80
ISBN 3 11 006602 5
Band II: Winkel- und Streckenmeßgeräte, Polygonierung, Triangulation und Trilateration
12., erw. Aufl. 209 S. Mit 129 Fig. 1975. DM 14,80
ISBN 3 11 004996 1
Band III: Trigonometrische und barometrische Höhenmessung. Tachymetrie und Ingenieurgeodäsie
10., erw. Aufl. 207 S. Mit 127 Fig. 1973. DM 12,80
ISBN 3 11 004393 9
(Sammlung Göschen, Bände 2160, 7469, 6062)

G. Lehmann **Photogrammetrie**
3., neubearb. Aufl. 220 S. Mit 141 Abb. 1969. DM 7,80
ISBN 3 11 002773 9
(Sammlung Göschen, Band 1188/1188a)

Preisänderungen vorbehalten